信息科学技术学术著作丛书

业务流程建模、分析与实现
——以 Artifact 为中心的业务流程管理

刘海滨　王　颖　赵丹枫　刘国华　著

2018 年度河北省社会科学基金项目(HB18GL046)资助

科学出版社
北　京

内 容 简 介

以数据为中心是业务流程管理发展的一个新趋势，Artifact 是记录业务流程的数据实体，围绕 Artifact 的业务流程管理正在成为业务流程管理研究的一个热点。本书主要介绍以 Artifact 为中心的业务流程建模、分析和实现方法，共15章，其中第1章和第2章介绍业务流程管理及 Artifact 基础知识；第3～11章介绍以 Artifact 为中心的业务流程建模及相关分析方法；第12～15章介绍基于云计算平台，以 Artifact 为中心的业务流程管理系统的体系结构设计和实现方法。

本书可以作为计算机和信息管理专业高年级本科生、研究生的参考教材，也适用于科研人员、业务流程管理系统开发人员、对以数据为中心的业务流程管理技术领域感兴趣的人士参考。

图书在版编目(CIP)数据

业务流程建模、分析与实现：以 Artifact 为中心的业务流程管理 / 刘海滨等著. —北京：科学出版社，2019. 11

(信息科学技术学术著作丛书)

ISBN 978-7-03-061320-2

Ⅰ.①业… Ⅱ.①刘… Ⅲ.①业务管理 Ⅳ.①C931.2

中国版本图书馆 CIP 数据核字(2019)第 107787 号

责任编辑：孙伯元 / 责任校对：杨聪敏

责任印制：吴兆东 / 封面设计：蓝正设计

科 学 出 版 社出版

北京东黄城根北街16号

邮政编码：100717

http://www.sciencep.com

北京中石油彩色印刷有限责任公司 印刷

科学出版社发行 各地新华书店经销

*

2019年11月第 一 版 开本：720×1000 B5

2020年 5 月第二次印刷 印张：14

字数：270 000

定价：95.00 元

(如有印装质量问题，我社负责调换)

《信息科学技术学术著作丛书》序

21世纪是信息科学技术发生深刻变革的时代，一场以网络科学、高性能计算和仿真、智能科学、计算思维为特征的信息科学革命正在兴起。信息科学技术正在逐步融入各个应用领域并与生物、纳米、认知等交织在一起，悄然改变着我们的生活方式。信息科学技术已经成为人类社会进步过程中发展最快、交叉渗透性最强、应用面最广的关键技术。

如何进一步推动我国信息科学技术的研究与发展；如何将信息技术发展的新理论、新方法与研究成果转化为社会发展的推动力；如何抓住信息技术深刻发展变革的机遇，提升我国自主创新和可持续发展的能力？这些问题的解答都离不开我国科技工作者和工程技术人员的求索和艰辛付出。为这些科技工作者和工程技术人员提供一个良好的出版环境和平台，将这些科技成就迅速转化为智力成果，将对我国信息科学技术的发展起到重要的推动作用。

《信息科学技术学术著作丛书》是科学出版社在广泛征求专家意见的基础上，经过长期考察、反复论证之后组织出版的。这套丛书旨在传播网络科学和未来网络技术，微电子、光电子和量子信息技术、超级计算机、软件和信息存储技术、数据知识化和基于知识处理的未来信息服务业、低成本信息化和用信息技术提升传统产业，智能与认知科学、生物信息学、社会信息学等前沿交叉科学，信息科学基础理论，信息安全等几个未来信息科学技术重点发展领域的优秀科研成果。丛书力争起点高、内容新、导向性强，具有一定的原创性，体现出科学出版社“高层次、高水平、高质量”的特色和“严肃、严密、严格”的优良作风。

希望这套丛书的出版，能为我国信息科学技术的发展、创新和突破带来一些启迪和帮助。同时，欢迎广大读者提出好的建议，以促进和完善丛书的出版工作。

中国工程院院士

原中国科学院计算技术研究所所长

前　言

业务流程管理(business process management，BPM)是一种以规范化构造端到端的卓越业务流程为中心，以持续提高组织业务绩效为目的的系统化方法。近年来，BPM思想在企业管理自身业务流程中得到广泛应用。以数据为中心是目前BPM领域发展的新趋势。IBM公司(International Business Machines Corporation)提出的以Artifact为中心的业务流程是以数据为中心的典型代表。以Artifact为中心的业务流程中，Artifact是业务流程中的核心业务数据，整个业务流程的设计、分析和系统实施等都将围绕Artifact展开工作。因此，以Artifact为中心的业务流程建模、分析及系统实现已成为BPM领域的研究热点。

业务流程建模是管理业务流程的基础，研究具有丰富语义且能够进行流程验证的业务流程建模和分析方法是实现业务流程管理的重要前提。随着BPM技术的日益成熟和完善，一些组织或企业存储了大量的业务流程模型。这些模型作为企业的宝贵财产，为流程整合、流程重组、流程优化等提供重要的数据资源和知识，有效地分析和利用这些知识是一个至关重要的问题。经过近些年的发展，以Artifact为中心的业务流程管理的研究重心正在由基础理论向系统实现方法转移，如何利用云计算平台实现灵活、高效率、低成本的业务流程管理也是目前的研究热点。

本书将作者最近几年对以Artifact为中心的业务流程管理的最新研究成果进行介绍，系统阐述Artifact的相关定义、以Artifact为中心的业务流程建模方法、流程模型分析方法、业务流程管理系统的体系结构设计和实现方法。为了便于读者阅读和对问题进行更深入的研究，本书除了前两章的研究背景、基础知识介绍，其余各个章节均为相对独立的主题，主要内容包括问题的分析、该章所需要的基础知识及最新研究成果，这样安排可以使读者在最短的时间内掌握新知识、找到问题研究的切入点。对于以Artifact为中心的业务流程管理感兴趣的读者来说，本书不仅可以作为其入门参考资料，辅助其了解国内外该领域的最新成果和相关技术，而且可以使他们从中找到新的研究方向。

本书是2018年度河北省社会科学基金项目“大数据时代京津冀企业业务流程

协同监控方法研究”(HB18GL046)的资助成果，并得到河北科技师范学院校内著作基金的支持。在此一并表示感谢！

本书共 15 章，第 1～11 章(约 17 万字)由刘海滨撰写，第 12～15 章(约 10 万字)由王颖、赵丹枫、刘国华撰写。另外，张大伟、李婷、蔡焕焕、李慧芳等也对本书的撰写工作给予了帮助。

限于作者水平，书中难免存在不足之处，恳请读者批评指正。

目　录

第1章　绪　　论

BPM是在传统工作流技术基础之上发展起来的,可以看成对传统工作流管理(workflow management,WFM)系统的扩展[1]。WFM以操作为中心,其重点在操作序列的设计,关注应该做什么而不是能做什么,因此限制了对操作的改进。BPM则主要强调对过程的诊断和以人为中心、目标驱动的过程设计,以提高系统的适应性。BPM是从相关的业务流程变革领域,如业务流程重组(business process re-engineering,BPR)、业务流程改进(business process improvement,BPI)、企业应用集成(enterprise application integration,EAI)技术等发展起来的。其核心思想是为企业内及企业间的各种业务提供一个统一的建模、执行和监控的环境。BPM的主要功能包括流程分析、流程定义与重定义、资源分配安排、流程管理、流程质量与效率测评、流程优化等。在商业竞争日益激烈的大环境下,BPM的有效应用将有助于企业提高其信息化水平和竞争力。

美国高德纳咨询公司将BPM定义为一个描述一组服务和工具的一般名词。这些服务和工具为显式的流程管理(如流程的分析、定义、执行、监视和管理)提供支持。BPM的生命周期包括流程设计、系统配置、流程实施和诊断四个阶段,如图1.1所示。

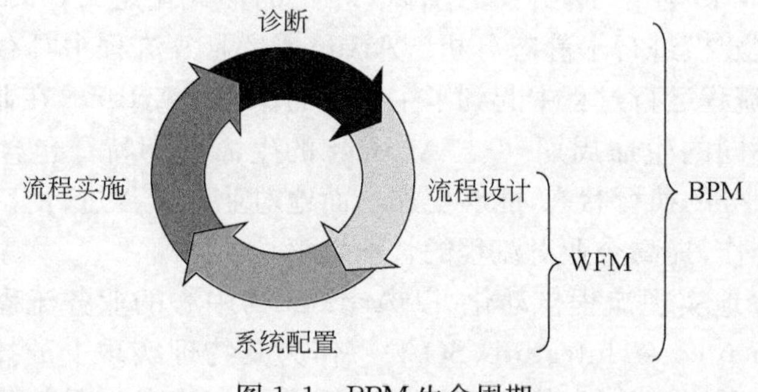

图1.1　BPM生命周期

下面介绍BPM的研究范围,以及BPM和WFM的区别与联系。

1)产生的背景不同

WFM的概念起源于生产组织和文档自动化领域,它十分强调任务和文档的概念。而BPM是在工作流、BPR、BPI和EAI等一系列技术或理念的基础上发展起来的,BPM中流程的概念已经超出了任务集合这一范畴。

2)对业务流程管理侧重点不同

WFM 侧重于业务流程的自动化,而 BPM 是业务流程管理的整体解决方案。BPM 涵盖了业务流程的建模、运行、监控、分析等多个方面,以及从生产管理到战略管理的各个层次。

3)对业务流程类型的理解不同

WFM 侧重于管理结构化的流程,这使流程从一个参与者流转到另一个参与者,而 BPM 对流程的并行、协同和分布的支持能力更强。

业务流程建模是对业务流程进行表述的方式,其描述质量直接影响到业务流程管理系统的应用范围和对业务流程变化的适应能力。传统的工作流模型在对业务流程建模时重点放在控制流的设计上[2],即制定能够驱动业务流程实施的规范。基于这种模型设计工作流的方法称为以过程为中心的方法。然而,这种方法无法体现关键业务数据在业务流程中的重要性。并且这种以过程为中心的建模方法与数据脱节,系统实现时与数据库系统匹配困难。20 世纪 90 年代初,IBM 公司提出一种以数据为中心的业务流程建模技术[3],在进行业务流程建模时,首先确定推动业务流程发展的关键数据实体,然后依据对数据实体的操作建立业务流程模型。

实际中,很多业务流程都是围绕一个关键的单据展开的。这个单据包含了一项业务的完整数据。业务流程中关键业务单据从创建到归档的过程描述了一笔业务的完成过程。IBM 公司的 Nigam 等把业务单据命名为 Artifact,并说明以 Artifact 为中心的思想在业务表现的灵活性、业务变更分析及系统实现方面的优势[4]。随后,Gerede 等[5,6]给出了 Artifact 相关的形式化定义,并对以 Artifact 为中心的业务流程建模进行了静态分析。Artifact 是业务流程中具有行为特征的数据实体,在业务流程运行过程中起到了主导性的作用。Artifact 在业务流程执行的各个阶段具有不同的生命周期[7,8]。Artifact 的生命周期特征包含业务流程中核心业务数据和服务的执行状态,能够更加全面地对业务流程进行管理,促进各个领域之间人员的合作,提高企业对流程的管理效率。

为了能更好地实现流程自动化,以 Artifact 为中心的业务流程采用面向服务架构(service oriented architecture,SOA)[9]作为其物理实现上的技术途径。Web 服务是 SOA 的成熟技术[10],其目的是保证不同平台的应用服务可以互操作。同时,Web 服务组合技术是构建面向服务、松耦合、集成化的应用系统的主要途径。服务组合作为服务的一项重要增值功能,为服务的重用与自动化集成提供了应用的基础。业务流程执行语言(business process execution language,BPEL)[11]是一种基于可扩展标记语言(extensible markup language,XML),用来描写业务流程的编程语言,被描写的业务流程的每个单一步骤则由 Web 服务来实现。BPEL 的出现为 SOA 提供了服务组合标准。目前,BPEL 在实现以 Artifact 为中心的业务流程重组及流程自动化方面得到了广泛的应用[12]。Artifact 将业务流程中的数据和服务的执行过程有机地结合在一起，通过 Web 服务对 Artifact 的操作来完成业务流程，体现了业务流程整体的语义。以 Artifact 为中心的业务流程的完整生命周期如图 1.2 所示。

在流程建模阶段，根据业务需求，利用图形化建模工具对流程进行建模，并按照规定的存储模式将其存储到流程模型库中。为了避免流程模型冗余，提高流程模型再利用率，流程工程师将参考模型库[13]中的流程模型，检查是否存在已有流程或相似流程。在模型分析阶段，流程分析师对流程模型进行静态分析，预测流程的性能，检查流程是否包含错误、是否违背业务规则。具体检查流程中是否存在死锁(deadlock)[14]等异常现象，具体分析 Artifact 的可达性[15]、有效性[16]和生命周期可满足性[17]等。在 BPEL 转化阶段，实际上是由流程分析师将分析和检查后的概念模型转换成物理模型。服务组合阶段是根据模型中服务元素的描述，通过统一描述、发现、集成(universal description discovery and integration，UDDI)[18] Web 服务的技术匹配和组合物理服务的过程，并将匹配到的物理服务存入逻辑服务与物理服务的映射关系表中。流程部署阶段是流程执行的过程，通过引擎执行 BPEL 流程，自动调用 Web 服务，流程日志库存储流程执行过程的数据和资源信息。业务分析师在流程检测阶段根据流程执行结果和流程预测分析报告，来检查流程的正确性和一致性，进而评估流程的性能。在流程评估阶段，设计者根据流程执行的结果来探究提高和优化流程的解决方案。

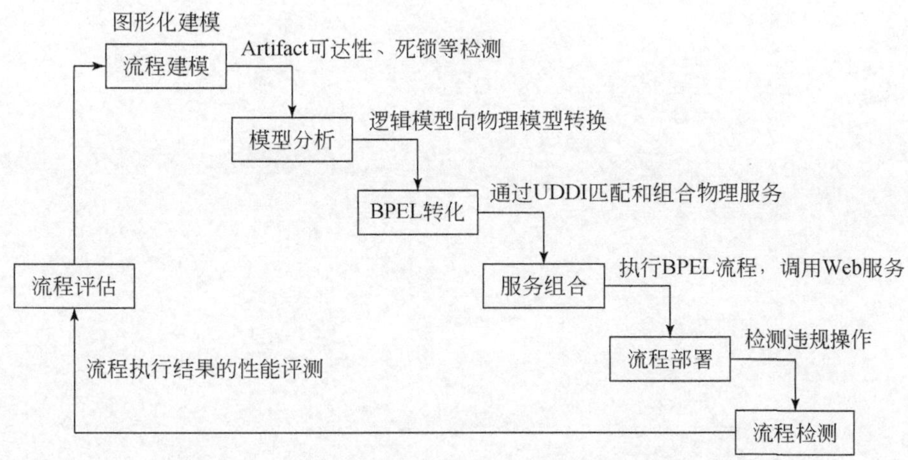

图 1.2 以 Artifact 为中心的业务流程的完整生命周期

本书从以 Artifact 为中心的业务流程完整生命周期的角度出发，对业务流程完整生命周期的各个阶段展开深入研究工作，给出了具体的业务流程建模、分析和系统实现方法。在流程建模阶段，本书分别给出可计算的 XAr/T-net(XML

Artifact/transition net)模型和图形化的 ArtiFlow 概念模型。在模型分析阶段，本书给出 Artifact 可满足性、可达性和有效性，以及流程模型相似性、流程模型聚类、服务组合模式挖掘、Artifact 行为一致性等相关分析技术和方法。在系统实现阶段，本书详细阐述云计算平台下以 Artifact 为中心的业务流程管理系统体系结构的设计和实现方法。另外，本书分别对逻辑层的模型转化、物理层的服务发现与组合、管理层中的 Artifact 数据安全性及 Web 服务跟踪和监控等一系列关键问题进行研究，给出具体的解决方案。

第 2 章　Artifact 相关基础知识

Artifact 是业务流程中数据的载体，是以数据为中心的业务流程建模的关键概念。Artifact 定义为流程中具体的、可标识的、自描述性的信息块，它包含完成一项业务所需的所有信息[4]。Artifact 在业务流程中被创建、更新和归档从而完成业务目标。为了进一步介绍以 Artifact 为中心的思想，本章引入 Artifact 相关概念和性质，并给出以 Artifact 为中心的业务流程的信息模型和操作模型。

2.1　Artifact 概念及性质

定义 2.1　Artifact 是业务流程中客观存在的实体。Artifact 由唯一的不可更改的标识和自描述性的可以修改的内容组成。

定义 2.2　Artifact 生命周期指的是一个 Artifact 从被创建、更新到完成归档的全部过程。

Artifact 的性质包括以下三个方面：

(1)唯一存在性。Artifact 内容的表示方法是属性-值对(attribute-value pair)，Artifact 是自描述的、不可分割的。每个 Artifact 的标识是唯一的，可以用于表示其在整个业务流程中的位置。

(2)生命周期可达性。每个 Artifact 从产生到归档的整个生命周期过程中，经历不同的生命周期阶段。这些不同的阶段对应了整体业务流程的进度，因此 Artifact 必须有一个完整的生命周期才能保证业务流程的正确执行。

(3)持久性。Artifact 在业务流程执行过程中被创建、更新、归档，在这个生命周期过程中不应消失或者被销毁，否则将造成流程混乱。

2.2　Artifact 的信息模型

对 Artifact 的描述包括信息模型和生命周期模型两个方面。信息模型描述 Artifact 的数据结构，类似于数据库模式。生命周期模型描述为完成业务目标而对 Artifact 的操作步骤。Artifact 是业务流程中的关键数据，业务 Artifact 信息模型建立方法与数据库中的数据建模方法有相似之处，但是侧重点不同。在建立数据库模式时，主要目的是管理数据，采用实体-联系(entity-relationship，ER)模型给出实体类型及其联系，并进一步通过规范化理论对数据进行分割。而在建立

Artifact 信息模型时，主要目的是完成业务流程，Artifact 包含完成一个业务流程所需的所有数据，流程的各个阶段分别对应 Artifact 中的一部分数据。本节主要介绍两种已有的 Artifact 信息模型的表示方法：属性-值对表示法和对象模型表示法。

2.2.1 用属性-值对表示 Artifact 信息模型

给定一个业务目标，完成这个目标的各个阶段所需要的数据就组成了 Artifact。在很多熟悉的业务中都可以找到 Artifact，如餐馆业务中的“顾客点菜单”、快递业务中的“邮件详单”、采购审批业务中的“采购申请单”、销售业务中的“客户订单”等。

Artifact 包含两部分，即唯一的标识和自描述性的内容。在业务流程中 Artifact 标识不可以修改，但内容可以修改，例如，在餐馆业务流程中，顾客点菜单 Guest Check 是一个关键业务 Artifact。一个完成全部处理、带有嵌套的属性-值对的 Guest Check 可以描述如下：

```
Guset Check
{
    ID 123;
    table#5;
    items((desc Hamb,qty 1 ),(desc Coke,qty 1,req ice));
    total 3.00;
}
```

以上只列出了 Guest Check 的几个关键属性，在不同的餐馆中对该 Artifact 包含属性的要求可能有所不同。

2.2.2 用对象模型表示 Artifact 信息模型

如果将 Artifact 看成一个对象，那么可以用对象模型来描述 Artifact 信息模型。下面给出 Artifact 模式和实例的形式化定义[6]。

给出下列集合：$\mathcal{T}_p$ 是基本类型集{int，string，bool，float，…}；$\mathcal{C}$ 是 Artifact 类名集；$\mathcal{A}$ 是属性名集；STATES 是 Artifact 状态名集；ID_C 是 Artifact 类 $C\in\mathcal{C}$ 的标识符值集；$\mathcal{T}$ 是类型的集合，$\mathcal{T}=\mathcal{T}_p\cup\mathcal{C}$。

$\mathcal{T}$ 中的每一个类型 t 的域表示为 DOM(t)。

(1)若 $t\in\mathcal{T}_p$ 为基本类型，则 DOM(t)为某个已知的值集(int、string 等)。

(2)若 $t\in X$ 为 Artifact 类型，则 $\mathrm{DOM}(t) = \mathrm{ID}_t$。

定义 2.3 Artifact 类是一个 6 元组(C,A,t,Q,s,F)，$C\in X$ 是类名，$A\subseteq\mathcal{A}$ 是属性集，$\tau: A\to\mathcal{T}$ 是一个完全映射，$Q\subseteq$STATES 是状态集，$s\in Q$、$F\subseteq Q$ 分别为初

始状态、最终状态集。

定义 2.4　Artifact 类(C,A,t,Q,s,F)的一个 Artifact(对象)是一个 3 元组(o,μ,q),$o\in ID_C$是一个标识符,μ 是一个部分映射,为 A 中每一个属性分配域 DOM$(\tau(A))$中的一个值,$q\in Q$ 是当前状态。若 $q=s$ 且 μ 对每一个属性都未定义,则 Artifact 对象是初始对象,若 $q\in F$,则 Artifact 对象是终止对象。

定义 2.5 模式(schema)　G 是 Artifact 类的集合,并且 G 中所引用的类仍在 G 中。设 S 是模式 G 中 Artifact 类的对象的集合,如果 S 中的 Artifact 对象具有不同的标识符,那么 S 是有效的(valid)。如果 S 中 Artifact 对象引用的标识符是 S 中另一个 Artifact 对象的标识符,那么 S 是完全的(complete)。

定义 2.6　设 G 是一个模式,G 的一个实例(instance)就是一个映射 I,I 为模式 G 中的每一个类 C 分配一个有效且完全的 Artifact 对象集合。如果 I 中的每一个 Artifact 对象都是初始对象、终止对象,用 inst(G)表示 G 的所有实例的集合,则实例 $I\in$ inst(G)分别为初始实例、终止实例。

2.3　Artifact 操作模型

使用传统的工作流建模方法对业务流程建模时,数据在建模过程中处于辅助地位。而实际业务的流程往往是以某个包含关键业务数据单据为中心完成各项业务操作的。因此,以数据为中心的业务流程建模方法更符合实际的业务流程操作方式。以 Artifact 为中心的建模方法将数据与流程结合,强调关键业务数据在建模过程中的重要性,根据关键数据在业务流程中的变化对业务流程进行建模和分析。本节给出两种已有的以 Artifact 为中心的业务流程操作模型。

2.3.1　ACOM 模型

以 Artifact 为中心的操作建模(Artifact-centered operational modeling,ACOM)方法主要目的是给出一种易于和用户交流的业务流程模型[4]。该方法中首先要识别出信息结构,即 Artifact,然后 Artifact 贯穿业务的始终,因此称为以 Artifact 为中心的方法。ACOM 中业务 Artifact 具备以下特性:

(1)Artifact 由两部分组成,即整个业务范围内的一个唯一标识和自描述性的内容。

(2)Artifact 的标识不能修改。一个 Artifact 不能被分割成具有相同标识的两个或多个部分,但允许创建内容相同但标识不同的 Artifact。

(3)Artifact 的内容可以随时修改,可以加入新的数据或信息来源。

以 Artifact 为中心对业务操作建模的核心问题是标识 Artifact,即发现业务 Artifact。这一步对于进行实际操作的业务人员是非常容易的,因为在实际业务中人们往往已经自然地将业务详细分块，这些块就是 Artifact，如采购订单、顾客点菜单、账单等单据都可以作为不同业务的 Artifact。

ACOM 中另一个重要的概念是 Artifact 的生命周期，即 Artifact 从创建到完成各个处理操作到最后归档的整个过程。为了描述 Artifact 的生命周期，引入任务(task)和仓库(repository)两种结构。任务主要规定信息被加入 Artifact 的方式。仓库则提供了将 Artifact 归档的方式，包括在处理过程中的 Artifact 和已完成的 Artifact。任务和仓库由流连接器(flow connector)连接，Artifact 通过流连接器在业务功能部件之间传送。

用 ACOM 模型描述的餐馆业务中一个关键的业务 Artifact，即顾客点菜单 Guest Check 的生命周期，如图 2.1 所示。主要的任务包括创建顾客点菜单 Create Guest Check，对 Guest Check 添加菜品 Add Items To Guest Check、Guest Check 结算 Tender Guest Check。流程中还有其他 Artifact 的参与，包括菜单 Menu、特色菜 Daily Specials、厨房订单 Kitchen Order 和现金收支 Cash Balance 等。

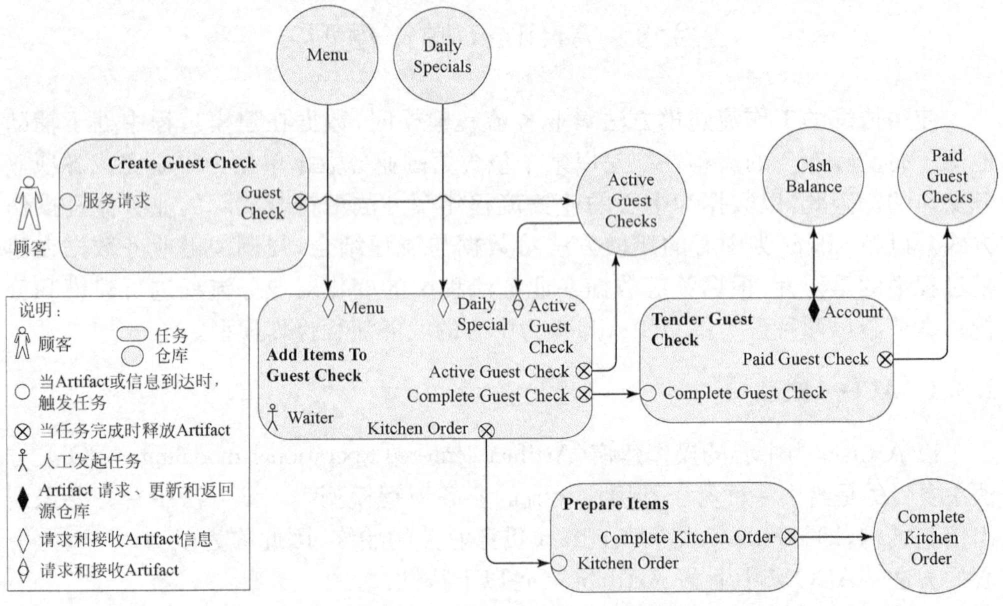

图 2.1　用 ACOM 模型表示 Guest Check 的生命周期

ACOM 模型的目标是既使业务交流更为直观，又可包含实现业务流程的足够信息，便于进一步分析和管理流程。但是该方法没有对模型进行形式化定义，没有给出形式化的分析方法。

2.3.2　BALSA 模型

文献[19]中提出用具有生命周期、服务和关联的业务 Artifacts(business Artifacts with lifecycle,services,and associations,BALSA)的一种形式 $BALSA^{basic}$ 进行以数据为中心的业务流程建模,给出模型的四个关键部件的建模方法:

(1)Artifact 信息模型。使用 ER 模型来定义 Artifact 的模式。

(2)Artifact 生命周期。使用有穷状态机的变体定义 Artifact 从创建到归档过程中的关键阶段。

(3)服务(service)。使用 service 而不是 task 是为了与 SOA 和 Web 服务领域的概念相结合,从输入、输出、前提条件和影响(input,output,pre-conditions and effects,IOPE)四个方面定义服务。

(4)关联(association)。使用事件-条件-动作(event-condition-action,ECA)规则定义服务和 Artifact 之间的关联关系,描述对服务的约束。

$BALSA^{basic}$ 是一种描述性的建模方法,具有形式化语义,没有基于图的表示,可以作为模型分析和验证的基础。模型可与语义 Web 服务结合,适合业务流程分布式的发展趋势。

第 3 章　基于 XAr/T-net 的业务流程建模与分析

Petri 网[20]是业务流程进行描述和分析的有效工具，但已有的基于 Petri 网的建模方法无法体现流程中业务数据的变化。Artifact 作为业务流程中的关键数据，是具有嵌套结构的复杂数据对象。本章用一种图形化的 XML 模式定义语言描述 Artifact 的结构，将对 XML 文档的操作与 Petri 网流程的定义结合，对以 Artifact 为中心的业务流程建立一种可计算的 XAr/T-net 模型。在 XAr/T-net 模型的基础上，分析业务流程逻辑结构，并采用覆盖图分析 Artifact 的持久性、唯一性和可达性[21,22]。

3.1　用基本 Petri 网建模业务流程

1962 年，Petri 提出 Petri 网的概念，用于描述异步、并发的计算机系统。Petri 网有严格的数学基础和直观的图形表达方式，还具有丰富的系统描述手段和系统行为分析能力，因此被广泛应用于业务流程分析领域。

定义 3.1　Petri 网 PN 是一个 5 元组(P,T,F,W,M_0)，其中：

(1)$P=\{p_1,p_2,\cdots,p_m\}$是库所(place)的有限集合。

(2)$T=\{t_1,t_2,\cdots,t_n\}$是变迁(transition)的有限集合，$P\cup T\neq\varnothing$ 并且 $P\cap T=\varnothing$。

(3)$F\subseteq(P\times T)\cup(T\times P)$是有向弧的集合。

(4)$W:F\to\{1,2,3,\cdots\}$是权函数。

(5)$M_0:P\to\{0,1,2,3,\cdots\}$是初始标识。

当且仅当从 p 到 t 存在一条有向弧时，库所 p 称为变迁 t 的输入库所(input place)。当且仅当从 t 到 p 存在一条有向弧时，库所 p 称为变迁 t 的输出库所(output place)。用 $\cdot t$ 表示 t 的输入库所集，$t\cdot$ 表示 t 的输出库所集。同样 $\cdot p$ 可以表示 p 的输入变迁集，$p\cdot$ 可以表示 p 的输出变迁集。

任一时刻，一个库所中包含零个或多个令牌(token)，用黑点表示。PN 的标识 M 代表 Petri 网的状态，就是令牌在库所的分布。标识 M 是一个 m 维向量，m 是 PN 中库所的个数，M 为每个库所分配一个非负整数。若 $p\in P$ 是 PN 的一个库所，则 $M(p)$表示 p 中的令牌数。对于两个标识 M_1 和 M_2，$M_1\leqslant M_2$ 当且仅当对于所有 $p\in P$，$M_1(p)\leqslant M_2(p)$。在 PN 的执行过程中，由于变迁的发生，令牌的分布可能发生改变。变迁的发生遵循以下规则：

(1)变迁 t 具有发生权(enabled)发生(fire)当且仅当 t 的每一个输入库所 p 至

少包含一个令牌。

(2)如果一个能发生的变迁 t 发生，那么 t 的每一个输入库所 p 消耗一个令牌，t 的每一个输出库所 p 增加一个令牌。

下面给出一些 Petri 网特性的描述：

(1)可达性。M_0 是 Petri 网 PN 的初始标识，标识 M_n 是由 M_0 可达的(reachable)，如果存在一个变迁的发生序列 $\sigma = t_1 t_2 \cdots t_n$，将 M_0 转换到 M_n，记为 $M_0[\sigma > M_n$。PN 所有可达标识构成的集合记为 $R(M_0)$，所有变迁的发生序列记为 $L(M_0)$。

(2)有界性。如果 Petri 网 PN(P,T,F,W,M_0)对于任意一个可达标识中的每一个库所的令牌数都不超过一个正整数 k，即 $\forall M \in R(M_0)$，$M(p) \leqslant k$，那么称 PN 为 k 有界的(k-bounded)。当 PN 是 1-bounded 时，称为安全的(safe)。有些 Petri 网的界不易或无法确定，但可以证明其存在性，这时也可以笼统地说该 Petri 网是有界的。

(3)活性。如果 Petri 网 PN(P,T,F,W,M_0)，对任意 $M \in R(M_0)$，都存在 $M' \in R(M)$，使 $M'[t>$，那么称变迁 t 为活的(live)。如果每个 $t \in T$ 都是活的，那么称 PN 为活的 Petri 网。活性是一种理想状态，即 PN 从任意一个可达标识开始，经过某变迁序列后都可以使每一个变迁发生。

(4)一元 Petri 网。如果 Petri 网 PN(P,T,F,W,M_0)，对每一个可达标识 $M \in R(M_0)$，最多只有一个变迁能发生，那么称 PN 是一元的(unary)。

(5)自由选择 Petri 网。Petri 网 PN(P,T,F,W,M_0)是自由选择(free-choice)的，当且仅当对任意两个变迁 t_1 和 t_2，如果 $\cdot t_1 \cap \cdot t_2 \neq \varnothing$，那么一定有 $\cdot t_1 = \cdot t_2$。

自由选择 Petri 网 PN 中，如果两个变迁共享了输入库所集，那么说明若其中任何一个变迁能发生，则另一个也能发生，因此哪一个变迁发生是可以自由选择的。

(6)无冲突 Petri 网。Petri 网 PN(P,T,F,W,M_0)是无冲突的(conflict-free)，当且仅当对于库所 p，若 $|p \cdot| > 1$，则 $p \cdot \subseteq \cdot p$。

无冲突 Petri 网 PN 如果使多个变迁共享同一个输入库所，那么一个变迁的发生不会使其他变迁不能发生。

(7)无环 Petri 网。如果是 F^+(F 的闭包)不自反的，那么 Petri 网 PN(P,T,F,W,M_0)是无环的(acyclic)。

库所与变迁是 Petri 网中的两类基本元素，通常用圆圈表示库所，方框表示变迁。库所和变迁用有向弧连接，有向弧的方向从库所指向变迁或从变迁指向库所。两个库所或者两个变迁之间不能直接连接。Petri 网可以用来描述业务流程，餐馆业务的 Petri 网表示如图 3.1 所示。

图 3.1 中有 3 个库所和 3 个变迁。在库所 Initiated GC 中有一个令牌，这里一

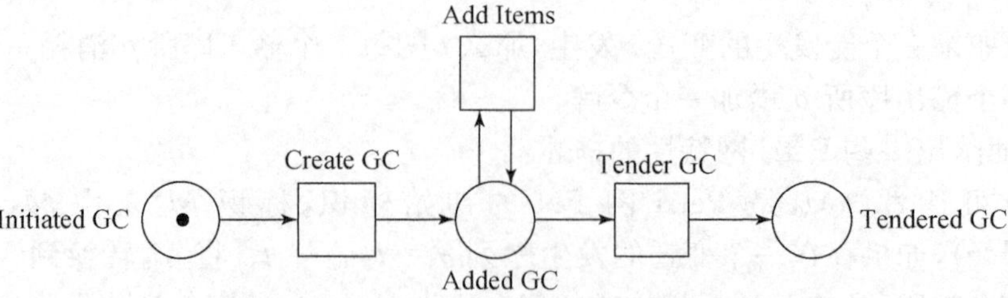

图 3.1　用 Petri 网表示的餐馆业务流程

个令牌代表一个顾客点菜单，即一个 Artifact，此时变迁 Create GC 具有发生权。变迁 Create GC 发生后，库所 Initiated GC 中的令牌被消耗掉，库所 Added GC 中加入一个令牌，此时变迁 Add Items 和 Tender GC 具有发生权。如果变迁 Add Items 发生，那么令牌又回到库所 Added GC，否则令牌进入库所 Tendered GC。变迁 Add Items 可以循环发生，表示点菜过程可以反复进行。

3.2　用高级 Petri 网建模业务流程

基本 Petri 网可以描述业务流程，但复杂的流程会使 Petri 网过于庞大，因此对基本 Petri 进行扩展，主要包括颜色（color）、时间（time）和层次（hierarchy）三方面扩展，统称为高级 Petri 网。

在对业务流程建模时，令牌往往用来表示对象，如文档、资源和人等，因此希望能够表示出对象的属性。在基本 Petri 网中，用于表示系统中资源的令牌是无个性的，无法描述令牌的属性。谓词/变迁网（Pr/T-net）和着色网（colored-net）统称个性令牌系统，两者的区别在于：对个性令牌的描述方式，前者为每个个体命名，后者为不同个性的令牌染上不同的颜色。在高级 Petri 网中，复杂的数据结构可以作为个性引入 Petri 网系统中，使得令牌可以携带复杂数据。

例如，对图 3.1 中的令牌作颜色上的扩展，其中令牌带有属性值，表示当前令牌的状态，如图 3.2 所示。

3.3　Artifact 嵌套结构的表示

为 Petri 网的令牌添加颜色后，令牌就可以表示业务流程中的 Artifact，但 Artifact 的结构往往是一种复杂的嵌套结构，不适合用平面结构表达。对于 Artifact 嵌套结构的表示，本节首先考虑用嵌套关系，然后从灵活性角度使用 XML 文档表示。3.4 节将介绍一种特殊的高级 Petri 网，支持对 XML 文档的表示和操作，进而实现基于 Petri 网对以 Artifact 为中心的业务流程进行建模。

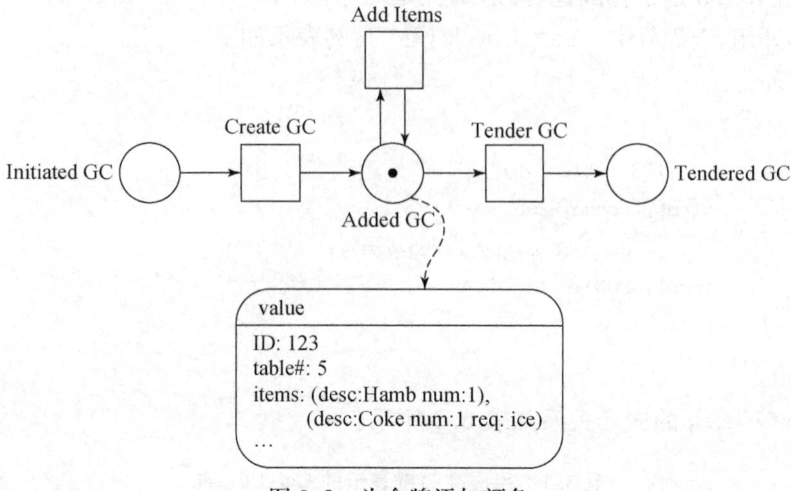

图 3.2　为令牌添加颜色

3.3.1　用嵌套关系表示 Artifact

从技术角度看，Artifact 应该对应数据库领域的复杂对象（complex object）。在关系数据库中，由于属性值不能嵌套，复杂对象只能通过多个基本表的关联实现，无法直观表示 Artifact 信息结构。因此，使用嵌套关系（也称为非第一范式关系）来描述 Artifact，即允许 Artifact 中属性值是非原子值。

下面给出嵌套关系模式及其实例的定义。

定义 3.2　设 U 是非空名字集合，嵌套关系模式等式形如 $R:=(R_1, R_2, \cdots, R_n)$，$n\geqslant 1$，$(R_1, R_2, \cdots, R_n)$ 由不同的名字组成，是 U 的子集。每一个模式名 R 只能出现在一个模式等式的左边，且模式等式中不能出现环。对于等式 $R:=(R_1, R_2, \cdots, R_n)$，$R$ 称为模式，R_i 称为 R 的属性。不出现在任何一个模式等式左边的属性称为简单属性，否则称为组合属性。不出现在任何一个模式等式右边的属性称为顶级模式（top-level schema）。

定义 3.3　U_{simple} 表示 U 的所有简单属性，设 $\delta=\{d_1, d_2, d_3, \cdots\}$ 是一个域的集合，dom 是 U_{simple} 中所有简单属性到 δ 的映射。实例采用名值对的形式，如果 A 是简单属性，且 $a\in \text{dom}(A)$，那么 $A:a$ 是 A 的一个实例；如果 R 是一个模式，并且存在模式等式 $(R_1, R_2, \cdots, R_n)$，那么 $R:\{(\tau_{11}, \tau_{12}, \cdots, \tau_{1n}), \cdots, (\tau_{m1}, \tau_{m2}, \cdots, \tau_{mn})\}$ 是 R 的一个实例，$m\geqslant 0$，若 $i\in\{1,2,\cdots,m\}$，$j\in\{1,2,\cdots,n\}$，则 τ_{ij} 是 R_j 的一个实例。

对 Guest Check 用嵌套关系模式定义给出如下的模式等式：

{Guest Check:=(ID,table#,items,total);items:=(desc,qty,req)}

其中,属性 items 是组合属性,其他属性是简单属性。一个 Artifact 就是模式实例中的一个元组,3.2 节中 Guest Check 模式实例表示如下:

```
Guest Check:
{
        (ID:123,table#:5;
        items:{(desc:Hamb,qty:1),
            (desc:Coke,qty:1,req:ice)};
        total:3.00);
    …
}
```

Guest Check 的嵌套关系如表 3.1 所示。

表 3.1 用嵌套关系表示的 Guest Check

ID	table#	items(desc,qty,req)	total
123	5	{(Hamb,1),(Coke,1,ice)}	3.00
⋮	⋮	⋮	⋮

3.3.2 用 XML 文档表示 Artifact

XML 是一种半结构化数据描述语言,适用于表示自描述的、具有层次关系的数据。与前面给出的几种表示方式相比,用 XML 来描述 Artifact 信息模型有以下优势:

(1)XML 结构简单且灵活性大,适合表示 Artifact 的动态结构。

(2)XML 具有统一的标准语法,具有跨平台、跨系统的特性。

(3)XML 是一套完整的方案,有一系列相关技术,易于进行数据验证、显示输出、文档转换、查询分析等各种操作。

对餐馆业务中的 Artifact,Guest Check 用 XML 文档描述,如图 3.3 所示。

```
<Guest Check ID=123>
  <table#>5</ table#>
  <items>
      <item> <desc>Hamb</desc><qty>1</ qty >
      <item> <desc>Coke</desc> < qty >1</ qty ><req>ice</req></item>
  </items>
  <total>3.00</total>
</Guest Check>
```

图 3.3 用 XML 文档表示的 Guest Check

用文档类型定义(document type definition,DTD)可以描述 XML 文档的结构。Guest Check 的文档结构用 DTD 表示如图 3.4 所示。

```
<!ELEMENT Guest Check(table#,items,total)>
<!ATTLIST IDID #REQUIRED>
<!ELEMENT table#(#PCDATA)>
<!ELEMENT items(item*)>
<!ELEMENT item(desc,qty,req)>
<!ELEMENT desc(#PCDATA)>
<!ELEMENT qty(#PCDATA)>
<!ELEMENT req(#PCDATA)>
<!ELEMENT total(#PCDATA)>
```

图 3.4　Guest Check 的结构 DTD

3.4　Artifact 结构的图形描述

Artifact 是用 XML 定义的具有复杂结构的文档,本节介绍图形化的 XML 模式定义语言和操作语言。用令牌表示 Artifact 会更加方便。

3.4.1　图形化 XML 模式定义语言 GXSL

XML DTD 用于表示 XML 文档的语法,也可以看成 XML 文档的模式。DTD 由一组对不同类型标记的声明组成,包括元素(element)、属性列表(attribute list)、实体(entity)或标注(notation)等。然而,DTD 中的语法是文本形式描述的,对于复杂的对象,可读性较差。一种图形化的 XML 模式定义语言(graphical XML schema definition language, GXSL)[23],以图形的方式直观地设计 XML 文档 DTD,得到的 XML 模式图(XML schema diagram,XSD)可以无二义性地导出为 XML 文档 DTD。

GXSL 使用统一建模语言(unified modeling language,UML)的基本符号加以扩展用于 XML 文档模式定义,用 UML 类表示 XML 文档中的元素,用聚合等表示文档的层次结构,下面详细给出各种元素类型的表示方法。

(1)简单元素类型。在 GXSL 中,XML DTD 中元素类型的声明用类(class)表示。没有子元素的元素类型称为简单元素类型,包括 ANY、EMPTY 和 #PCDATA 三种。ANY 元素类型表示元素标记中的内容可以是任意内容、其他标记或者字符串;EMPTY 元素类型表示标记间没有内容;#PCDATA 表示可解析字符串,表示不包含其他标记的任意字符串。这三种元素类型的 XSD 图形表示如图 3.5 所示。

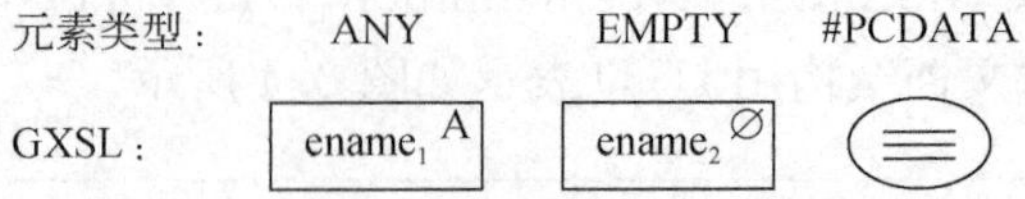

元素类型:	ANY	EMPTY	#PCDATA
GXSL:	$ename_1$ A	$ename_2$ ∅	

图 3.5 简单元素类型的 XSD 图形表示

除了元素类型的声明,DTD 中还包含元素的属性列表的声明。对于一个元素类型 ename,其属性列表的声明方式为

$$<!\ \mathrm{ATTLIST}\ ename\ aname_1\ atype_1\ defaultdecl_1$$
$$\cdots$$
$$aname_n\ atype_n\ defaultdecl_n>$$

aname 表示属性名,atype 表示属性类型,defaultdecl 表示缺省描述。在 GXSL 中,属性列表可以加到元素类中,如图 3.6 所示。

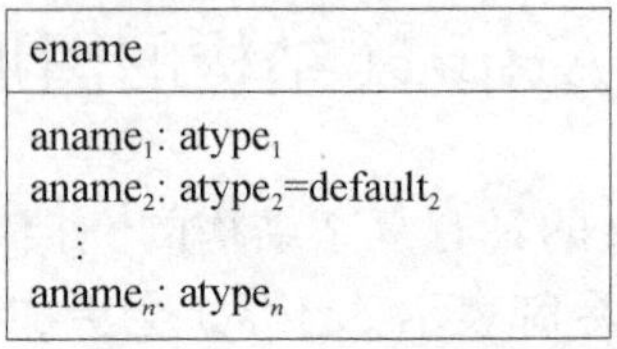

ename

$aname_1$: $atype_1$
$aname_2$: $atype_2$=$default_2$
⋮
$aname_n$: $atype_n$

图 3.6 元素类的属性列表

缺省描述包括缺省值和缺省修饰符,XML 缺省修饰符到 GXSL 类属性的转换如表 3.2 所示。

表 3.2 XML 缺省修饰符到 GXSL 类属性的转换

XML	GXSL	说明
#IMPLIED	aname:atype	可选属性
#REQUIRED	aname[1]:atype	强制出现的属性
#FIXED"dvalue"	aname:atype=dvalue{frozen}	属性值不能改变,需要缺省值

(2)嵌套元素类型。XML 中元素类型可以嵌套以描述文档的层次结构。UML 用聚合(aggregation)来表示元素类型之间的层次关系,在 XSD 中的表示方法如图 3.7 所示。

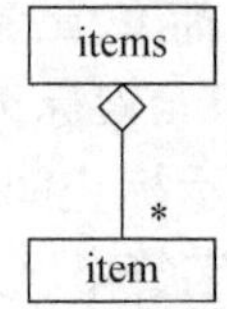

图 3.7 嵌套元素类型的 XSD 表示

图 3.7 中附加的标注代表其关联子类的基数值。例如，点菜列表是由多个 item 组成的，XML 文档形式为＜！ ELEMENT items（item ＊）＞。

XML 文档中元素出现的次数到 GXSL 基数的转换如表 3.3 所示。

表 3.3　XML 文档中元素出现的次数到 GXSL 基数的转换

GXSL 基数值	元素出现的次数
1（缺省值）	强制出现 1 次
0…1	可选
*	0 次或多次
1…*	1 次或多次

（3）选择元素类型。XML 中元素类型可以定义为两个或多个元素类型的选择。例如，＜！ ELEMENT ename$_1$（ename$_2$ | ename$_3$）＞说明有效的 XML 文档中在元素 ename$_1$ 中只能出现 ename$_2$ 或 ename$_3$（但不能同时出现）。例如，在 GXSL 中，选择用子类间的{or}约束表达，如图 3.8 所示。

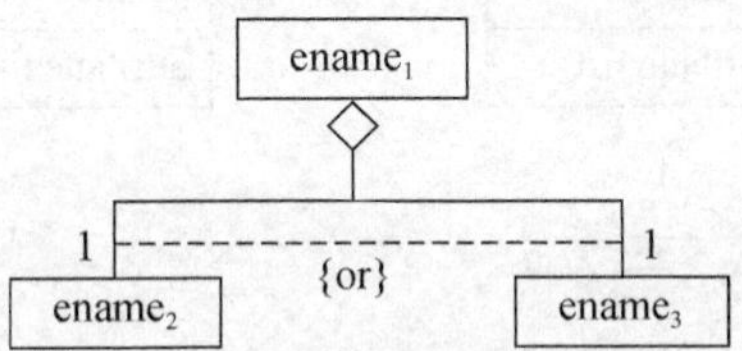

图 3.8　选择元素类型的 XSD 表示

（4）顺序元素类型。XML 中元素的出现顺序由元素名列表定义，如＜！ ELEMENT ename（ename$_1$，ename$_2$，…，ename$_n$）＞。GXSL 中使用 UML 中对依赖建模概念来对顺序建模，对一个超类的子类间的顺序，使用有向的依赖关系，并做{precedes}标记来表示，如图 3.9 所示。

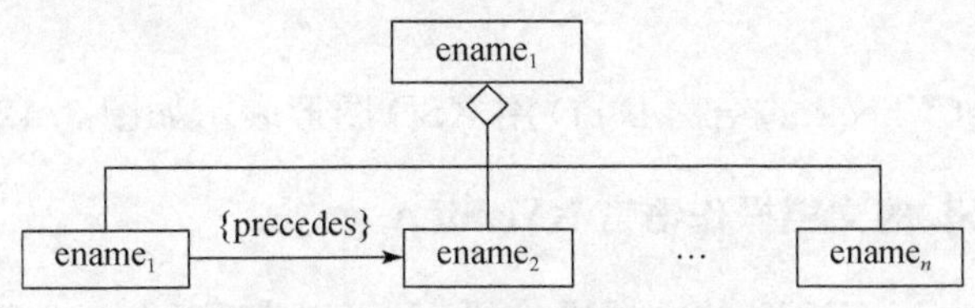

图 3.9　顺序元素类型的 XSD 表示

（5）级联嵌套。XML 中元素允许级联嵌套，即元素类型不是直接定义，而是由一个表达式给出的。例如，可以声明（ename$_1$，（ename$_2$，ename$_3$）＋），则元素 ename$_1$ 后面是一个或多个元素 ename$_2$ 或者 ename$_3$。为了清楚地表达语义，此时

必须引入一个抽象类对元素类型的层次关系进行建模，即将表达式分割成($ename_1$，abstract+)和<！ELEMENT abstract($ename_2$ | $enmae_3$)>。抽象类的表示方法如图 3.10 所示。

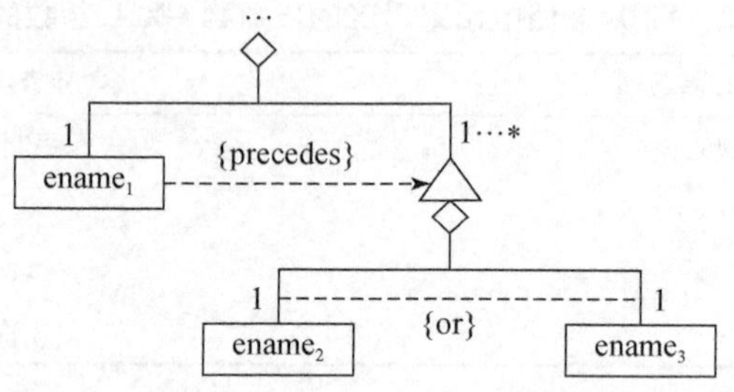

图 3.10 带有抽象类的嵌套元素类型的 XSD 表示

(6)GXSL 的简化。为了表示方便，可以对 GXSL 进行一些简化，如图 3.11 所示。

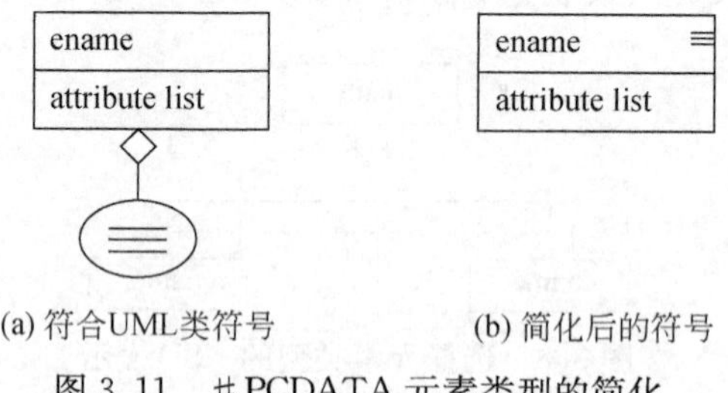

图 3.11 ＃PCDATA 元素类型的简化

这种简化使得对于 XML 模式设计者更加直观方便。简化方法包括：缺省的基数值为 1；对元素类型<！ELEMENT ename(＃PCDATA)>做简化处理选择约束直接用虚线表示，省略{or}，顺序约束省略{precedes}；元素的级联嵌套不再用抽象类表示，而是采用聚合的树形结构，即去掉图 3.10 中表示抽象类的三角形符号。

餐馆中 Guest Check 的结构 DTD 用 XSD 图形表示如图 3.12 所示。

3.4.2 基于 GXSL 的文档操作语言 XManiLa

XManiLa 是基于 GXSL 的文档操作语言，可以实现 XML 文档的查询和操作。一个 XSD 可以作为一个 XML 文档集的模板，规定文档的结构。为实现基于内容的查询，在 XSD 中允许为元素和属性分配常数或变量，得到扩展的 XSD。这一思想类似于关系数据库中的按例查询(query by example，QBE)，是一种图形化的查询语言。

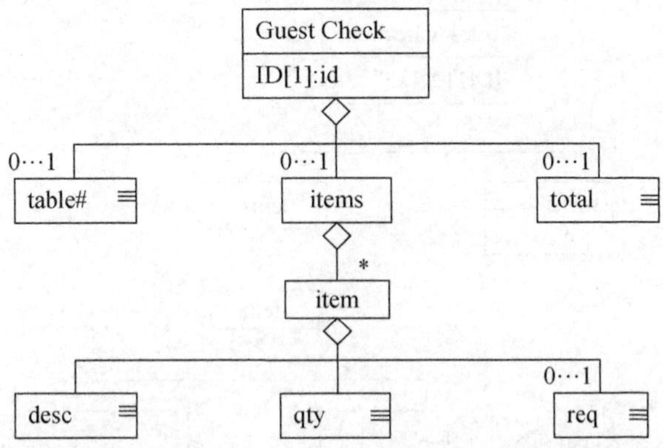

图 3.12　用 XSD 表示 Guest Check 的结构 DTD

例如，要查询 5 号桌的点菜情况，如图 3.13 所示，使用通配符 A 表示任意。

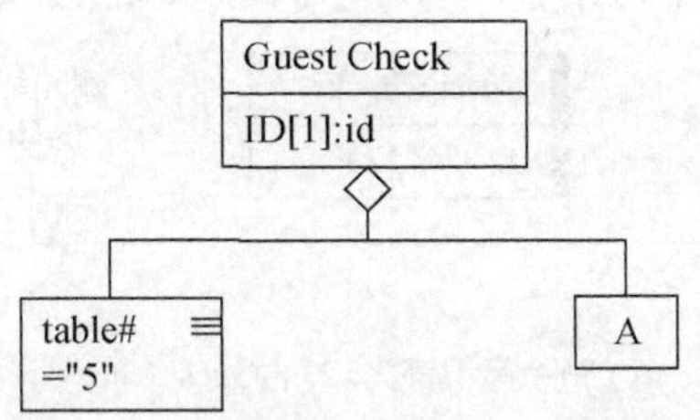

图 3.13　查询 5 号桌的点菜情况

XManiLa 不仅可以表示查询，还可以表示插入和删除。插入和删除的对象可能是整个文档或某个元素，在 XSD 中对要进行插入和删除操作的元素的矩形的左边线用实线标识。将 XSD 作为 Petri 网的边标记就可以准确描述对 XML 文档的操作。例如，对 Guest Check XML 文档的插入和删除操作如图 3.14 所示。

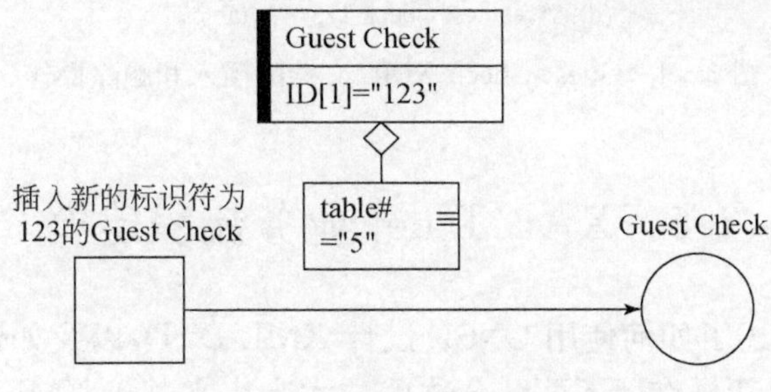

(a) 插入新的标识符为123的Guest Check

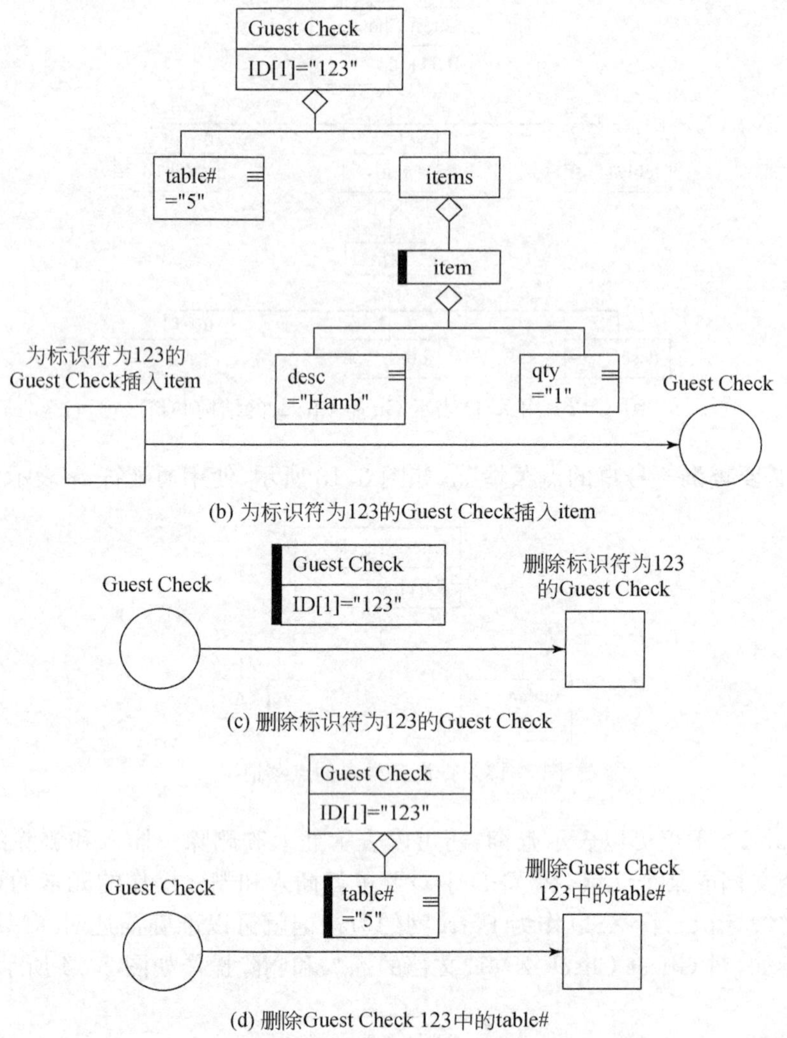

图 3.14 Guest Check XML 文档的插入和删除操作

3.5 XAr/T-net 业务流程建模

3.4 节详细描述了如何使用 GXSL 设计 XML DTD，以及如何用 XManiLa 指定文档的查询和更新操作。下面结合这些技术来定义基于 XML 的 Artifact/变迁网 XAr/T-net。

XAr/T-net 是着色 Petri 网的一种变体，用 Artifact 的模式集作为颜色集，对以 Artifact 为中心的业务流程建模。XAr/T-net 中每个 Artifact 是一个令牌，令牌的颜色用 GXSL 定义，Artifact 的结构需满足 GXSL 的定义。每一个库所只有一种颜色的令牌，即只包含一种结构的 Artifact。变迁的发生使得 Artifact 在库所间流动，变迁对相邻库所中的 Artifact 进行操作。操作方法由与变迁相邻的边上的标记表示，边上的标记由 XManiLa 定义。

定义 3.4　XAr/T-net 是一个 8 元组 $XAN=(P,T,F,D,L,f,g,M_0)$，其中：

(1)$P=\{p_1,p_2,\cdots,p_m\}$是库所的有限集合。

(2)$T=\{t_1,t_2,\cdots,t_n\}$是变迁的有限集合，$P\cup T\neq\varnothing$并且 $P\cap T=\varnothing$。

(3)$F\subseteq(P\times T)\cup(T\times P)$是有向弧的集合。

(4)D 是 Artifact 模式集，Artifact 模式用 GXSL 定义。

(5)L 是 Artifact 文档操作集，Artifact 文档操作用 XManiLa 定义。

(6)$f:P\rightarrow D$，对 $p\in P$，$f(p)$是库所 p 中的 Artifact 模式。

(7)$g:F\rightarrow L$，对$(p,t)\in F$，$g(p,t)$是变迁 t 对 p 中的 Artifact 文档的操作。

(8)$M_0:P\rightarrow\{0,1,2,\cdots\}$是初始标识，对 $p\in P$，$M_0(p)$是初始时 p 中 Artifact 的个数。

XAr/T-net 具有以下特点：

(1)每一个库所对应一个 XSD，多个库所可能具有相同的 XSD，表示库所中容纳的 Artifact 类型相同，但由于 XSD 具有可伸缩的结构，因此不同库所根据 XML 文档中出现的元素不同可以区分 Artifact 的不同状态。

(2)连接库所和变迁的有向弧用扩展的 XSD 标记，标记不能与相邻库所的 XSD 定义冲突，边标记中可以包含变量，变量实例化后可以判定相邻库所中的 Artifact 是否满足边标记上的扩展的 XSD 的定义。

(3)Artifact 的标识符在业务流程中不能更改，因此在定义边标记时，不能对表示 Artifact 标识符的 XML 元素进行修改和删除操作。

(4)变迁可以包含逻辑表达式，表达式中使用相邻边标记上的变量，给定变量值，可以判定表达式的真值。

(5)XAr/T-net 模型的初始标识是为每个库所分配一个有效的 XML 文档集(可以为空集)。

(6)对于每一个 Artifact 类型，在 XAr/T-net 模型中必须至少有一个表示该类 Artifact 的终止状态的库所，用加粗的圆形表示。

XAr/T-net 模型的行为由变迁的发生定义。对于给定的标识，如果满足以下条件(如果一个变量在变迁相邻边出现多次，那么对于变迁的同一次发生，变量必须取相同值)，那么变迁能发生。

(1)每个变迁的前库所(即库所的输出边指向该变迁)至少包含一个 Artifact，在给定的变量值下与边标记上定义的模式相匹配。

(2)Artifact 中给定的变量值应该使得变迁的逻辑表达式值为真。

(3)一个变迁执行完后,该变迁的每一个前库所删除一个 Artifact,每个后库所中插入一个 Artifact,在给定的变量值下,插入和删除的 Artifact 与边标记上定义的模式相匹配。

由以上可知,XAr/T-net 中变迁的发生一般是从前库所中取出满足要求的 Artifact,更新后插入后库所中并将其从前库所中删除。

将图 3.2 中 Petri 网的有向弧用扩展的 XSD 标记,库所用图 3.12 的 XSD 标记,建立餐馆业务流程的 XAr/T-net 模型如图 3.15 所示。GC(Guest Check)为顾客点菜单。Initiated GC 和 Tendered GC 分别为 Artifact GC 的初始状态库所和终止状态库所。变迁 Create GC 给一个 Artifact GC 的 table#元素插入一个值,变迁 Added Items 在一个 Artifact GC 的 items 元素中插入一个 item 子元素,变迁 Tender GC 给一个 Artifact GC 的 total 元素插入一个值。

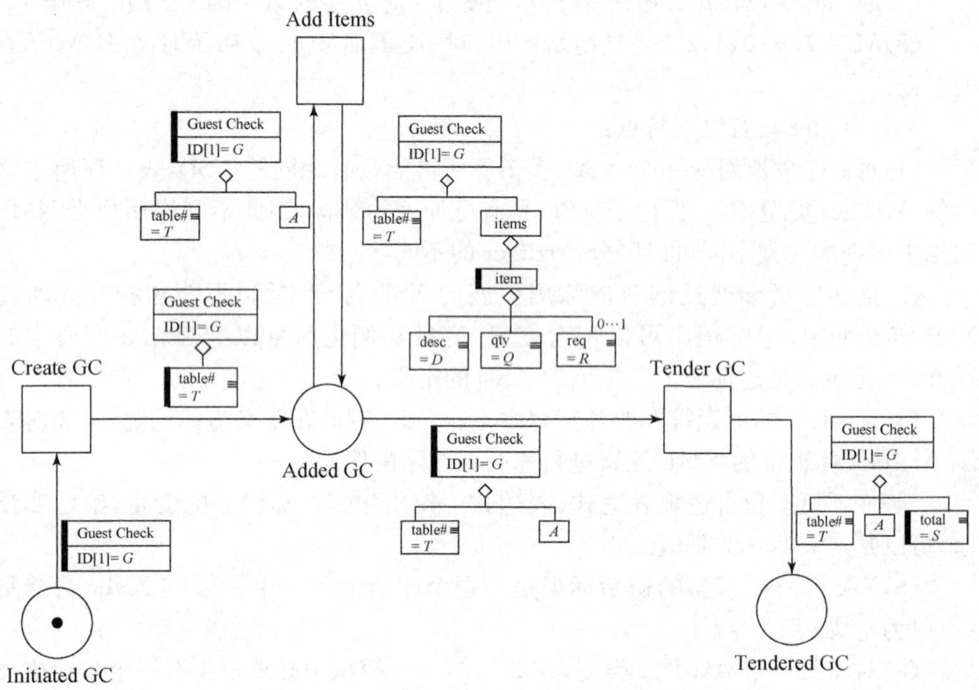

图 3.15　用 XAr/T-net 表示的餐馆业务流程

3.6　XAr/T-net 业务流程分析

用 XAr/T-net 对业务流程建模后,在流程实施之前,需要对流程进行分析以避免出现不恰当的流程。由于 XAr/T-net 是一种 Petri 网的变体,因此可以采用基于 Petri 网的方法对其进行分析。流程分析分为定性分析和定量分析，前者主要分析流程的逻辑正确性，如没有死锁、活锁(livelock)等异常情况；后者主要分析流程的性能，需要建立一些性能指标，如平均完成时间、资源利用率等。本节主要对 XAr/T-net 业务流程进行定性分析，包括结构分析和覆盖图分析。XAr/T-net 是以 Artifact 为中心的业务流程建模，因此在分析时需要关注 Artifact 的特性，主要包括以下几个方面：

(1)唯一性。任一时刻，具有相同标识符的 Artifact 不能同时出现在多个库所中。

(2)持久性。在一个 Artifact 创建后，在业务流程中不能消失。

(3)可达性。一个 Artifact 可以到达任何一个状态，并能够到达最终状态。

3.6.1　结构分析

业务流程通常是复杂的，可能包括串行、并行、选择和循环等结构。评价用 XAr/T-net 建立的业务流程模型结构的正确性需要重点发现以下几种经常出现的结构问题：

(1)变迁没有输出库所。在 XAr/T-net 中，变迁表示对 Artifact 的处理，如果一个变迁没有输出库所，那么破坏了 Artifact 的持久性。

(2)死变迁(dead transition)。死变迁指永远没有可能发生的变迁，这类变迁不应出现在流程中。

(3)死锁。死锁指 Artifact 在到达最终完成状态之前被"堵塞"。如图 3.16(a)所示，变迁 T_1、T_2、T_3都可能先被执行。如果变迁 T_1或 T_2先执行，那么令牌将陷入"无限等待"状态，无法到达最终状态。只有变迁 T_3先执行，令牌才可以到达最终状态。

(4)活锁。活锁指 Artifact 陷入一个无限循环。如图 3.16(b)所示，令牌会陷入 T_2和 T_3组成的无限循环中，无法跳出。

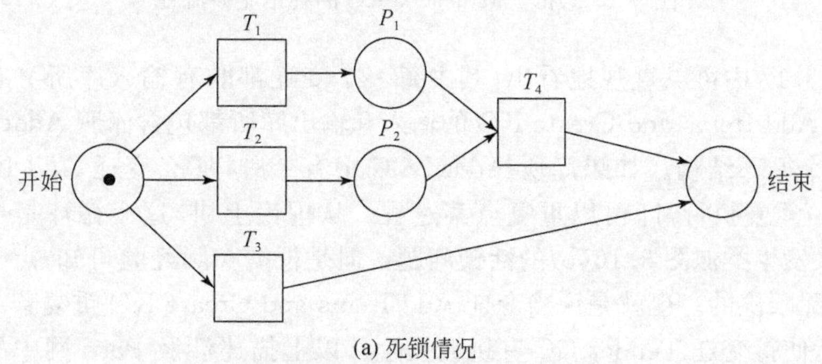

(a) 死锁情况

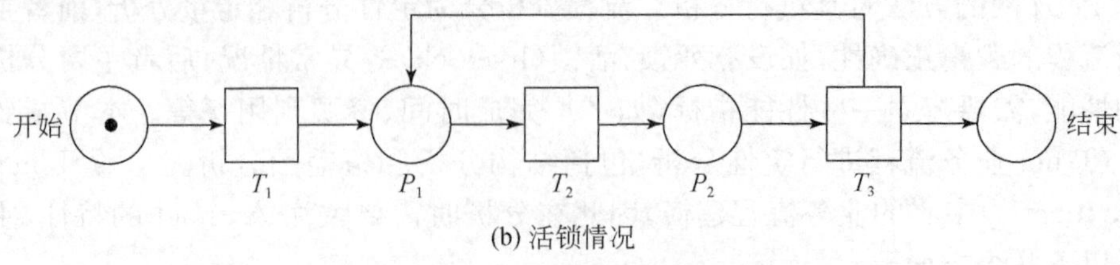

(b) 活锁情况

图 3.16 两种异常情况

下面对用 XAr/T-net 建模的餐馆业务流程进行结构分析。对图 3.15 用 XAr/T-net 进行扩充,表示餐馆业务流程,如图 3.17 所示。在图 3.17 中增加了一个新的 Artifact 类型,即 Kitchen Order,简称 KO。在图 3.15 的基础上,增加了两个变迁 Prepare KO、Deliver 和 3 个库所(Created KO、Prepared KO、Delivered KO),库所 Delivered KO 是 Artifact 类 KO 的最终状态库所。当顾客对点菜单增加菜项时,每一道菜都创建一个相应的 KO 送入厨房,经过做菜和上菜完成 KO 的生命周期。流程的初始状态是库所 Initiated GC 中有一个令牌,表示有一个初始化的 Artifact GC。为了简化,在连接库所和变迁的有向边上,没有给出扩展的 XSD 表示的插入和删除条件,而是直接给出操作的 Artifact 类型作为标记。

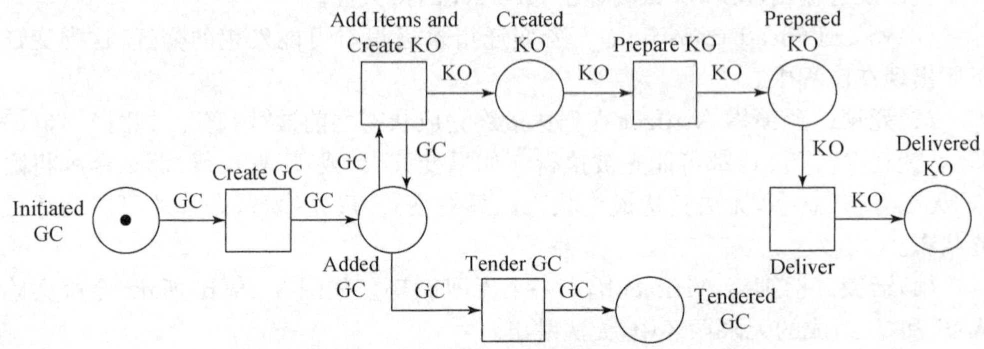

图 3.17 加入 Artifact 类 KO 的餐馆业务流程

从图 3.17 中可以直观地看出,其中每一个变迁都既有输入库所又有输出库所。变迁 Add Items and Create KO 的输入和输出库所都包含库所 Added GC,因此出现一个循环结构。如果库所 Added GC 中有令牌,那么变迁 Add Items and Create KO 重复执行,即可以重复点菜过程。从理论上讲,这个循环是个无限循环,会导致发生类似图 3.16(b)的活锁问题。但是根据实际经验可知,点菜过程是不会重复无限次的。也就是说当变迁 Add Items and Create KO 重复若干次后将不再发生,使得变迁 Tender GC 有机会发生。以上描述涉及 Petri 网中的一个概念——公平性(fairness),是指如果一个变迁满足发生的条件,那么它不会被无限地推迟发生。XAr/T-net 应该满足公平性原则,保证循环和选择结构的正确性。

目前已有很多成熟的仿真工具可以方便地分析 Petri 网的结构,例如,一种平台独立的 Petri 网编辑器(platform independent Petri net editor,PIPE)可以用来验证以上给出的对图 3.17 中 Petri 网结构分析的结果。

3.6.2　覆盖图分析

对于 XAr/T-net 业务流程模型结构正确性及其中 Artifact 特性的分析,更严格的方法是采用 Petri 网的覆盖图。

给定一个 Petri 网 PN(P,T,F, W, M_0),从初始标识 M_0,通过可能发生的变迁可以获得一些新的标识。从这些新的标识开始,又可以达到更多的标识。这个过程可以产生一个标识的树形结构。节点表示由 M_0 产生的标识及它们的后继,边表示变迁的发生,变迁的发生将一个标识转换到另一个标识。这棵树称为 Petri 网的覆盖树(coverability tree)。如果 PN 是有界的,那么覆盖树又称为可达树(reachability tree)。如果将树中相同的标识节点合并,覆盖树就可以转化成覆盖图(coverability graph)。对于有界的 Petri 网,覆盖图又称为可达图(reachability graph)。如果 PN 是无界的,按照上述方法给出的树的规模将无限增长,为了使得树能够是有限的,引入符号 ω 表示无限。Petri 网 PN 的覆盖图的构建方法由算法 3.1 给出。

算法 3.1　求 Petri 网的覆盖图 CoverabilityGraph(PN)。

输入:Petri 网 PN;

输出:PN 的覆盖图。

Begin

(1)将初始标识 M_0 设为根节点,并标记为"new";

(2)若当前存在标记为"new"的节点,则

(3)选择一个标记为"new"的节点 M

(4)　若状态 M 与从根节点到 M 的路径上的某个节点标识相同,则将 M 标记为"old",并继续选一个标记为"new"的节点;

(5)　若在标识 M 下,没有任何使能的迁移,则将 M 标记为"dead-end";

(6)　对标识 M 下每个使能的迁移 t

(7)　　求出状态 M 下变迁 t 发生后的新标识 M';

(8)　　在从根到 M 的路径上,若存在 M'',使得 $M''(p) < M'(p)$,即 M'' 可被覆盖,则对每一个使得 $M''(p) < M'(p)$ 的 p 用 ω 替换;

(9)　　将 M' 作为一个节点,若 M' 与从根节点到 M' 的路径上的某个节点 M''' 标识相同,则从 M 到 M''' 画一条边标记为 t;否则从 M 到 M' 画一条边标记为 t,将节点 M' 标记为"new";

End

如果 Petri 网 PN 只有有限多个可达标识，那么算法 3.1 自然会终止。如果可达标识有无穷多个，那么需证明算法是可终止的。算法 3.1 构造 Petri 网的覆盖图的方法是穷举法，这是最彻底但最低效的方法，该方法对于规模较小的问题是有效的。目前 Petri 网研究面临的一个主要困难就是组合爆炸，即当问题规模变大时，可能的状态数呈几何级数增加，解决问题所需的时间空间也呈几何级数增加。因此，本节后面将通过划分子网来减小问题的规模。

图 3.15 给出的用 XAr/T-net 表示餐馆业务流程，根据算法 3.1 求出覆盖图，如图 3.18 所示。

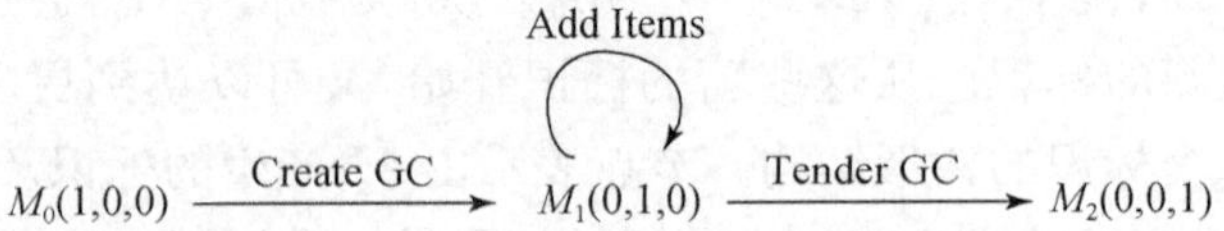

Add Items

$M_0(1,0,0)$ —Create GC→ $M_1(0,1,0)$ —Tender GC→ $M_2(0,0,1)$

图 3.18　XAr/T-net 表示餐馆业务流程的 Petri 网覆盖图

初始标识为 $M_0(1,0,0)$，此时能够发生的变迁是 Create GC，变迁发生后标识 M_0 变换为标识 $M_1(0,1,0)$。标识 M_1 使得变迁 Add Items 和 Tender GC 能发生，如果变迁 Tender GC 发生，那么新的标识为 $M_2(0,0,1)$。如果变迁 Add Items 发生，那么仍然得到标识 $M_1(0,1,0)$。

使用 Petri 网仿真工具可以方便地求出覆盖图，例如，使用仿真软件 PIPE 对图 3.17 给出的 Petri 网求出的覆盖图如图 3.19 所示。

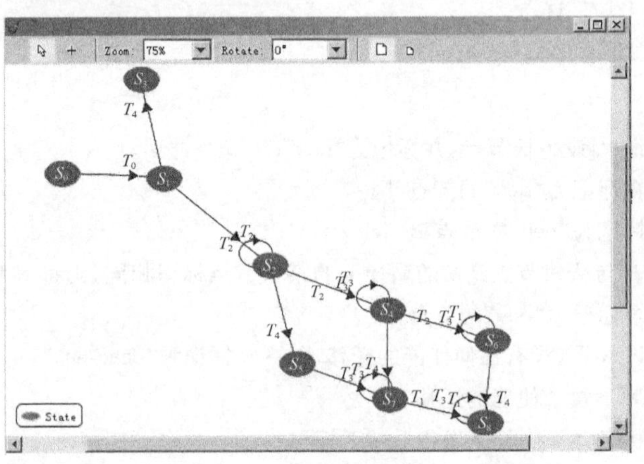

图 3.19　用 PIPE 工具求出的图 3.17 的覆盖图

S_0 到 S_8 代表 9 个可达标识，即 $S_0(1,0,0,0,0,0)$、$S_1(0,1,0,0,0,0)$、$S_2(0,1,\omega,0,0,0)$、$S_3(0,0,0,0,0,1)$、$S_4(0,1,\omega,\omega,0,0)$、$S_5(0,0,\omega,0,0,1)$、$S_6(0,1,\omega,\omega,\omega,0)$、$S_7(0,0,\omega,\omega,0,1)$、$S_8(0,0,\omega,\omega,\omega,1)$。$T_0$ 到 T_4 分别代表变迁 Create GC、

Add Items and Create KO、Prepare KO、Deliver 和 Tender GC。

但是，图 3.19 给出的覆盖图不利于分析 Artifact 的性质，因为其中涉及多种类型的 Artifact，包括 GC 和 KO。而且对于 Artifact 类 KO，还出现了无限多个实例的情况。虽然由实际业务经验可知，KO 的实例不会无限多个，但多个令牌的出现增加了覆盖图的复杂度，而且多个 Artifact 类型的操作混合在一起也不宜看出每一类 Artifact 的操作过程。因此，本章在用覆盖图分析时，首先将 XAr/T-net 按照库所的类型分割成若干个子网，每个子网只包含一种类型的 Artifact，且只在初始状态库所包含一个令牌，然后求出每个子网的覆盖图分别进行分析。

定义 3.5　设 XAN=$(P, T, F, D, L, f, g, M_0)$是用 XAr/T-net 建立的一个业务流程模型，XAN_$C(P_C, T_C, F_C, D_C, L_C, g, M'_0)$是 Artifact 类型 C 的相关的子网，$P_C \subseteq P, T_C \subseteq T, F_C \subseteq F, L_C \subseteq L$，子网模式集 D_C 中只有一种 Artifact 类型 C 的模式。设 XAN_C 的初始库所为 p_0，XAN_C 的初始标识为 $M'_0(p_0)=1, M'_0(p)=0, p \in P_C-\{p_0\}$。

例如，图 3.15 中用 XAr/T-net 建立的网可以看成图 3.17 中网的一个关于 Artifact 类型 Guest Check 的子网。对 XAr/T-net 业务流程模型各 Artifact 类型相关的子网求出覆盖图后，可以利用覆盖图对 Artifact 性质进行分析。

由于在子网 XAN_C 中只有一种类型为 C 的 Artifact，因此在求覆盖图时可以不用区分令牌的颜色，从而可根据算法 3.1 求出 XAN_C 的覆盖图 $G(V,E)$。G 是一个带有标记的有向图，V 是节点集，节点由可达标识 M 标记，$M \in R(M'_0)$；E 是边集，边由单个变迁 t_k 标记，t_k 是使得 $M_i[t_k>M_j$ 成立的变迁，$M_i, M_j \in R(M'_0)$。

在子网 XAN_C 不产生新的令牌的情况下，利用覆盖图 G 可以分析 Artifact 的唯一性、持久性和可达性。

唯一性要求 XAN_C 中令牌不能同时存在于多个库所中，覆盖图 G 中任意一个节点的标识 $M \in R(M'_0)$ 中，有且只有一个库所 $p \in P_C$，使得 $M(p)=1$，其他库所的标识均为 0。例如，图 3.18 给出的覆盖图中，节点标识分别为 $M_0(1,0,0)$、$M_1(0,1,0)$ 和 $M_2(0,0,1)$，因此图 3.15 的模型满足 Artifact 的唯一性。

持久性要求 XAN_C 中变迁的发生不能使得令牌消失，即变迁的发生只能使得令牌从一个库所转移到另一个库所。由于 XAN_C 中不产生新的令牌，因此覆盖图 G 中任意一个节点的标识 $M \in R(M'_0)$，$\sum_{i=1}^{m} M(p_i)=1$，m 是 XAN_C 中库所的个数。例如，图 3.18 给出的覆盖图中，节点标识分别为 M_0、M_1 和 M_2，因此图 3.15 的模型满足 Artifact 的持久性。

可达性要求 XAN_C 中表示初始状态的库所中的令牌可能到达任何一个表达该类 Artifact 状态的库所，且最后应该出现在它的一个表示终止状态的库所中，每个变迁都可能发生。在覆盖图 G 中，每一个库所 p 都至少存在一个状态标识

$M \in R(M'_0)$，使得 $M(p)=1$。设 $P_{end} \subseteq P_C$ 是最终状态库所的集合，则覆盖图 G 中出度为 0 的节点的标识中，有且只有一个库所 $p \in P_{end}$ 使得 $M(p)=1$，其他库所的标识均为 0。XAN_C 中任意一个变迁 t，覆盖图 G 中至少存在于一条边标记为 t。例如，图 3.18 给出的覆盖图中，节点标识 M_0 和 M_1 分别使得库所 Initiated GC 和 Added GC 中有一个令牌，M_2 是出度为 0 的节点，Tendered GC 是终止状态库所，M_2 使得库所 Tendered GC 中有一个令牌。变迁 Create GC、Add Items 和 Tender GC 分别作为覆盖图中 3 条边的标记。因此，图 3.15 的模型满足 Artifact 的可达性。

第 4 章　以 Artifact 为中心的业务流程概念模型

按照数据库领域的观点来考虑业务流程建模，业务流程模型分为概念模型、逻辑模型和物理模型。概念模型用于表达用户需求观点的全局结构模型。概念模型需要转换成逻辑模型，从流程实现的角度出发对业务流程建模并最终转换成物理模型。因此，本章提出一种新的业务流程概念模型——ArtiFlow[12,24]，用 XML 文档格式存储模型的元素。同时，给出模型的基本结构和设计规则，在此基础上设计算法对模型的正确性进行检查，并提出模型的优化方法。

4.1　业务流程举例

以 Artifact 为中心的业务流程建模首先要识别业务流程中的 Artifact。对业务人员来说，如果能够回答出“业务流程如何制造出产品”或“业务流程主要处理什么样的单据”这样的问题，就可以很快找到关键的 Artifact。从这个 Artifact 出发，还可以继续找到其他相关的 Artifact。找到这些 Artifact 后，构建业务流程模型的过程就通过描述对 Artifact 的处理操作完成。

ArtiFlow 中主要包括 3 种图形组件：库（repository），存放 Artifact，用圆形表示；服务（service），对 Artifact 进行操作，用圆角矩形表示，服务由消息（message）触发，产生事件（event）；标注 Artifact 的有向边，包括读型、写型和只读型。用 ArtiFlow 建模的餐馆业务流程如图 4.1 所示。

该流程中涉及 4 种类型的 Artifact：GC 是顾客点菜单；KO 是厨房做菜单；CB（Cash Balance）是现金的收支表，由另外的流程维护；Menu 是菜单，该 Artifact 在本流程中是只读的。7 个库：Active GC，存放顾客正在用餐的 GC；Completed GC，存放付款完毕的 GC；Active KO，存放正在准备的 KO；Waiting KO，存放准备完毕等待上菜的 KO；Completed KO，存放上菜完毕的 KO；Cash Balance，存放一个 Artifact，记录现金的收支状况；Menu，存放菜单。5 个服务：Create GC，当有顾客到达时创建一个新的点菜单 GC；Add Items and Create Kitchen Orders，当顾客点菜时为 GC 添加菜品需要读取 Menu 中的 Artifact，并创建厨房做菜单 KO，对于顾客点的每一道菜创建一个 KO；Prepare KO，取当前没有做的 KO 进行准备；Deliver，将准备好的 KO 送到顾客餐桌，并读取相应的 GC 对照；Tender GC，当顾客结账时计算 GC 的总金额，将现金收取情况写入 CB，一个 GC 最终完成。

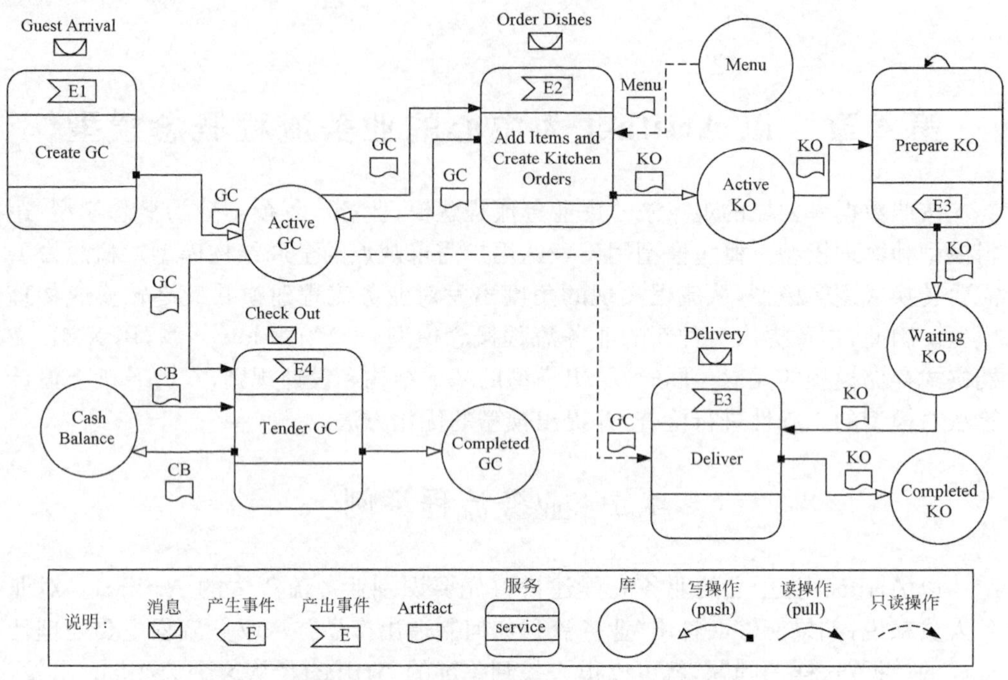

图 4.1 用 ArtiFlow 建模的餐馆业务流程

4.2 ArtiFlow 模型基本元素

ArtiFlow 模型使用服务元素、库元素、Artifact 类型元素、传输管道元素等来对现实的业务流程进行抽象的描述。最终的 ArtiFlow 模型将作为后期系统实施的驱动。所以，ArtiFlow 模型在描述业务流程时的准确性与包含信息的细节程度显得格外重要。对 ArtiFlow 模型及其中基本元素的高度形式化描述有利于保证在设计模型时的正确性及信息详细程度的恰当性。

本节详细描述 ArtiFlow 基本元素的构成及形式化定义，给出 ArtiFlow 基本元素的 XML 存储方式，包括 ArtiFlow 模式、服务元素、库元素、传输管道元素、业务规则等，并仍以餐馆业务流程来说明各元素的使用方法。

4.2.1 ArtiFlow 模式

定义 4.1 ArtiFlow 模式 Γ 描述一个以 Artifact 为中心的业务流程模型中的全部 Artifact 类型的结构。

定义 ArtiFlow 模式是设计一个 ArtiFlow 模型时首先考虑的问题。例如，分析餐馆业务流程中两个主要的 Artifact 类型的结构，如图 4.2 所示。Artifact 结构中的属性完全按照业务需求的数据给出,并不考虑实际存储(如用关系数据库存储)时的冗余。

```
Guest Check:
 [ID:string;
  table#:string;
  items:[desc:string;
        qty:integer;
        req:string;]
  total:real;
  paid:bool;]
```

```
Kitchen Order:
 [ID:string;
  GCID:string;
  table#:string;
  desc:string;
  qty:integer;
  req:string;
  delivered:bool;]
```

图 4.2 餐馆业务流程的 ArtiFlow 模式

4.2.2 服务元素

服务元素是 ArtiFlow 模型中最重要的元素,服务推进业务流程的执行,服务的组成主要包含服务的名称、服务的触发、产生或挂起事件、服务的条件和服务的操作等。

定义 4.2 一个消息类型为 3 元组(M,M_A,η),其中 M 为消息类型的名称;M_A为消息属性的有穷集合;η 为 $M_A \rightarrow T_p$ 的完全映射。T_p 为全部基本数据类型的集合。

一个消息实例为(m,M_A,η_v),m 为消息的名称,一个消息实例的名称在 ArtiFlow 模型所描述的实际业务流程中是唯一的;M_A为消息属性的有穷集合;η_v 为 $M_A \rightarrow \mathrm{DOM}(\eta(M_A))$的完全映射,$\mathrm{DOM}(t)$表示基本数据类型 t 的全部取值的集合。消息变量可以保存一个消息实例的名称,并且可通过消息变量来访问消息实例的属性。一个消息总是与一个事件联系,表示事件所携带的信息。使用消息类型的变量表示 ArtiFlow 模型与业务流程外部或者内部的信息传递。

例如,餐馆业务流程中顾客到达事件中的消息类型定义如下:

```
GuestArrival:      Name:string;
                   Tel:string;
                   Guests:integer;
                   TableStyle:string;
                   TableLocation:string;
```

此消息类型的一个实例如下:

```
JackArrival:       [ Name: "Jack";
                     Tel:13012345678;
                     Guests:1;
                     TableStyle:"Single";
```

```
            TableLocation:"window";
        ]
```

其中,GuestArrival 为消息类型的名称;Name 为消息类型中顾客姓名属性;Tel 为顾客电话号码属性;Guests 为顾客的人数;TableStyle 为顾客所期望的餐桌风格属性;TableLocation 为顾客所期望的餐桌位置属性。JackArrival 是一个消息实例,表示在一个实际的业务流程执行过程中姓名为 Jack 的顾客到达餐馆,他的联系电话与姓名分别记录在这个消息的前两个属性中,从该消息的后面 3 个属性可以得知,他所期望的餐桌风格是单人,所期望的餐桌位置是靠近窗口,顾客人数共为 1 人。

定义 4.3 一个事件类型为 2 元组(E_n,M_s),其中,E_n 为事件类型的名称;M_s 为事件所关联的消息类型(名称)。

一个事件实例为(e,m),其中,e 为事件实例名称,一个事件实例的名称在一个服务中是唯一的;m 为消息变量,表示该事件携带的消息。根据事件来源,事件可以分为触发事件、产生事件和挂起事件。

事件产生之后会触发相应的服务。事件携带的消息是服务的输入数据。在 ArtiFlow 模型所描述的业务流程中,事件是一个重要的概念,因为事件对业务流程的执行起到推进作用。

例如,餐馆业务流程中顾客到达事件类型定义如下:

```
GuestArrivalEvent [
            Carry MessageType:GuestArrival;
        ]
```

顾客到达的事件实例如下:

```
JackArrivalEvent [
            Carry Message:JackArrival
        ]
```

其中,GuestArrivalEvent 为事件类型的名称,GuestArrival 为上述的消息类型定义。事件实例 JackArrivalEvent 表示顾客 Jack 到达餐馆这一事件,事件所携带的消息为 JackArrival。它表达了顾客 Jack 用餐前的需求,同时事件也启动了流程中的某个服务。

定义 4.4 X、Y 为 Artifact 类型或消息类型变量。$X.A@Y.B$ 为一个原子,A、B 为 Artifact 类型或消息类型的属性,其中 $@\in\{>,<,\leqslant,\geqslant,\neq,=\}$。

条件表达式为一个原子或若干原子的合取。条件表达式指定服务读取 Artifact 时的限制,只有满足条件表达式的 Artifact 才可以从库中检索出来。

定义 4.5　一个服务元素为 8 元组$(n, E_T, E_S, E_P, V_r, V_w, P, \Sigma)$，其中 n 为服务元素的名称；E_T为触发事件类型；E_S为挂起事件描述；E_P为产生事件类型的有穷集合；V_r和 V_w为 Artifact 类型变量的有穷集合，V_r为服务读取的 Artifact 集合，V_w为服务修改或新产生的 Artifact 集合；P 为条件表达式的集合，表示服务所读取的 Artifact 要满足 P 条件表达式中的条件；Σ 为由以下语句组成的操作序列：create(x)，DEF(x,A)，$x.A=y.B$。x、y 为 Artifact 类型或消息类型的变量，A、B 为 Artifact 类型或消息类型的属性。上述语句分别表示创建一个新的 Artifact，定义 Artifact 变量 x 的一个属性。$x.A=y.B$ 表示将一个 Artifact 的属性值或消息属性值赋给另一个 Artifact 的属性。

以上服务定义说明，服务元素是对现实业务流程中业务活动行为特征的抽象描述，服务在执行过程中会更新所操作的 Artifact 的属性值或者创建出新的 Artifact。

例如，在餐馆业务流程中顾客到达后创建顾客账单的服务描述如下：

CreateGuestCheck：　E_T：GuestArrivalEvent

E_S：NULL

E_P：Φ

V_r：{Table：x_1，Menu：x_2}

V_ω：{GuestCheck：y}

P：{(x_1.Style＝GuestArrival.TableStyle)∧(x_1.Location＝GuestArrival.TableLocation)∧(x_1.Size≥GuestArrival.Guests)∧(x_1.Status＝“vacation”)}

Σ：create(y)，y.Name＝GuestArrival.Name，y.Tel＝GuestArrival.Tel，y.TableID＝x_1.TableID，DEF(y，CheckID)

其中，Table 类型的 Artifact 属性有餐桌风格(Style)、餐桌位置(Location)和餐桌座位数(Size)。创建顾客账单的服务说明，当一个顾客到达餐馆后，根据顾客到达事件的消息，创建一个顾客账单的 Artifact。服务执行的触发事件类型为 GuestArrivalEvent 事件，该服务没有挂起事件描述和产生事件类型。服务所读取的 Artifact 为 Table 与 Menu 类型的 Artifact，根据服务的条件描述要读取出满足条件的 Artifact。服务的具体操作为首先创建顾客账单的 Artifact，然后给顾客账单 Artifact 的 Name、Tel 和 TableID 属性进行赋值，并定义账单 ID 属性 CheckID 的值。

从定义可知，在 ArtiFlow 模型中，通过事件(event)来控制业务流程的执行。服务分为两种：可引发(invocable)和非可引发(non-invocable)。多数服务属于前者，需要由事件引发，也有一些服务是自动运行的，不需要事件引发。事件表示业务执行过程中需要注意的内部或外部产生的一些变化，包括外部事件和内部事件。

例如，有顾客进入餐馆是一个外部事件。内部事件一般在执行完某服务后产生，例如，餐馆业务流程 ArtiFlow 模型中，服务 Prepare KO 完成后自动产生事件 E3。事件通常需要关联消息，记录事件的信息。

服务的条件用条件表达式给出，表示属性值之间的各种关系，主要关系运算符为>、<、≤、≥、≠和=。条件表达式指定服务读取 Artifact 时的限制，只有满足条件表达式的 Artifact 才可以从库中检索出来。

服务的操作主要包括两类，即创建一个新的 Artifact(实例)和对 Artifact 中某些属性的值进行更新操作。

4.2.3 库元素

ArtiFlow 模型使用库元素描述对 Artifact(实例)的存储，以便于服务对 Artifact 进行操作。库元素的组成包含：库名称，用于描述库中 Artifact 所处状态；Artifact 类型名，用于指定库存储的 Artifact 类型。

定义 4.6 一个库元素为 3 元组(R_{ep}, A_t, γ)，其中，R_{ep}为库元素的名称；A_t为库存储的 Artifact 类型名称；γ 为映射$\{R_{ep}\} \rightarrow 2^I$，$I$ 为A_t类型 Artifact 的无穷集合。

在 ArtiFlow 中，将暂时不被服务处理的 Artifact 存储到库中，以便业务流程中的其他服务继续对它进行处理。库不会自动提供 Artifact，而是当服务执行时，它会向库发出请求，库才会将所需要的 Artifact 送出。所以，服务和库之间 Artifact 的传输是以请求/响应方式进行的。

例如，在餐馆业务流程中存储顾客账单的库为 ActiveGuestChecks：{JackCheck，TomCheck}，表明在当前餐馆业务流程中，库 ActiveGuestChecks 存储着 JackCheck 和 TomCheck 两个顾客账单的 Artifact。

在 ArtiFlow 模型中，一个库只能存储一种类型的 Artifact，但一种类型的 Artifact 可以在多个库中存储。例如，在设计餐馆业务流程 ArtiFlow 模型时，库 Active GC 和 Completed GC 中存储的 Artifact 类型都为 Guest Check，但 Active GC 中的 GC 是活动状态，Completed GC 中的 GC 是完成状态。

4.2.4 传输管道元素

定义 4.7 一个传输管道元素为 3 元组(C_n, C_s, C_a)，其中，C_n为传输管道的名称；$C_s \in R \times S \times \{\text{Read}, \text{ReadOnly}\} \cup S \times R \times \{\text{Write}\}$，$R$ 为 ArtiFlow 模型中库元素的有穷集合，S 为 ArtiFlow 模型中服务元素的有穷集合，Read 为读取类型的传输管道，ReadOnly 为只读类型的传输管道，Write 为写入类型的传输管道；C_s表示传输管道的起始服务(库)和终止服务(库)以及类型；C_a为传输管道传输的 Artifact 类型名称。

传输管道将 ArtiFlow 中的服务元素与库元素连接起来，体现了业务流程中 Artifact 的流向，构成了一个完整的业务流程模型。传输管道在 ArtiFlow 中保障了 Artifact 在服务和库之间的可靠传输。传输管道分为只读、读取和写入 3 种类型。只读类型传输管道，表示服务从库中取出 Artifact 的副本，服务执行完毕后 Artifact 的属性和状态都不会发生变化。读取类型传输管道，表示服务从库中读出一个完整的 Artifact，并可能对 Artifact 的属性进行修改，使其状态发生变化。写入类型传输管道，表示服务执行完毕后将服务修改过的或服务执行过程中新产生的 Artifact 保存到库中，只有此类型的传输管道起始于服务，终止于库。

4.2.5　业务规则

业务规则是业务执行的标准。制定业务规则的原理是构建一系列的条件，在业务执行过程中，当满足其中的某个条件时，就执行相应的业务活动。

定义操作符 EventTypeOf(e)用于对事件的处理，e 为一个事件实例，EventTypeOf(e)将得出 e 的事件类型。

定义 4.8　在 ArtiFlow 模型中，使用业务规则描述业务流程中业务活动的执行次序。ArtiFlow 业务规则为以下两者之一：

(1)判断 EventTypeOf(e)的事件类型，触发包含相应触发事件类型的服务 $s(x_1, x_2, \cdots, x_n; y_1, y_2, \cdots, y_k)$。

(2)对于无触发事件的服务 s，s 是自动重复进行的服务，会自动启动服务 $s(x_1, x_2, \cdots, x_n; y_1, y_2, \cdots, y_k)$。

其中，$x_1, x_2, \cdots, x_n$是服务读取 Artifact 类型的变量；$y_1, y_2, \cdots, y_k$是服务要修改 Artifact 类型的变量。业务规则是服务执行的前提条件。ArtiFlow 模型体现的业务活动具有事件触发的特性，即服务的执行由业务流程外部或者内部的事件来触发启动。

例如，餐馆业务流程中创建顾客账单的业务规则如下：根据操作 EventTypeOf (ArrivalEvent)判断事件 ArrivalEvent 的类型为 GuestArrivalEvent 事件类型(顾客到达的事件类型)，则启动服务 CreateGuestCheck(Table x_1, Menu x_2; GuestCheck y)。

这个业务规则说明，当顾客到达餐馆这一事件发生时，就执行创建顾客账单的服务，并且这个服务需要一个 Table 类型的 Artifact(读取这个 Artifact 时有条件限制)和一个 Menu 类型的 Artifact，服务执行完毕后将产生一个顾客账单的 Artifact，并对产生的账单 Artifact 的部分属性赋值。

4.2.6　ArtiFlow 模型

定义 4.9　一个 ArtiFlow 模型为 6 元组(N, Γ, S, R, C, BR)，其中，N 为此

ArtiFlow 模型的名称；Γ 为一个 ArtiFlow 模式；S 为服务元素的有穷集合；R 为库元素的有穷集合；C 为传输管道元素的有穷集合；BR 为业务规则的有穷集合。

从以上 ArtiFlow 模型的形式化定义可知，一个 ArtiFlow 模型由一个 ArtiFlow 模式，一系列服务元素、库元素、传输管道元素和业务规则构成。ArtiFlow 模型及其基本元素的形式化描述为 ArtiFlow 模型设计的研究奠定了基础。

4.3 基于 XML 的模型存储格式

采用 XML 作为 ArtiFlow 模型的存储格式，不仅有利于开发模型检查和模型分析功能组件，而且易于实现流程建模后的服务匹配与流程转换。

以一个 Artifact 类型 GC 为例，根据 4.2.1 节对其属性的定义，对应的 XML 文档如图 4.3 所示。

```
<artitype>
    <artitypename>GC</artitypename>
    <simpleproperty><name>ID</name><type>string</type></simpleproperty>
    <simpleproperty><name>table#</name><type>string</type></simpleproperty>
    <simpleproperty><name>total</name><type>real</type></simpleproperty>
    <simpleproperty><name>paid</name><type>bool</type></simpleproperty>
    <complexproperty>
        <name>items</name>
        <property><name>desc</name><type>string</type></property>
        <property><name>qty</name><type>integer</type></property>
        <property><name>req</name><type>string</type></property>
    </complexproperty>
</artitype>
```

图 4.3　Artifact 类型 GC 对应的 XML 文档

库 Active GC 和服务 Create GC 对应的 XML 文档如图 4.4 和图 4.5 所示。

```
<repository>
<repositoryname>Active GC</repositoryname>
<artifact>GC</artifact>
</repository>
```

图 4.4　库 Active GC 对应的 XML 文档

服务 Create GC 与库 Active GC 之间的写入对应的 XML 文档如图 4.6 所示。

```
<service>
    <servicename>Create GC</servicename>
    <operation>
        <name>Op1</name><artifact>GC</artifact>
        <property>ID</property><property>table#</property>
    </operation>
    <triggerevent>
        <name>E1</name>
        <messagename>Guest Arrival</messagename>
    </triggerevent>
</service>
```

图 4.5　服务 Create GC 对应的 XML 文档

```
<connection>
    <connectionname>c1</connectionname>
    <artifact>GC</artifact>
    <kind>write</kind>
    <fromservice>Create GC</fromservice>
    <torepository>Active GC</torepository>
</connection>
```

图 4.6　写入连接对应的 XML 文档

从以上定义可知，一个 ArtiFlow 模型由一个 ArtiFlow 模式，一系列的服务元素、库元素、传输管道元素和业务规则构成。一个 ArtiFlow 模型对应的 XML 文档如图 4.7 所示。

```
<root>
    <artitypes>
        <artitype>…</artitype>
    </artitypes>
    <services>
        <service>…</service>
    </services>
    <repositories>
        <repository>…</repository>
    </repositories>
    <connections>
        <connection>…</connection>
    </connections>
    …
</root>
```

图 4.7　ArtiFlow 模型对应的 XML 文档

4.4 ArtiFlow 模型设计方法

本节介绍 ArtiFlow 模型的设计方法，包括基本元素的属性设计、模型设计步骤、模型基本结构和设计时应遵循的基本规则等。

4.4.1 基本元素的属性设计

ArtiFlow 模型是对现实业务流程的抽象描述，并且对后期实现业务流程系统起指导作用。因此，除模型的图形信息外，模型中基本元素所包含的属性信息也起到重要作用，必须能够支持这些基本元素的详细属性定义：

(1)服务元素属性设计。服务元素在 ArtiFlow 模型中用于描述业务流程中的业务活动，它是由一系列不可分割的原子业务操作构成的操作集合。服务元素是 ArtiFlow 模型中最重要的元素。服务元素属性的定义内容包含服务元素的名称，可以表示业务活动的名字。服务的触发事件，包含触发事件的名称及消息类型的名称和基本属性。服务的产生事件，包含产生事件的名称及消息类型的名称和基本属性。服务的挂起事件，描述服务执行过程中可能发生的中断信息。服务的操作，包含操作名称、操作的 Artifact 类型名称、操作类型和所操作的 Artifact 属性。服务是否自动重复执行标识，表示该服务是否为自动重复执行。服务的执行时间长度，描述业务活动所持续的时间长短。

(2)库元素属性设计。ArtiFlow 模型使用库元素描述对 Artifact 的存储，以便于其他服务继续对 Artifact 进行操作。库元素的属性包含库元素的名称，用于描述库元素。库元素所存储的 Artifact 类型的名称，指定库存储的 Artifact 类型。

(3)传输管道属性设计。传输管道用于 Artifact 在服务与库之间的可靠传输。3 种类型的传输管道所共有的属性为传输管道的名称、起始服务(库)、终止服务(库)和传输的 Artifact 类型名称。对于只读和读取类型的传输管道，还有一个条件的属性，表示服务从库中读取 Artifact 或者其副本时的限制条件。

(4)Artifact 类型设计。根据业务流程中的 Artifact，采用类型定义的方式定义出每一个 Artifact 的类型。在定义 Artifact 类型时，包含简单的原子属性的名称和类型、嵌套属性的名称和类型。

4.4.2 模型设计步骤

ArtiFlow 模型通过定义一些基本元素描述实际的业务流程。模型设计通常按以下步骤进行：

(1)找出流程中的 Artifact 类型。通过与企业业务人员或者领域专家的交流、讨论，找出业务流程所需要处理的关键数据，即关键的 Artifact。通常以向企业管理者提问题的方式进行,如“此业务流程最终要处理的信息或记录的信息是什么?”。

(2)定义 ArtiFlow 模式。根据前面步骤获得的全部 Artifact 类型,定义出每一个 Artifact 类型的结构,所定义的内容包括 Artifact 类型名称、属性的名称和类型等。

(3)构建关键 Artifact 生命周期过程。关键 Artifact 的生命周期过程体现为业务流程过程中的不同阶段,这表现为 Artifact 在不同状态之间的转变。因此,根据实际业务流程过程中的各个阶段,可以获得关键 Artifact 的生命周期过程。根据关键 Artifact,使用下述方法找到业务流程中的其他 Artifact。假定关键 Artifact 名称为 X,首先分析关键 X 的生命周期过程。然后创建一个名称为 Candidate 的列表,将在构建 X 生命周期过程中时涉及的其他 Artifact 放入列表 Candidate 中,重复过程,直到没有新的 Artifact 产生。从列表 Candidate 中取出一个 Artifact Y,分析 Y 的生命周期过程,并将任何新发现的 Artifact 添加到 Candidate 中。

(4)定义服务元素。ArtiFlow 模型中的服务可以直接根据现实业务流程中的业务活动来定义。定义服务时,具体内容为服务的名称、触发事件及消息类型、产生事件及消息类型、挂起事件描述、服务是否自动重复执行和服务的操作(包含服务所操作的全部 Artifact 类型名称和所操作的 Artifact 属性)。

(5)定义库元素。库元素表示在逻辑上对 Artifact 的存储。在 ArtiFlow 模型中,使用库元素连接服务,用于存储 Artifact。定义库元素时,所定义的内容为库的名称和存储的 Artifact 类型名称。

(6)使用传输管道元素连接服务元素与库元素。ArtiFlow 模型是由一系列服务与库元素构成的,通过传输管道将服务元素和库元素连接起来。传输管道用于提供 Artifact 在服务与库之间的可靠传输。根据服务的具体操作,当服务从库读取 Artifact 时,使用读取类型的传输管道,其方向为从库指向服务。当仅读取 Artifact 的内容时使用只读类型的传输管道。在服务操作执行完毕后,使用写入类型的传输管道将服务修改或者产生的 Artifact 存储到库中,其方向由服务指向库。传输管道定义的属性为传输管道的名称、类型、起始服务(库)、终止服务(库)和传输的 Artifact 类型名称。

4.4.3　模型基本结构

根据服务和库之间的关联关系,ArtiFlow 模型有以下 5 种基本结构:

(1)创建结构。创建结构表示服务执行结果创建了一个新的 Artifact 写入库中,如图 4.8 所示。

(2)读写结构。读写结构指的是服务从一个库中读取 Artifact,操作完成后将该 Artifact 写回同一个库中,如图 4.9 所示。

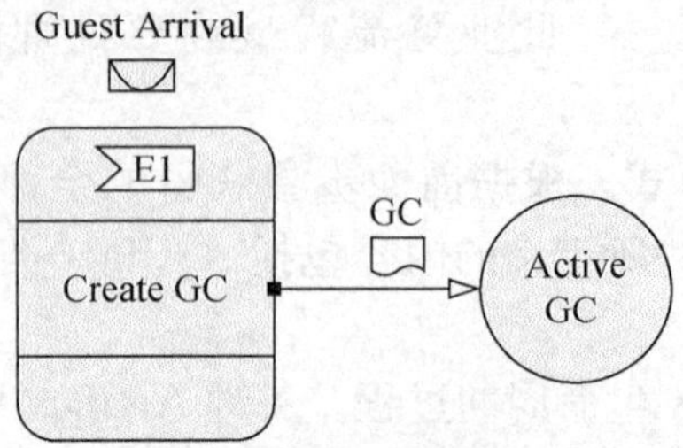

图 4.8　创建结构

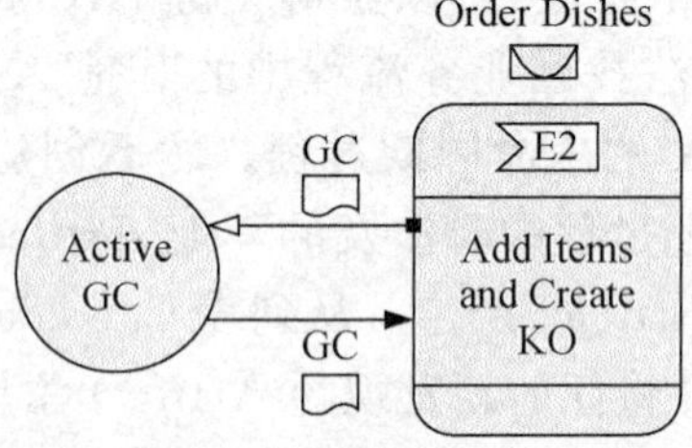

图 4.9　读写结构

(3)顺序结构。顺序结构指的是服务从一个库中读取 Artifact,操作完成后将该 Artifact 写到另一个库中,如图 4.10 所示。

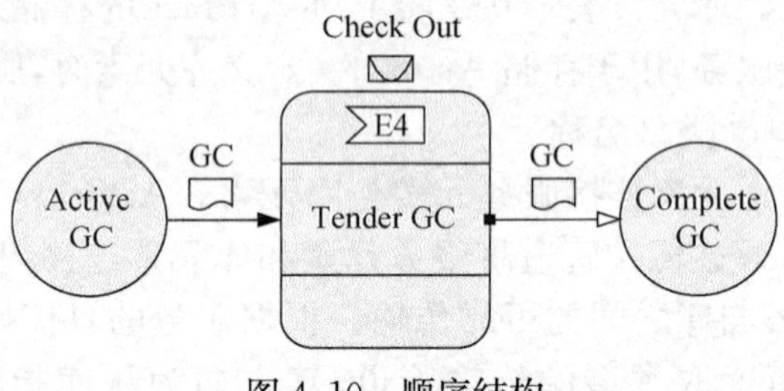

图 4.10　顺序结构

(4)合作结构。合作结构中服务的执行需要多个库中的 Artifact 参与,如图 4.11 所示。

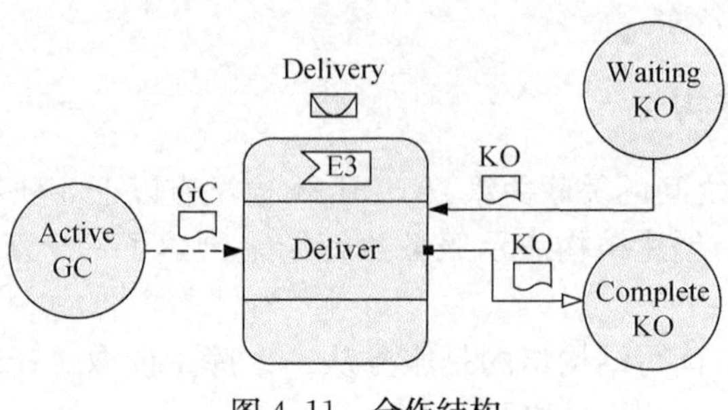

图 4.11　合作结构

(5)并发结构。并发结构指的是多个服务的执行需要同一个库中的 Artifact 参与,如图 4.12 所示。此时,若两个服务获取 Artifact 的条件相同,则可能出现两个服务同时要求操作同一个标识的 Artifact。但是 Artifact 的唯一性要求同一标识的 Artifact 不能同时处于两个服务中,因此这种并发只允许并发读 Artifact,在写 Artifact 时需按一定的顺序串行执行。

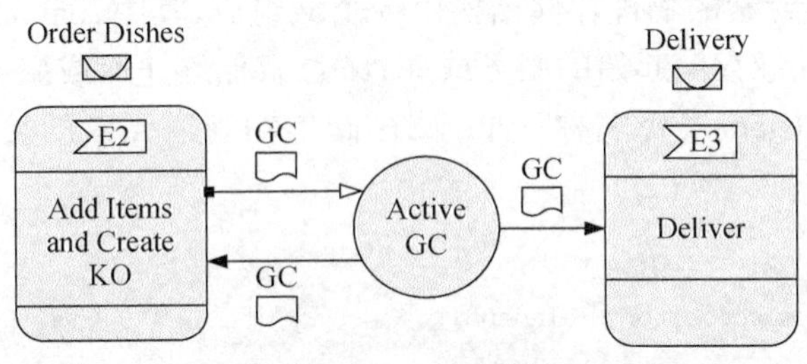

图 4.12　并发结构

以上给出的基本结构是基于服务与库之间的关系的,不是基于服务执行顺序的。在 ArtiFlow 模型中,服务的执行顺序是通过事件驱动的,因此服务的顺序、分支、循环或并发执行完全取决于事件的触发顺序。

4.4.4　模型设计规则

ArtiFlow 模型是业务流程设计的第一步,其正确性对整个业务流程起到重要作用。ArtiFlow 模型的正确性主要通过以下 4 条规则保证。这 4 条规则保证了一个 ArtiFlow 模型基本结构的正确性。

规则 4.1　服务元素与服务元素之间不能直接由传输管道元素连接,库元素与库元素之间也不能直接由传输管道元素连接。

规则 4.2　一个服务元素的读取类型(不包含只读)的传输管道元素的数目不能多于其写入类型的传输管道元素的数目。

规则 4.3　一个服务元素不能有传输相同 Artifact 类型的读取类型(包含只读)的传输管道,也不能有传输相同 Artifact 类型的写入类型的传输管道。

规则 4.4　ArtiFlow 模型中不能存在孤立的结构。

4.5　ArtiFlow 模型检查

ArtiFlow 模型检查是指在使用 ArtiFlow 对业务流程建模的过程中和建模完成后,对模型的正确性进行检查。正确性检查的主要内容由 4.4.4 节的 4 条规则给出。对于给出的规则 4.1,可以直接在绘制模型图的时候检查,避免服务元素之间和库元素之间的直接相连。本节主要给出对规则 4.2、规则 4.3 和规则 4.4 的检查算法。

4.5.1 ArtiFlow 模型的物理存储结构的设计

在讨论 ArtiFlow 模型检查问题时，涉及相关算法的设计。因此，首先给出 ArtiFlow 模型基本元素的物理存储结构，并做简要说明。

(1)传输管道元素的物理存储结构由 5 个域组成，其中，name 域存储传输管道元素的名称；from 域存储起始的服务或库；to 域存储终止库或服务；transArtiType 域存储传输的 Artifact 类型名称；type 域存储传输管道元素的类型(读取、只读和写入)。

```
connection: name:string;
from:[service or repository] element;
to:[repository or service] element;
transArtiType:string;
type:ConnectionType;
```

(2)服务元素的物理存储结构由 5 个域组成，其中，name 域存储服务元素名称:connectionsfrom 域为存储此服务写入类型的传输管道元素的列表；connectionsto 域为存储此服务读取(包含只读)类型的传输管道元素的列表；trgEvent 域存储服务触发事件名称；proEvent 域存储服务产生事件名称(为了侧重算法描述，假定服务只有一个产生事件)。

```
service: name:string;
connectionsfrom:list of [connection] elements;
connectionsto:list of [connection] elements;
trgEvent:string;
proEvent:string;
```

(3)库元素的物理存储结构由 3 个域组成，其中，name 域存储库元素的名称；connectionsfrom 域存储读取(包含只读)类型的传输管道元素的列表；connectionsto 域为存储写入类型的传输管道元素的列表。

```
repository: name:string;
connectionsfrom:list of [connection] elements;
connectionsto:list of [connection] elements;
```

(4)ArtiFlow 模型的物理存储结构仅由一个包含服务和库元素的列表域构成。

```
ArtiFlow:L:list of [repository and service] elements;
```

4.5.2　Artifact 持久性检查

持久性是指一个 Artifact 在业务流程执行过程中都不会消失，即 Artifact 被服务操作后都会释放到库中。判断 ArtiFlow 模型是否满足规则 4.2 的检查过程称为 Artifact 持久性检查。给定一个 ArtiFlow 模型，通过算法 4.1 对其进行持久性检查。算法主要思想是检查模型中的每一个服务元素，如果写入类型的传输管道数目少于读取类型（不包含只读）的传输管道的数目，则说明某些 Artifact 被服务操作后没有释放到库中，不满足持久性。

算法 4.1　Artifact 持久性检查 CheckPersistence。

输入：ArtiFlow 模型 G；

输出：G 中不满足持久性要求的服务名称。

```
CheckPersistence(ArtiFlow G)
Begin
  (1) i=0;
  (2) for(;i<G.L.length;i++)
  (3)    tnode=G.L[i];
  (4)    if(tnode 类型为 repository) continue;  //只处理模型中服务元素
  (5)    n=tnode.connectionsto 中读取类型的传输管道的数目(不包含只读)
  (6)    if(tnode.connectionsfrom.length<n) 输出 tnode.name;
  (7) endfor
End
```

算法 4.1 的正确性比较明显。并且只要 G 中的元素个数是有限的，则算法是可终止的。设 ArtiFlow 模型 G 中服务元素与库元素的总数为 n，由于 ArtiFlow 模型中服务元素与库元素是由传输管道元素连接起来的，因此 G 中服务元素数目最多有 $n-1$ 个，则算法在最坏情况下的时间复杂度为 $O(n-1)$。

4.5.3　Artifact 唯一性检查

Artifact 在业务流程执行过程中是一个动态变化的实体，由一个 ID 属性标识其在业务流程中的唯一存在。判断 ArtiFlow 模型是否满足规则 4.3 的检查过程称为 Artifact 唯一性检查。

在 ArtiFlow 模型中，从直观上来看，任何一个服务元素都不应具有传输相同 Artifact 类型的写入类型的传输管道或者读取（包含只读）类型的传输管道。在服务的全部读取（包含只读）类型的传输管道中，不存在传输相同 Artifact 类型的管道，这说明服务只能从一个确定的库中取出一种类型的 Artifact，而不是从多个存储有相同类型的库中取出 Artifact，保证了 Artifact 在同一时刻只能存在于一个确定的地方；在服务的全部写入类型的传输管道中，不存在具有传输相同 Artifact 类型的管道，这说明服务在执行完毕后会将 Artifact 释放到一个确定的库中，排除释放到多个存储相同类型 Artifact 库的情况，保证了 Artifact 在被服务处理后的唯一存在性。

唯一性检查算法 4.2 设计的主要思想是遍历 ArtiFlow 模型中的每个服务元素，判断每一个服务元素是否存在相同传输 Artifact 类型的写入或者读取(包含只读)类型的传输管道。

算法 4.2 Artifact 唯一性检查 CheckUniqueExist。

输入：ArtiFlow 模型 G；

输出：G 中不满足唯一性要求的服务名称。

```
CheckUniqueExist(ArtiFlow G)
Begin
  (1) for(i=0;i<G.L.length;i++)
  (2)   tnode=G.L[i];
  (3)   if(tnode 类型为 repository)  continue;//只处理模型中的服务元素
  (4)   新建顺序表变量 L,初始为空;
  (5)   L= tnode.connectionsto;     //检查当前服务的读取类型传输管道元素
  (6)   for(j=0;j<L.length;j++)     //判断当前传输管道元素是否有重复
  (7)     con=L[j];
  (8)     调用函数 CheckSame(L,con,j+1),将返回值存入变量 ret;
  (9)     if(ret==true) 输出 tnode.name;
  (10)  endfor
  (11)  清空顺序表变量 L;
  (12)  L=tnode.connectionsfrom;//检查当前服务的写入类型传输管道元素
  (13)  for(j=0;j<L.length;j++)  //判断当前传输管道元素是否有重复
  (14)    con=L[j];
  (15)    调用函数 CheckSame(L,con,j+1),将返回值存入变量 ret;
  (16)    if(ret==true) 输出 tnode.name;
  (17)  endfor
  (18) endfor
End
```

在算法 4.2 中，第(8)行和第(15)行分别调用了函数 CheckSame 检查是否存在传输重复 Artifact 类型的传输管道。

以下给出函数 CheckSame 的算法描述。给定一个传输管道名称，它主要负责检查在传输管道列表中是否存在与之传输 Artifact 类型相同的传输管道。

算法 4.3 检查重复性 CheckSame。

输入:传输管道 con、传输管道列表 L、开始查找位置 i;

输出:真值。若 L 中存在与 con 传输相同 Artifact 类型的传输管道,则返回 true,否则返回 false。

```
CheckSame(list of [connection] L,connection con,int i)
Begin
  (1)for(;i<L.length;i++)
  (2)   tcon=L[i];
  (3)   if(con.transArtiType=tcon.transArtiType) return true;
  (4)endfor
  (5)return false;
End
```

算法 4.2 和算法 4.3 的正确性比较明显,并且只要 G 中的元素个数是有限的,算法就是可终止的。下面分析算法 4.2 的时间复杂度。设 ArtiFlow 模型 G 中服务元素与库元素的总数为 n,其中服务元素的数目为 s,库元素的数目为 r,则 $s+r=n$。在最坏的情况下,每一个服务元素分别与模型中的全部库元素都相连,并且写入与读取传输管道同时存在。在判断一个服务元素是否存在传输相同 Artifact 类型的读取传输管道时,是对该服务的全部读取类型的传输管道进行分析。由于一个服务元素与模型中全部的库元素相连,因此判断一个服务元素是否存在传输相同 Artifact 类型的读取类型传输管道的时间复杂性为 $O(r^2)$。同理,判断一个服务元素是否存在传输相同 Artifact 类型的写入类型传输管道的时间复杂度也是 $O(r^2)$。由于该算法只对模型中的服务元素进行分析,因此该算法的时间复杂度为 $O(r^2)\times O(s)=O(s\times(n-s)^2)$。

4.5.4　ArtiFlow 模型完整性检查

一个 ArtiFlow 模型应该是由相互关联的服务和库元素构成的,判断 ArtiFlow 模型是否满足规则 4.4 的检查过程称为模型完整性检查。

ArtiFlow 模型完整性保证了 ArtiFlow 模型中不会存在孤立的结构。因此,给定一个 ArtiFlow 模型,模型完整性检查的核心思想是:将模型转换为一个无向图 $G_x=(V,E)$,其中 V 是所有库元素和服务元素构成的节点集,E 是所有传输管道元素构成的有向边集;然后验证 G_x 是否为一个连通图。

算法 4.4 主要分为两部分,第一部分将 ArtiFlow 模型转换为一个无向图 G_x;第二部分判断 G_x 是否为连通图。首先给出无向图和无向图节点的数据结构描述。

```
UG:list of [node];
node:name:string;
othernodes:list of [node];
```

算法 4.4 模型完整性检查 CheckIntegrity。

输入：ArtiFlow 模型 G；

输出：真值。若模型满足完整性，则输出 true，否则输出 false。

```
CheckIntegrity(G)
Begin
  (1)创建一个无向图 G_x；
  (2) for(i=0;i<G.L.length;i++)
  (3)   tnode=G.L[i];//将模型中服务与库元素节点存入列表
  (4)   新建一个节点 newnode=tnode.name;
  (5)   G_x.add(newnode);
  (6) endfor
  (7) for(i=0;i<G.L.length;i++)//将模型转换为无向图
  (8)   tnode_x=G.L[i];
  (9)   for(j=0;j<tnode.connectionsfrom.length;j++)
  (10)     tnode_x=tnode.connectionsfrom[j].to;
  (11)     调用函数 ConstructUDGraph(tnode,tnode_x,G_x);
  (12)   endfor
  (13) endfor
  (14) nodefirst=G_x[0];
  (15) for(i=1;i<G_x.length;i++)//判断无向图是否为连通图
  (16)   curnode= G_x[i];
  (17)   调用函数 CheckPath(nodefirst,curnode,G_x),返回值保存到变量 ret;
  (18)   if(ret==false) return false;
  (19) endfor
  (20) return true;
End
```

算法 4.4 的第(1)～(13)行将 ArtiFlow 模型转换为无向图 G_x。第(14)～(20)行检查无向图 G_x 是否为连通图，通过判断 G_x 中第一个节点与其余节点间是否存在路径来检查。在算法中调用了两个子算法，第一个子算法用于构造无向图 G_x，第二个子算法用于检查指定两节点间是否存在路径，借助堆栈(stack)并且使用广度优先搜索方法来实现。算法 4.5 和算法 4.6 是对两个子算法的设计。

算法 4.5 构造无向图 ConstructUDGraph。

输入：服务或者库元素节点 node1、node2，无向图 G_x；

输出：构造完成的无向图 G_x。

```
ConstructUDGraph(service or repository node1,node2,UG G_x)
Begin
```

```
  (1)for(i=0;i<Gx.length;i++)
  (2)    tnd=Gx[i];
  (3)    设置变量 nodex,nodey;
  (4)    if(tnd.name=node1.name)   nodex=tnd;
  (5)    if(tnd.name=node2.name)   nodey=tnd;
  (6)    nodex.othernodes.add(nodey);
  (7)    nodey.othernodes.add(nodex);
  (8)endfor
End
```

算法 4.6　路径检查 CheckPath。

输入:无向图节点 node1、node2,无向图 G_x。

输出:真值。若 node1、node2 间存在路径则输出 true,否则输出 false。

```
CheckPath(node node1,node node2,UG Gx)
Begin
  (1)初始化一个堆栈 stack,stack.push(node1);
  (2)while(stack 不为空)
  (3)    tx=Stack.pop();
  (4)    for(i=0;i<tx.othernodes.length;i++)
  (5)       ty=tx.othernodes[i];
  (6)       if(ty.name= =node2.name) return true;else stack.push(ty);
  (7)    endfor
  (8)endwhile
  (9)return false;
End
```

算法 4.4 到算法 4.6 的正确性比较明显。并且只要 G 中的元素个数是有限的,则算法是可终止的。下面分析算法 4.4 的时间复杂度,设 ArtiFlow 模型 G 中服务元素与库元素的总数为 n,其中服务元素的数目为 s,库元素的数目为 r,则 $s+r=n$。根据算法描述,算法第一部分将 ArtiFlow 模型转换为无向图,由于转换无向图采用邻接表作为其存储结构,因此按最坏的情况计算(即每一个服务元素与模型中全部的库元素都相连),算法的复杂度为 $O(n)+O(s\times r)=O(n+s\times r)=O(n+s\times(n-s))=O(n+s\times n-s^2)$。算法第二部分对转换后的无向图进行分析,判断是否为连通图(即由图的每一个节点都可以到达其他任何节点)。主要思想是:从无向图中取第一个节点,然后判断这个节点是否与剩余的其他节点存在路径,再取第二个节点,判断这个节点是否与剩余的其他节点存在路径(不包括前面已经取过的节点),以此类推直到判断完所有节点。判断给定两个节点间是否存在路径由算法 4.6 给出,该算法借助一个堆栈来实现,假定给定节点 node1、node2,首先把与

node1 相连接的节点入栈，然后当栈不为空时，从栈中取出一个元素 t，再分别判断与 t 相连接的节点是否为 node2，若是则说明存在路径，否则将与 t 相连的节点入栈。因此，第二部分算法的时间复杂度为 $O(n^2)+O(n\times(n-1)\times(n-2)\times\cdots\times1)=O(n^2+n!)$。

4.6 ArtiFlow 模型优化

同一业务目标往往可以由不同的业务过程实现，不同的业务过程对应不同的 ArtiFlow 模型，也对应不同的物理实现。如果用服务的组合来完成物理实现过程，模型的优劣程度和服务的质量将导致系统成本和性能的差别。因此，对业务流程的概念模型进行优化是系统整体优化重要的第一步。

业务流程要随业务需求的变化而进行改进，以适应新的业务环境。以 Artifact 为中心对业务流程进行管理，主要优点就是便于对业务流程进行再设计。同一业务流程的 ArtiFlow 模型在改进时付出的代价也是不同的。显然，组合 Web 服务的粒度大小决定了流程再设计的难易程度。另外，模型基本元素的冗余程度也是对模型优劣程度的衡量指标。本节基于这两点提出了 ArtiFlow 模型优劣程度的衡量标准，给了一种基于 Artifact 生命周期的优化方法和算法。

4.6.1 模型判优标准

一个业务流程可以由多个不同的 ArtiFlow 模型来描述，判优可从两个角度出发：第一，服务个数越多，粒度越小，模型的灵活度越高，更易于模型重组；第二，流程中的库服务用于 Artifact 的读取和更新操作，同一个流程中，每增加一个库服务就增加一次相关 Artifact 数据在云数据库中的操作，因此库服务占总服务个数的比例越小，数据存储更新代价越小，模型的效率越高。因此，可以从这两个角度出发利用以下定理判断 Artifact 模型的优异程度。

定理 4.1 对于一个给定的 ArtiFlow 模型$(N,\Gamma,S,R,C,\mathrm{BR})$，模型中共有 j 个 Artifact，其中任一 $\mathrm{Artifact}_i$ 的属性个数为 n_i，令$|S_i|$和$|R_i|$分别表示 $\mathrm{Artifact}_i$ 对应的服务个数和库个数，则式(4.1)计算了 ArtiFlow 模型的 Web 服务粒度和数据库服务的比例，可以用于衡量模型的优异程度。

$$\pi=\frac{\sum_{i=1}^{j}\rho_i\left[\alpha\left(\frac{|S_i|}{n_i}\right)+\beta\left(1-\frac{|R_i|}{|S_i|+|R_i|}\right)\right]}{\sum_{i=1}^{j}\alpha\left(\frac{|S_i|}{n_i}\right)+\beta\left(1-\frac{|R_i|}{|S_i|+|R_i|}\right)} \tag{4.1}$$

其中，α、β 和 ρ_i 是已知系数。

证明：对于一个给定的 ArtiFlow 模型$(N,\Gamma,S,R,C,\mathrm{BR})$，其中的任意一个

Artifact$_i$都有一组服务和库的序列构成，记为$(S_x, R_u, \cdots, S_y, R_v)$，令其中的服务序列记为 $S_i=(S_x, \cdots, S_y)$，库的序列记为 $R_i=(R_u, \cdots, R_v)$，该 Artifact 的属性个数为 m。

令$|S_i|$和$|R_i|$分别表示 Artifact$_i$对应的服务个数和库个数，那么$|S_i|/m$ 从 Artifact 属性的角度反映了这个 Artifact 的整个生命周期被划分为服务的粒度，该值越大说明划分块越多，粒度越小，模型的灵活性越好。

在 ArtiFlow 模型中，最常见的情况是一个 Artifact 的每个服务后都跟随一个库来存储 Artifact 的中间状态，但有些服务之间是可以直接传递 Artifact 实时处理的，并不需要中间的库元素，所以对以同一个 Artifact 来说，库元素的数量少说明冗余小，$|R_i|/(|S_i|+|R_i|)$表示在 Artifact$_i$生命周期中库元素占服务和库总数的比例，该值越小说明针对这个 Artifact 的生命周期设计越优。

综合这两方面因素，对于模型中的一个 Artifact$_i$，可以用公式 $\pi=\alpha\left(\frac{|S_i|}{n_i}\right)+\beta\left(1-\frac{|R_i|}{|S_i|+|R_i|}\right)$综合衡量对其设计的优劣程度。式中 α 和 β 是预设的常数系数，用于平衡两个加数之间不同的数量级。

每个 ArtiFlow 模型都包括多个 Artifact，那么整个 ArtiFlow 模型的衡量公式为 $\pi=\sum_{i=1}^{j}\rho_i\pi_i/\sum_{i=1}^{j}\pi_i$，其中 j 为模型中 Artifact 的个数，$\sum_{i=1}^{j}\rho_i=1$，ρ_i表示模型中每个 Artifact 的重要程度，例如，流程中关键 Artifact 的优化程度能更大限度上影响整个模型，而相对用途较小的 Artifact 其优化程度则对整体影响不大，因此这个系数可以由用户自行给出，也可由数据分析得到。

因此，$\pi=\frac{\sum_{i=1}^{j}\rho_i\pi_i}{\sum_{i=1}^{j}\pi_i}=\frac{\sum_{i=1}^{j}\rho_i\left[\alpha\left(\frac{|S_i|}{n_i}\right)+\beta\left(1-\frac{|R_i|}{|S_i|+|R_i|}\right)\right]}{\sum_{i=1}^{j}\alpha\left(\frac{|S_i|}{n_i}\right)+\beta\left(1-\frac{|R_i|}{|S_i|+|R_i|}\right)}$可以从库元素的冗余和服务元素的粒度两方面衡量模型的优异程度。

4.6.2　模型优化算法

根据前文所述的 ArtiFlow 模型优劣衡量定理，对 ArtiFlow 的优化可以从细化服务元素和去除冗余库两个角度出发。优化前后的模型分别按照式(4.1)计算 π 来比较，证明算法的优化能力。

算法 4.7　ArtiFlow 模型优化算法 Optimization Algorithm。

输入：ArtiFlow. xml(ArtiFlow 模型的描述文档)；

输出：rep(ArtiFlow. xml 中的冗余库)。

```
Optimization Algorithm(ArtiFlow.xml)
```

```
Begin
  len=lenth(ArtiFlow.xml);
  find <services></services> in ArtiFlow.xml;
  slen=lenth(<services></services>);
  find <connections></connections> in ArtiFlow.xml;
  colen=lenth(<connections> </connections>);
  for(i=0;i< slen;i++)
     find each <service></service>
     if(triggerevent.service==NULL)
     serna=name.service;
        for(j=0;j< colen;j++)
           if(toservice.Connection== serna)
              repname=fromrepository.Connection;
           else break;
        endfor
        for(k=0;k< colen;k++)
           if(toreporsitory.Connection==repname)
              reallser[]=toservice.connection;
           else break;
        endfor
     endfor
  endfor
  for(i=0;i< slen;i++)
     if(triggerevent.service ==NULL && name.service== reallser[])
        return repname;
     else break;
  endfor
End
```

4.6.3 算法分析

算法 4.7 对描述 ArtiFlow 的 XML 文档进行遍历，因为文档的长度有限，且每种情况都对应返回值，因此算法是可以终止的。

(1)时间复杂度分析。通过 4.6.2 节对 ArtiFlow 描述文档的定义可知，一个 ArtiFlow 文档中仅包含一组服务元素描述<services></services>、一组传输管道<connections> </connections>，其中描述了多个独立的服务和传输管道的信息。令服务的个数为 n，那么整个算法的外层循环是两个并列的次数为 n 的循环。其中第一个循环的主要作用是通过传输管道找到以某服务前一步的库为输入的所有服务,因此这里包括两个并列的对传输管道的遍历。令传输管道的个数为 m,那么这两个循环的次数分别为 m。因此,算法的第一个循环的时间复杂度为 $O(m\times n)$,第二个循环的时间复杂度为 $O(n)$。该算法的时间复杂度为 $O(m\times n)$。

(2)空间复杂度分析。该算法包括 2 个全局变量、5 个中间变量,另外还有一个顺序表用于存储以一个库元素为输入的多个传输管道的输出服务,因此该算法的空间复杂度为 $O(n)$。

第 5 章　Artifact 生命周期可满足性分析

Artifact 是业务流程中的关键数据对象，对 Artifact 进行操作的过程就是基本的业务处理过程。以 Artifact 为中心的业务模型和传统建模方法中的数据流模型的最大区别就是前者定义了 Artifact 及其生命周期，并且生命周期在整个业务建模中起重要作用。本章关注的问题是如果已知一个 Artifact 的生命周期定义，那么一个业务流程模型是否满足 Artifact 生命周期的要求，即 Artifact 生命周期的可满足性问题。本章提出从属性赋值顺序的角度对 Artifact 生命周期建模的方法，并通过树的比较判定 ArtiFlow 模型中 Artifact 生命周期的可满足性[17,25]。

5.1　业务流程中的 Artifact

为了说明业务流程中 Artifact 生命周期的可满足性问题，下面描述一个采购审批业务流程中的 Artifact。

采购审批业务中关键的 Artifact 是采购申请单(PurchaseRequest)。对 Artifact 的描述采用属性的集合，采购申请单的主要属性包括申请单编号(ID)、项目名称(ProjectName)、预算费用(BudgetAmount)、需求提出时间(ApplicantDate)、经办人(Applicant)、部门主管审核(DepartmentManager)、副总经理审核/审批(DeputyGeneralManager)、总经理审批(GeneralManager)等，采购申请单的模式和模式下的一个实例如图 5.1 所示。

PurchaseRequest模式	PurchaseRequest实例
属性:	属性:
ID: string	ID: 20110112001
ProjectName: string	ProjectName: Computer
BudgetAmount: float	BudgetAmount: 30,000
ApplicantDate: date	ApplicantDate: 2011-01-12
Applicant: string	Applicant: ZHANG
DepartmentManager: string	DepartmentManager: GAO
DeputyGeneralManager: string	DeputyGeneralManager: WANG
GeneralManager: string	GeneralManager: LIU

图 5.1　Artifact 采购申请单的模式和该模式下的一个实例

Artifact 的大部分属性最初没有值，随着业务过程的进行，某些操作会对 Artifact 的某些属性赋值。下面给出采购审批业务中对采购申请单中的属性赋值的主要操作，以及其操作涉及的Artifact属性。

(1)需求经办人创建采购申请单：ID。

(2)需求经办人填写采购申请单：ProjectName、BudgetAmount、ApplicantDate、Applicant。

(3)部门主管审核：DepartmentManager。

(4)副总经理审核/审批：DeputyGeneralManager。

(5)总经理审批：GeneralManager。

上述采购审批业务的ArtiFlow模型如图5.2所示，其中Artifact类型PurchaseRequest简称PR。图中有两个存储PR类型Artifact实例的库元素，分别存储活动状态的PR和完成状态的PR。图中的服务元素省略了事件和消息的描述，服务将按创建PR、经办人填写PR、部门主管审核、副总经理审核/审批、总经理审批、归档的顺序触发执行。

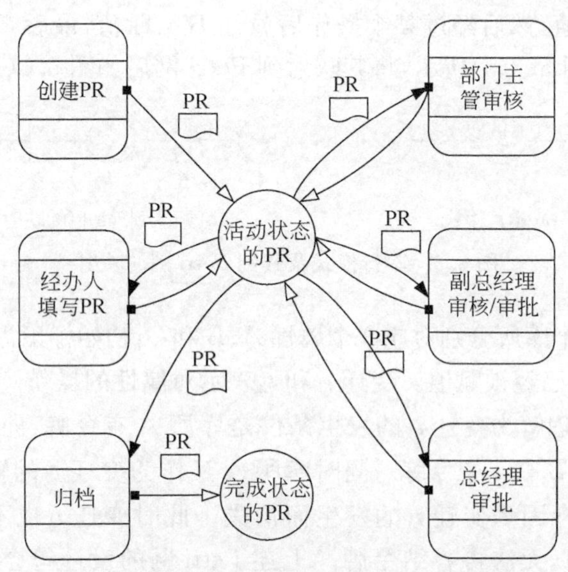

图5.2 采购申请审批业务的ArtiFlow模型

为了简化问题，在上述审批业务中，没有给出审批不通过的情况。每一次审核/审批不通过时，PR实例应该进入表示审批不通过状态的一个库元素中。

5.2 Artifact的生命周期

Artifact生命周期描述一类Artifact从创建到操作完成并归档的过程，生命周期的定义给出了业务逻辑正确实现的标准。本节基于Petri网，从Artifact属性赋值顺序的角度定义Artifact的生命周期模型。

5.2.1 Artifact 属性赋值顺序

由于 Artifact 包含业务执行各阶段所需的所有数据，业务流程的执行过程实际上是对 Artifact 各个属性依次完成赋值操作，也就是说业务流程的进展可以通过 Artifact 属性集合的赋值情况反映出来。利用 Petri 网，可以有效地表达出 Artifact 生命周期中各个属性之间赋值的先后顺序，每个库所表示 Artifact 的一个属性，变迁表示改变属性值的操作，库所中的令牌的有无表示该属性的有值和无值。规定 Petri 网中库所的容量为 1，且边上的权函数 $W(F)\equiv 1$，即每个变迁发生一次引起相关库所令牌数量的变化为 1。本节总结出 Artifact 属性赋值顺序的 6 种模式，这 6 种模式可以映射到 Petri 网，下面分别对这 6 种模式进行说明，假定一个 Artifact 中有 3 个简单属性 A、B 和 C。

(1)串行模式。串行赋值模式中 3 个属性的赋值顺序可以表示为 $A\rightarrow B\rightarrow C$，即属性 A 先被赋值，然后经过某个操作后属性 B 被赋值，最后 C 被赋值。属性赋值的串行关系如图 5.3(a)所示，将其映射到 Petri 网后如图 5.3(b)所示。

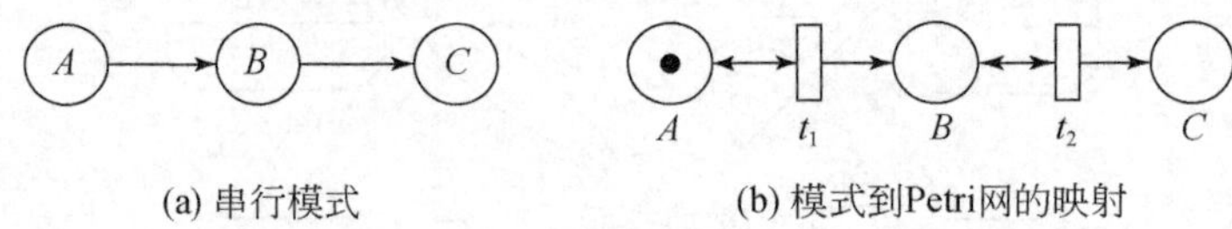

图 5.3 串行模式及其到 Petri 网的映射

Petri 网中 3 个库所分别对应 3 个属性 A、B 和 C，初始标识为库所 A 中有 1 个令牌，表示属性 A 已经被赋值。变迁 t_1 和 t_2 表示对属性的操作。库所 A 是变迁 t_1 的输入库所，可以理解为变迁 t_1 的发生条件是库所 A 有令牌，即属性 A 有值。变迁 t_1 发生后，库所 B 有 1 个令牌。同时库所 A 又作为变迁 t_1 的输出库所，因此库所 A 中的令牌不会因为变迁 t_1 的发生而消失。此时变迁 t_1 也不会再次发生，因为库所的容量为 1，无法再容纳令牌。上述 Petri 网的设计符合实际的业务流程规则，因为业务流程中 Artifact 的属性被赋值后，通常不会因为其他属性的赋值而消失。

(2)与分割模式。与分割模式中 3 个属性的赋值顺序可以表示为 $A\rightarrow B$ AND C，属性 A 先被赋值，然后经过某个操作后属性 B 和 C 同时都被赋值。属性赋值的与分割关系如图 5.4(a)所示，将其映射到 Petri 网后如图 5.4(b)所示。

Petri 网中变迁 t_1 发生后，库所 B 和库所 C 各有 1 个令牌，同时保留库所 A 中的令牌。

(3)或分割模式。或分割模式中 3 个属性的赋值顺序可以表示为 $A\rightarrow B$ OR C，属性 A 先被赋值，然后属性 B 或 C 被赋值。对于或分割模式可以有两种理解，

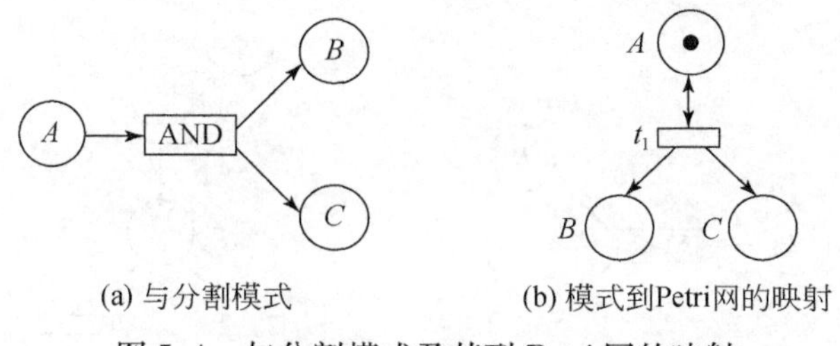

图 5.4　与分割模式及其到 Petri 网的映射

第一种如图 5.5(b)所示，库所 A 有令牌，变迁 t_1 和 t_2 都可能发生，如果变迁 t_1 先发生，那么库所 B 得到 1 个令牌，同时保留库所 A 中的令牌，因此此时变迁 t_2 还可以发生，但变迁 t_1 不可以再发生，变迁 t_2 发生后库所 C 得到 1 个令牌。属性赋值顺序为 $A \to B \to C$ 或 $A \to C \to B$，也就是说属性 B 和 C 先后被赋值，但赋值顺序是任意的。第二种如图 5.5(c)所示，为了清楚地表达语义，加入了辅助库所 p_1、p_2、p_3 和辅助变迁 t_1。其语义是属性 B 和属性 C 的赋值可以并行操作。辅助库所和变迁不对应 Artifact 的属性和对属性的操作，只是辅助表示属性的赋值顺序。

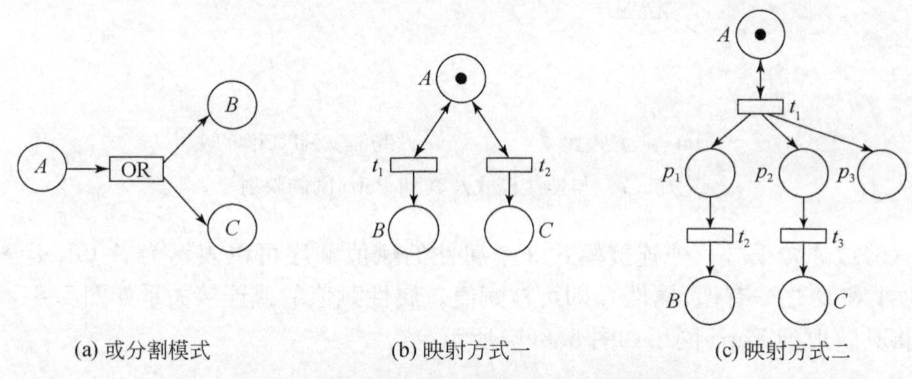

图 5.5　或分割模式及其到 Petri 网的映射

(4)异或分割模式。异或分割模式中 3 个属性的赋值顺序可以表示为 $A \to B$ XOR C，属性 A 先被赋值，然后属性 B 和 C 之一被赋值。属性赋值的异或分割关系如图 5.6(a)所示，将其映射到 Petri 网后如图 5.6(b)所示。

图 5.6(b)中初始状态下变迁 t_1 可以发生，变迁 t_1 发生后，辅助库所 p_1 中的令牌消失，库所 p_2 中得到一个令牌。此时变迁 t_2 和 t_3 都有发生权，但最终只能有一个变迁发生。若变迁 t_2 发生，则消耗库所 p_2 中的令牌，库所 B 得到一个令牌，t_3 不再有发生权，反之亦然。

(5)与连接模式。与连接模式中 3 个属性的赋值顺序可以表示为 A AND $B \to C$，属性 A 和 B 都被赋值后，属性 C 才可被赋值。属性赋值的与连接关系如图 5.7

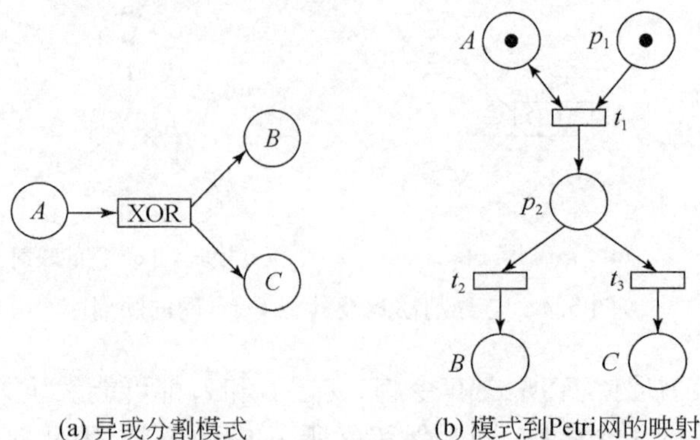

图 5.6　异或分割模式及其到 Petri 网的映射

(a)所示，将其映射到 Petri 网后如图 5.7(b)所示。

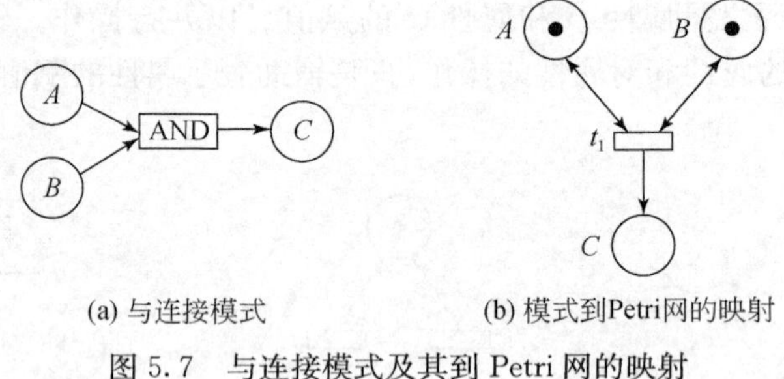

图 5.7　与连接模式及其到 Petri 网的映射

(6)或连接模式。或连接模式 3 个属性的赋值顺序可以表示为 A OR $B \rightarrow C$，属性 A 和 B 之一有值，属性 C 即可被赋值。属性赋值的或连接关系如图 5.8(a)所示，将其映射到 Petri 网后如图 5.8(b)所示。

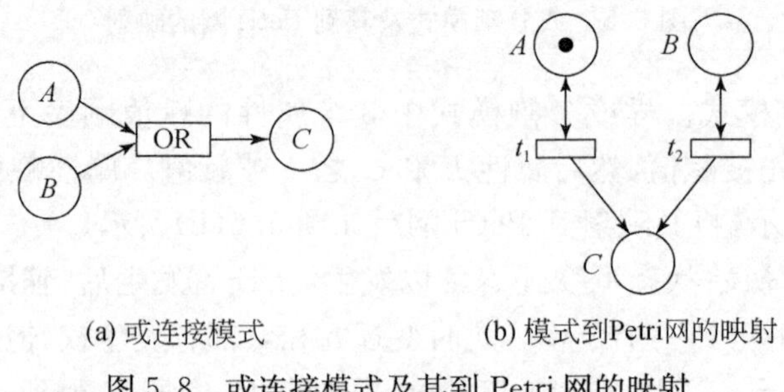

图 5.8　或连接模式及其到 Petri 网的映射

例如，采购审批业务中的 Artifact 采购申请单 PR，各个属性间的赋值顺序如图 5.9(a)所示。其中的异或分割表示当部门主管审核完成后，可以根据申请单的金额选择由副总经理直接完成审批还是副总经理审核完后需要由总经理审批(例如,当申请单金额小于 30 万元时可以由副总经理直接完成审批)。按照 6 种模式的映射方法,映射到 Petri 网如图 5.9(b)所示。

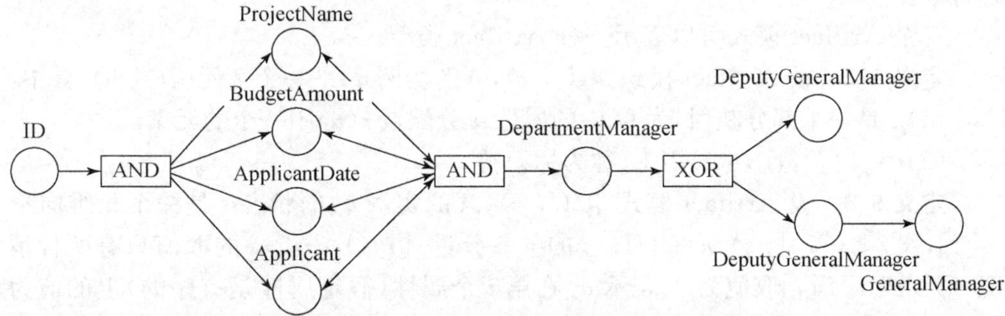

(a) Artifact采购申请单的属性赋值顺序

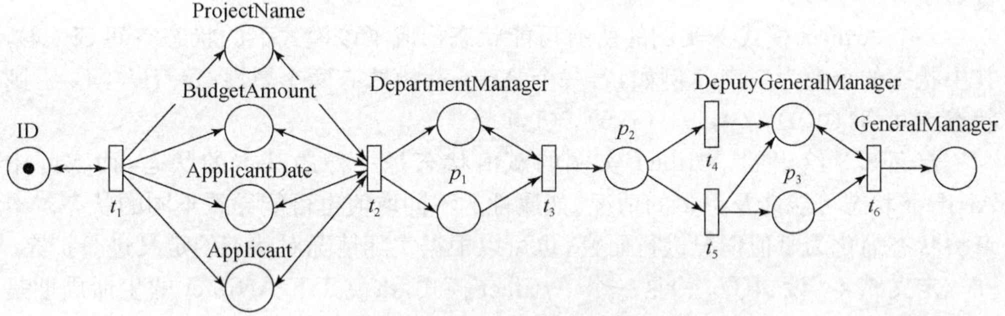

(b) 属性赋值顺序的Petri网表示

图 5.9　Artifact 采购申请单的属性赋值顺序及 Petri 网表示

用于表达 Artifact 属性赋值顺序的 Petri 网 PN 具有以下特性:

(1)PN 是安全的(safe)且界为 1。每个库所中最多的令牌数为 1,表示每个库所对应的属性只有有值和无值两种情况。

(2)PN 中存在自循环(self-loop)。存在一个库所 p 和变迁 t,p 既是 t 的输入库所,又是 t 的输出库所。

(3)PN 中每个变迁都能发生且最多发生一次。不存在死变迁,也不存在一个变迁 t,其发生后又再次具有发生权。

5.2.2　Artifact 生命周期定义

下面给出 Artifact 相关的形式化定义,包括 Artifact 模式、实例、状态和 Artifact 生命周期。

定义 5.1　Artifact 模式 $\mathcal{A}$ 是一个 2 元组(U, τ),其中:

(1)U 是属性的有限集，有一个特殊的属性 $I\in U$ 称为标识符属性(identifier attribute)。

(2)$\tau: U\rightarrow D$ 是一个完全映射，D 是域(domain)的集合，D 中至少包含一个标识符域。

一个 Artifact 模式可以表示一种 Artifact 类型。

定义 5.2 设 Artifact 模式 $\mathcal{A}(U, \tau)$，$\mathcal{A}$ 的实例 $a_{\mathcal{A}}$ 是一个 2 元组(i, μ)，其中：

(1)μ 是一个部分映射，为 U 中的属性 u 分配域 $\tau(u)$ 中一个的元素。

(2)$i=\mu(I)$，且 $i\neq$NULL，称为标识符。

定义 5.3 设 Artifact 模式 $\mathcal{A}(U, \tau)$，$\mathcal{A}$ 的实例 $a_{\mathcal{A}}$ 的状态 s 是一个 n 维向量$(s[1], s[2], \cdots, s[n])$，$n=|U|$。$s$ 的某一分量 $s[i]$($1\leqslant i\leqslant n$)的取值只有两种情况，即 0 或 1。$s[i]$取值为 0，表示 $a_{\mathcal{A}}$ 在第 i 个属性(假定属性是有序的)上的值为空，即目前没有被赋值；$s[i]$取值为 1，表示 $a_{\mathcal{A}}$ 在第 i 个属性上的值不为空，即已经被赋值。

一个 Artifact 模式下实例的所有可能状态构成了该模式下的状态空间 SP($\mathcal{A}$)，其中状态的个数为 $2^{|U|}$。例如，若一个 Artifact 模式有两个属性 $U=\{U_1, U_2\}$，则状态空间为$\{(0,0), (0,1), (1,0), (1,1)\}$。

定义 5.3 给出的 Artifact 实例的赋值状态是一种最基本的状态，而实际中 Artifact 状态可能涉及更多的情况，如属性的不同取值也可能导致不同的状态。本章将状态简化为赋值情况进行研究，也可以根据实际情况对状态的定义进行扩充。

定义 5.4 设 $\mathcal{A}(U, \tau)$是一个 Artifact 模式，该模式下 Artifact 的生命周期是一棵树，称为生命周期树 LT(V_L, E_L, root(LT))，其中：

(1)V_L 是树的节点集，任一 $v\in V_L$，则 $v\in$ SP($\mathcal{A}$)，表示业务流程中允许的 Artifact 的状态。

(2)root(LT)表示树的根节点，表示 Artifact 的初始状态。

(3)E_L 表示边的集合，若 $v_i, v_j\in V_L$，且状态 v_i 的下一个相邻状态是 v_j，则$(v_i, v_j)\in E_L$。

(4)树的叶子节点表示 Artifact 的终止状态。

定义 5.5 设 $\mathcal{A}(U, \tau)$是一个 Artifact 模式，该模式下 Artifact 的生命周期模型 $\mathcal{L}$ 是一个 2 元组(PN, f)，其中：

(1) PN $=(P, T, F, K, W, M_0)$是一个 Petri 网。

① $P=\{p_1, p_2, \cdots, p_m\}$是库所集。

②$T=\{t_1, t_2, \cdots, t_n\}$是变迁集。

③$F\subseteq(P\times T)\cup(T\times P)$是弧集。

④K 是容量函数，规定 $K(P)\equiv 1$，即每个库所最多容纳的令牌数为 1。

⑤W 是权函数，规定 $W(F)\equiv 1$，即每个变迁发生一次引起相关库所令牌数量

的变化为 1。

⑥$M_0: P \to \{0, 1\}$是初始标识。

(2)$f: U \to P$ 是完全映射,即 $\mathcal{A}$ 中每个属性都映射为 Petri 网的一个库所,$P = P_U \cup P_{\text{asst}}$,$P_U = \{ f(u) \mid u \in U \}$是由 $\mathcal{A}$ 的属性映射的库所的集合,P_{asst}是辅助库所的集合,P_{asst}中的库所与 $\mathcal{A}$ 的属性间没有映射关系。

对于 Artifact 的生命周期模型 $\mathcal{L}(\text{PN}, f)$,PN 的标识 M 为每个库所分配一个非负整数,由定义 5.5 可知 $M(p)$的值域为$\{0,1\}$。根据 Petri 网的变迁规则,可以求出 PN 的可达标识树。树的根节点为 M_0,其他节点由从 M_0 可达的所有标识构成,若标识 M 经过变迁 t 可以到达标识 M',则 M 到 M' 有一条边,标记为 t。

例如,图 5.9(b)是采购审批业务中 Artifact 模式 PR 下 Artifact 的生命周期模型。根据 PR 的生命周期模型求出的可达标识树如图 5.10(a)所示,标识节点中包含了辅助库所中的标识,并且边中包含了辅助变迁。只考虑用于表示 Artifact 属性的库所的标识,得到的树如图 5.10(b)所示,这棵树即模式 PR 下 Artifact 的生命周期树。

$M_0(1, 0, 0, 0, 0, 0, 0, 0, 0, 0, 0)$

t_1

$M_1(1, 1, 1, 1, 1, 0, 0, 0, 0, 0, 0)$

t_2

$M_2(1, 1, 1, 1, 1, 1, 1, 0, 0, 0, 0)$

t_3

$M_3(1, 1, 1, 1, 1, 1, 0, 1, 0, 0, 0)$

t_4　t_5

$(1, 1, 1, 1, 1, 1, 0, 0, 1, 0, 0)M_4$　$M_5(1, 1, 1, 1, 1, 1, 0, 0, 1, 1, 0)$

t_6

$M_6(1, 1, 1, 1, 1, 1, 0, 0, 1, 0, 1)$

(a) 包含辅助库所和变迁的可达树

$S_0(1, 0, 0, 0, 0, 0, 0, 0)$

t_1

$S_1(1, 1, 1, 1, 1, 0, 0, 0)$

t_2

$S_2(1, 1, 1, 1, 1, 1, 0, 0)$

t_4　t_5

$(1, 1, 1, 1, 1, 1, 1, 0)S_3$　$S_3(1, 1, 1, 1, 1, 1, 1, 0)$

t_6

$S_4(1, 1, 1, 1, 1, 1, 1, 1)$

(b) 去掉辅助库所和变迁的可达树

图 5.10　Artifact 类 PR 的生命周期树

定理 5.1　由 Artifact 的生命周期模型 $\mathcal{L}(\text{PN}, f)$求出的去掉辅助库所和变

迁的可达树能够表示 Artifact 的生命周期。

证明：根据定义 5.5，Artifact 模式中每个属性都映射为 Petri 网 PN 的一个库所。PN 中库所的容量是 1，因此库所的标识取值为 0 或 1。因此，PN 的可达树中，每一个去掉辅助库所的可达标识恰好为一个 Artifact 实例的状态，所有去掉辅助库所的可达标识就是模型 $\mathcal{L}$ 定义的 Artifact 实例的所有正确状态。此外，可达树的边是模型 $\mathcal{L}$ 定义的 Artifact 实例的状态变化。综上，去掉辅助库所和变迁的可达树能够表示 Artifact 的生命周期。

定理 5.2 求 Artifact 的生命周期树是一个 PSPACE 完全问题。

证明：求 Artifact 的生命周期树的主要步骤是基于一个 1-safe 的 Petri 网 A_PN 求可达标识树。通常对 Petri 网 PN (P, T, F, M_0) 的规模(size)用 $|P|+|T|+|F|+|P|\log_2 m$ 来定义，m 为 M_0 中可能出现的最大整数。而 A_PN 中 $m=1$，因此规模为 $|P|+|T|+|F|$。本节采用穷举法构造 Artifact 生命周期可达树，该方法对于规模较小的问题是有效的，但对于规模较大，尤其是 Artifact 具有复杂属性时，可能的状态数呈指数级增加，因此基于 1-safe 的 Petri 网求 Artifact 生命周期可达树是一个 PSPACE 完全问题。

5.3 Artifact 在 ArtiFlow 中的状态变化

本节对 ArtiFlow 模型中的服务组件进行描述，在此基础上给出算法从 ArtiFlow 图中找出 Artifact 的状态变化树，以便与 5.2 节给出的生命周期树进行比较进而判断 ArtiFlow 中 Artifact 生命周期的可满足性。

5.3.1 服务的描述

在 ArtiFlow 中，使 Artifact 属性值发生变化的主要元素是服务。根据定义，服务元素应该包括事件、消息、读写的 Artifact 类型、条件和操作等。事件和消息作为服务实际执行顺序的依据，但服务能否执行还需要看 Artifact 能否满足服务本身的定义。本章从服务所有可能的执行顺序的角度研究可满足性，因此可以不考虑事件和消息。

对于服务的条件和操作，先考虑一种最简单的描述方法，即只关心服务操作了哪些类型的 Artifact 和服务执行前后 Artifact 各个属性的赋值情况。对 Artifact 的操作分为只读(readonly)、读(read)和写(write)三种。因此，对服务的描述主要包括以下三个方面：Artifact 描述服务读写的 Artifact 类型，Artifact 类型用 Artifact 模式表示；Pre 描述服务执行所需要满足的条件；Effect 描述服务执行的结果。

例如，对图 5.2 给出的业务流程中的 6 个服务描述如下。

(1)创建 PR：

Artifact {Write：PR}

Pre NEW(PR)

Effect DEF(ID) ∧ ¬ DEF(ProjectName) ∧ ¬ DEF(BudgetAmount) ∧ ¬ DEF(ApplicantDate) ∧ ¬ DEF(Applicant) ∧ ¬ DEF(DepartmentManager) ∧ ¬ DEF(DeputyGeneralManager) ∧ ¬ DEF (GeneralManager)

(2)经办人填写 PR：

Artifact {Read：PR，Write：PR}

Pre DEF(ID) ∧ ¬ DEF(ProjectName) ∧ ¬ DEF(BudgetAmount) ∧ ¬ DEF(ApplicantDate) ∧ ¬ DEF(Applicant) ∧ ¬ DEF(DepartmentManager) ∧ ¬ DEF(DeputyGeneralManager) ∧ ¬ DEF (GeneralManager)

Effect DEF(ID) ∧ DEF(ProjectName) ∧ DEF(BudgetAmount) ∧ DEF(ApplicantDate) ∧ DEF (Applicant) ∧ ¬ DEF(DepartmentManager) ∧ ¬ DEF(DeputyGeneralManager) ∧ ¬ DEF(GeneralManager)

(3)部门主管审核：

Artifact {Read：PR，Write：PR}

Pre DEF (ID) ∧ DEF (ProjectName) ∧ DEF (BudgetAmount) ∧ DEF (ApplicantDate) ∧ DEF (Applicant) ∧ ¬ DEF(DepartmentManager) ∧ ¬ DEF (DeputyGeneralManager) ∧ ¬ DEF(GeneralManager)

Effect DEF(ID) ∧ DEF(ProjectName) ∧ DEF(BudgetAmount) ∧ DEF(ApplicantDate) ∧ DEF (Applicant) ∧ DEF(DepartmentManager) ∧ ¬ DEF(DeputyGeneralManager) ∧ ¬ DEF(GeneralManager)

(4)副总经理审核/审批：

Artifact {Read：PR，Write：PR}

Pre DEF (ID) ∧ DEF (ProjectName) ∧ DEF (BudgetAmount) ∧ DEF (ApplicantDate) ∧ DEF (Applicant) ∧ DEF(DepartmentManager) ∧ ¬ DEF(DeputyGeneralManager) ∧ ¬ DEF (GeneralManager)

Effect DEF(ID) ∧ DEF(ProjectName) ∧ DEF(BudgetAmount) ∧ DEF(ApplicantDate) ∧ DEF (Applicant) ∧ DEF(DepartmentManager) ∧ DEF(DeputyGeneralManager) ∧ ¬ DEF(GeneralManager)

(5)总经理审批：

Artifact {Read：PR，Write：PR}

Pre DEF (ID) ∧ DEF (ProjectName) ∧ DEF (BudgetAmount) ∧ DEF (ApplicantDate) ∧ DEF (Applicant) ∧ DEF(DepartmentManager) ∧ DEF(DeputyGeneralManager) ∧ ¬ DEF(GeneralManager)

Effect DEF(ID) ∧ DEF(ProjectName) ∧ DEF(BudgetAmount) ∧ DEF(ApplicantDate) ∧ DEF (Applicant) ∧ DEF(DepartmentManager) ∧ DEF(DeputyGeneralManager) ∧ DEF(GeneralManager)

(6)归档：

Artifact {Read:PR, Write:PR}

Pre DEF (ID) ∧ DEF (ProjectName) ∧ DEF (BudgetAmount) ∧ DEF (ApplicantDate) ∧ DEF(Applicant) ∧ DEF(DepartmentManager) ∧ DEF(DeputyGeneralManager) ∧ DEF (GeneralManager)

Effect End(PR)

在上述描述中，由于图 5.2 中只涉及一种 Artifact 类型 PR，因此属性前省略了 Artifact 模式名。服务的条件(Pre)和结果(Effect)都由公式组成，而公式由原子公式组成。下面给出公式的定义。

定义 5.6　原子公式有下列 5 种形式：

(1)NEW(C)，C 是 Artifact 模式名。它表示了这样一个命题："创建一个新的 Artifact 模式 C 的实例"。

(2)END(C)，C 是 Artifact 模式名。它表示了这样一个命题："Artifact 模式 C 的实例已经完成"。

(3)DEF($C.A$)，C 是 Artifact 模式名，A 是属性名。它表示了这样一个命题："Artifact 模式 C 的属性 A 上有值"。

(4)$C.A\ \theta\ a$，a 是常量，θ 是算数比较运算符。它表示了这样一个命题："Artifact 模式 C 的属性 A 与常量 a 之间满足 θ 关系"。

(5)$C.A\ \theta\ C'.A'$，C 和 C' 是 Artifact 模式名，A 和 A' 是属性名。它表示了这样一个命题："Artifact 模式 C 的属性 A 与 Artifact 模式 C' 的属性 A' 之间满足 θ 关系"。

定义 5.7　公式的递归定义如下：

(1)每个原子是一个公式。

(2)如果 P_1 和 P_2 是公式，那么 $\neg P_1$、$P_1 \wedge P_2$、$P_1 \vee P_2$、$P_1 \oplus P_2$、$P_1 \rightarrow P_2$、$P_1 \leftrightarrow P_2$ 是公式。

(3)除此之外构成的都不是公式。

5.3.2　Artifact 的状态变化树

在一个业务流程中，通常会有多个类型的 Artifact 参与，例如，采购审批业务中除了采购申请单作为一个 Artifact 类型，还可能包括供应商和员工等 Artifact 类型。因此，在用 ArtiFlow 设计的业务流程模型中，可能会包含对多个 Artifact 类型的操作。本节在从 ArtiFlow 中获取一个 Artifact 类型的状态变化树时，假定已经抽取出由只与该 Artifact 类型相关的库、服务、连接线和业务规则等元素构成的一个 ArtiFlow 子图。

定义 5.8　设 G 是一个 ArtiFlow 模型图，C 是一个 Artifact 类型，G 的 C 相关子图 G_C 由 G 中满足以下条件的图形元素组成：

(1)读或写的 Artifact 类型集包含 C 的服务。

(2)存储的 Artifact 类型为 C 的库。

(3)操作的 Artifact 类型为 C 的连接线。

例如，前面给出的图 5.2 就是与 Artifact 类型 PR 相关的一个 ArtiFlow 子图。

根据 Artifact 实例的状态的定义，可以将服务中对条件和结果的描述转换为 Artifact 实例的状态。转换方法是将公式中的原子转换成相应的属性值形式：

(1)NEW(C)表示进入 Artifact 类型 C 的初始状态，即所有属性值均为 0。

(2)¬ DEF($C.A$)表示属性 A 没有被赋值，即 0。

(3)DEF($C.A$) 表示属性 A 已经被赋值，即 1。

(4)END(C) 表示进入 Artifact 类型 C 的终止状态。

(5)其他对值的比较操作也表示参与比较的属性是有值的，即 1(因为有值才可以比较)。

例如，5.3.1 节描述的采购审批业务流程中的服务转换为服务对 Artifact 状态的操作，见表 5.1。

表 5.1　服务对 Artifact 状态的操作

服务名	Pre 状态	Effect 状态
创建 PR	(0,0,0,0,0,0,0,0)	(1,0,0,0,0,0,0,0)
经办人填写 PR	(1,0,0,0,0,0,0,0)	(1,1,1,1,1,0,0,0)
部门主管审核	(1,1,1,1,1,0,0,0)	(1,1,1,1,1,1,0,0)
副总经理审核/审批	(1,1,1,1,1,1,0,0)	(1,1,1,1,1,1,1,0)
总经理审批	(1,1,1,1,1,1,1,0)	(1,1,1,1,1,1,1,1)
归档	(1,1,1,1,1,1,1,1)	终止

结合以上描述，可以从 ArtiFlow 模型中提取出一个 Artifact 类型的状态变化过程，构造一棵状态变化树。树的节点是 Artifact 的状态，边表示服务对状态的改变。算法 5.1 给出了构造状态变化树的过程，主要思想是根据 ArtiFlow 图中服务元素之间的连接关系和服务对 Artifact 状态的操作，从 Artifact 的初始状态开始，逐步找出节点的后继，从而构成一棵树。

算法 5.1　求 ArtiFlow 图中 Artifact 类型 C 的状态变化树 StateTree。

输入：Artifact 类型 C，ArtiFlow 图 G_C；

输出：C 的状态变化树 ST。

StateTree(G_C)

Begin

(1)在 G 的 C 相关子图 G_C 中找到以 NEW()原子为 Pre 条件的服务 σ，并将其 Effect 状态作为根节点 S_0，并标记为"new"；

(2)若当前存在标记为"new"的节点，则

(3)　　选择一个标记为"new"的节点 S；

(4)　　若节点 S 与从根节点到 S 的路径上的某个节点相同，将 S 标记为"new"，并继续再选一个标记为"new"的节点；

(5)　　在 G_C 中找到以服务 σ 的输出库为输入库，并且 Pre 值与 S 匹配的服务的集合 Σ//服务中的公式已经转换为状态值；

(6)若 $\Sigma=\varnothing$，将 S 标记为"end"，否则对 Σ 中的每一个服务 σ

(7)　　根据 σ 的 Effect 值得到状态 S 下经过 σ 后的新状态 S'；

(8)　　将 S' 作为一个新节点，并从 S 到 S' 画一条标记为 σ 的有向弧，并将 S' 标记为"new"；

End

从图 5.2 的 ArtiFlow 图中根据算法 5.1 求出的 Artifact 类 PR 的一棵状态变化树如图 5.11 所示。不考虑审批不同意的情况，可以得到一棵简单的状态变化树。

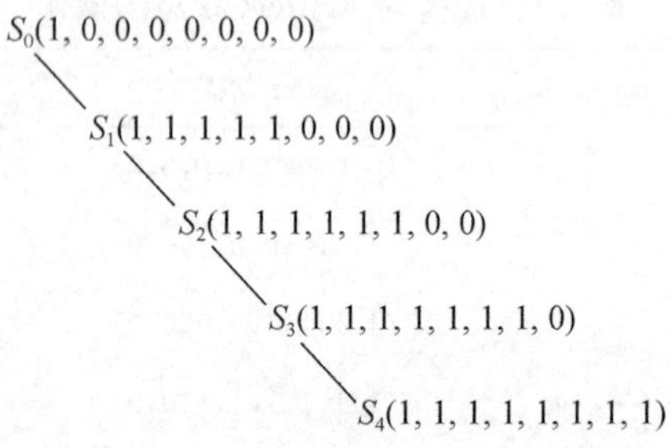

图 5.11　Artifact 类 PR 的状态变化树

定理 5.3　算法 5.1 正确地求出了 ArtiFlow 中 Artifact 的状态变化树。

证明：(可终止性)算法中循环的条件是存在标记为"new"的节点。能够使"new"节点逐渐减少的操作有两种：第一种是当节点 S 与从根节点到 S 的路径上的某个节点相同时，则将 S 标记为"old"；第二种是当找不到以服务 σ 的输出库为输入库，并且 Pre 值与 S 匹配的服务时，将 S 标记为"end"。第一种情况避免了图 G_C 中的服务产生了重复状态而造成的无限循环。而第二种情况说明只要图 G_C 是有限的，则求出的状态树就是有限的，因此算法是可终止的。

(正确性)求 ArtiFlow 图中 Artifact 类型 C 的状态变化树时应保证两个条件:第一个条件是状态变化应符合 ArtiFlow 图中服务元素之间的连接关系;第二个条件是符合 ArtiFlow 中对服务的 Pre 和 Effect 的描述。算法中在求一个状态节点 S 的子节点时,限定服务的范围为与产生 S 的服务 σ 有连接关系的服务集。因为在 ArtiFlow 中服务和服务之间是通过库相连的,所以这个服务集为输入库为 σ 的输出库的所有服务,从而满足第一个条件。对于第二个条件,算法中通过在服务集中查找 Pre 状态与上一个节点表示的状态相同来限定,也就是满足状态之间连续关系。综上,算法求出的状态树是正确的。该算法等价于图的遍历算法,其复杂度为 $O(n+e)$ (n 是节点数,e 是边数)。

5.4　可满足性验证算法

本节回答本章开始提出的问题:给定一个 Artifact 的生命周期 L 和一个业务流程 P,P 是否满足 L? 也就是说需要验证如果按照 ArtiFlow 中设计的服务和业务规则实现业务流程,那么业务中的每一个 Artifact 类型能否满足其生命周期的定义。

在 5.2 节定义了业务流程中 Artifact 的生命周期树 LT。ArtiFlow 是一种业务流程设计的方法,用 ArtiFlow 设计的业务流程中 Artifact 的状态和状态变化不一定能和生命周期的定义完全相同,但如果能达到某些条件则认为是在某种程度上可满足生命周期的定义。根据 5.3 节的方法已经得到 ArtiFlow 中 Artifact 的状态变化树 ST。本节将 ST 与 LT 进行比较,从而验证 ArtiFlow 设计的业务流程中 Artifact 的状态变化能否满足生命周期的定义。

首先给出树的路径和路径相等的定义。

定义 5.9　设 $T=(V, E, \mathrm{root}(T))$是一棵树,树的路径是一个边的序列$(v_1, v_2)$, (v_2, v_3),…,(v_{n-1}, v_n),称为 v_1 到 v_n的一条路径。

定义 5.10　设 $T=(V, E, \mathrm{root}(T))$和 $P=(W, F, \mathrm{root}(P))$是两棵树,$p$ 和 q 分别是树 T 和 P 的一条路径,p 和 q 相等是指对路径序列中的所有节点 u 和 v, $(u, v)\in E$ 当且仅当$(u, v)\in F$。

定义中节点相同是指节点所表示的 Artifact 的状态值相等而不是节点名相同。下面给出 Artifact 生命周期可满足性的定义。

定义 5.11　设 Artifact 类型 C,$\mathrm{LT}(V_L, E_L, \mathrm{root}(\mathrm{LT}))$是 C 的生命周期树,$\mathrm{ST}(V_S, E_S, \mathrm{root}(\mathrm{ST}))$是 ArtiFlow 中 C 的状态变化树,则说 ArtiFlow 中 C 的生命周期是:

(1)不可满足的,如果 LT 和 ST 从根节点到叶子节点的路径集没有交集。

(2)部分可满足的,如果 LT 和 ST 从根节点到叶子节点的路径集有交集。

(3)完全可满足的,如果 LT 和 ST 从根节点到叶子节点的路径集相等。

不论是生命周期树还是状态变化树,从根节点到叶子节点的路径都有若干条,验证可满足性就是找出这些路径中是否有公共的路径,也就是按照定义 5.10 判断是否有相等的路径。

验证 ArtiFlow 中 Artifact 生命周期的可满足性见算法 5.2,主要思想是对生命周期树中的每一个叶子节点,在状态变化树中与之相等的叶子节点,如果找到了就继续向上比较两个叶子节点的父节点,直到到达树的根节点。这样,如果找到从叶子节点到根节点的所有节点都相同,就找到了一条公共路径。如果生命周期树中的每一个叶子节点都能找到公共路径,那么说明生命周期完全可满足。

算法 5.2 求 ArtiFlow 中 Artifact 生命周期的可满足性。

输入:Artifact 类型 C 的生命周期树 LT,ArtiFlow 中 C 的状态变化树 ST;

输出:ArtiFlow 中 Artifact 类型 C 的生命周期可满足性。

//树节点由三个域构成:数据值域 value,存储节点的状态值;列表域 children,存储各个孩子节点的地址;双亲域 father,存储双亲节点的地址。

```
Satisfiablity(LT,ST)
Begin
    (1)找出生命周期树 LT 的全部叶子节点,并将它们存储到线性表 LLT 中;
    (2)找出状态变化树 ST 的全部叶子节点,并将它们存储到线性表 LST 中;
    (3) for(int i=0; i<LLT 的长度; i++)
    (4)  从 LLT 中取出第 i 个元素存入变量 p 中;//从树 LT 中取出一个叶子节点
    (5)  for(int j=0; j<LST 的长度; j++)
    (6)    从 LST 中取出第 j 个元素存入变量 q 中;//从树 ST 中取一个叶子节点
    (7)    if(p.value==q.value) //找到叶子节点相同的就开始比较路径
    (8)      while(p.value==q.value 且 p.father≠NULL 且 q.father≠NULL)
    (9)        p=p.father; q=q.father;
    (10)     endwhile
    (11)       if(p==q==NULL) k++; //记录找到一条满足的路径
    (12)  endfor
    (13)endfor
    (14)if(k ==LLT 的长度) 则输出"完全满足";
    (15)if(k <LLT 的长度 且 k!=0) 则输出"部分满足";
    (16)if(k ==0)则输出"不满足";
End
```

定理 5.4 算法 5.2 正确地验证了 ArtiFlow 中 Artifact 生命周期的可满足性。

证明:(可终止性)算法的第三步中有三层嵌套循环,外层的两个 for 循环的循环次数分别是生命周期树和状态变化树中叶子节点的个数。最内层的 while 循环条件是所比较的节点值不相等或者其中任意一棵树到达根节点，循环体中每比较一次就将指针移向父节点，最终到达树的根节点。综上，所有循环可终止，因此算法是可终止的。

（正确性）首先，在 Artifact 的生命周期树和状态变化树中，节点都是 Artifact 的状态值，因此两棵树的节点是可以比较的；其次，由于树的除了根节点的节点都有唯一的父节点，因此从叶子节点开始可以找到唯一的路径；最后，对于生命周期树中的一个叶子节点在状态变化树中可能有多个节点值与其相同的叶子节点，因此算法中使用嵌套循环对状态变化树中每一个叶子节点开始的路径进行判断。综上，算法能够对生命周期树中的每一条路径在状态变化树的所有路径中查找出满足条件的路径，从而正确地验证 ArtiFlow 中 Artifact 生命周期的可满足性。

算法的主要操作是比较树的节点是否相等，算法中有一个三层的嵌套循环，设 m 和 n 分别为树 LT 和 ST 的叶子节点的个数，dep(LT)和 dep(ST)分别为树 LT 和 ST 的深度，节点比较的次数不会超过 $m\times n\times \max(\mathrm{dep}(\mathrm{LT}),\ \mathrm{dep}(\mathrm{ST}))$，因此算法的复杂度为 $O(n^3)$。

使用算法 5.2 可以得到图 5.11 的 Artifact 类型 PR 的状态变化树是部分可满足的，由于图 5.11 中的从根节点到叶子节点的路径与图 5.10(b)中的一条路径相等(但图 5.10(b)中还有另外一条路径在图 5.11 中没有实现)。对于业务过程中的其他 Artifact 类型，可以用同样的方法建立生命周期树并与状态变化树进行比较，从而判断整个业务流程模型是否满足每一个 Artifact 类型的生命周期的定义。

第 6 章　业务流程中 Artifact 的有效性分析

Artifact 是业务流程中的数据载体，它所承载的数据随着流程中业务活动的改变而变化。当业务活动添加或修改的数据不正确或是非法时，Artifact 将产生一个违规实例，如果不及时发现，将会给业务部门造成巨大的损失。本章将违规实例监测问题归结为 Artifact 有效性检查问题。业务流程中一个 Artifact 完成它的生命周期后，这个 Artifact 是否有效要分析它是否满足预先定义的约束条件。对 Artifact 操作的时间约束是一个重要的约束条件。Artifact 的值在业务流程中是随时间变化的，一个有效的 Artifact 应该在适当的时间有适当的值。本章基于时间 Petri 网建立 Artifact 业务要求模型，分析模型的时间特性，在此基础上，设计算法判定一个完备的 Artifact 的有效性[26,27]。

6.1　Artifact 形式化定义

Artifact 是业务流程中的数据实体，下面区分 Artifact 模式、模式下的实例和 Artifact 这三个概念。在第 5 章的定义 5.1 和定义 5.2 中已经给出了 Artifact 模式 $\mathcal{A}(U,\tau)$和模式 $\mathcal{A}$ 的实例 $a_{\mathcal{A}}(i,\mu)$的定义。对于一个 Artifact 实例，其属性的赋值情况会随时间发生变化。如果为实例加上一个时间戳，那么具有同一标识符、不同时间戳的实例将构成一个实例集。

定义 6.1　设 $\mathcal{A}(U,\tau)$是一个 Artifact 模式，4 元组 $A_{\mathcal{A}}(i, \mathrm{TS}, S_{\mathcal{A}}, \lambda)$ 称为 $\mathcal{A}$ 的一个 Artifact，其中：

(1) i 是一个标识符。

(2) TS 是时间区间$[\mathrm{TS}_{\min}, \mathrm{TS}_{\max}]$。

(3) $S_{\mathcal{A}}$是标识符为 i 但时间戳不同的实例组成的集合。

(4) λ: $S_{\mathcal{A}} \rightarrow \mathrm{TS}'$是一个部分映射，$\mathrm{TS}' \subset \mathrm{TS}$，$\mathrm{TS}'$是时间区间 TS 中 Artifact 实例的值发生变化的时刻构成的集合。

定义 6.2　设 $\mathcal{A}(U,\tau)$是一个 Artifact 模式，$A_{\mathcal{A}}(i, \mathrm{TS}, S_{\mathcal{A}}, \lambda)$是完备的 Artifact，当且仅当 TS 是时间区间$[\mathrm{TS}_{\min}, \mathrm{TS}_{\max}]$，且 $\mathrm{TS}_{\min}$和 $\mathrm{TS}_{\max}$分别是标识符为 i 的 Artifact 实例被创建和归档的时刻，且 $S_{\mathcal{A}}$包含了时间区间 TS 内标识符为 i，但时间戳不同的所有实例。

采购审批业务流程中的 Artifact PR 的模式和一个实例如图 6.1 所示。领导审批方式改为先由 Leader1 审核，然后 Leader2-1 和 Leader2-2 并行审批。

PurchaseRequest模式
属性:
ID: string
ProjectName: string
BudgetAmount: float
ApplicantDate: date
Applicant: string
Attachment: string
Leader 1: string
Leader 2-1: string
Leader 2-2: string

PurchaseRequest实例
属性:
ID: 20110402001
ProjectName: Computer
BudgetAmount: 30,000
ApplicantDate: 2011-04-02
Applicant: ZHANG
Attachment: configuration
Leader 1: GAO
Leader 2-1: WANG
Leader 2-2: LIU

图 6.1　Artifact 模式 PR 和一个实例

模式 PR 的一个 Artifact 如表 6.1 所示。

表 6.1　模式 PR 的一个 Artifact

ID	ProjectName	BudgetAmount	ApplicantDate	Applicant	Attachment	Leader1	Leader2-1	Leader2-2	TimeStamp
20110402001	NULL	NULL	NULL	NULL	NULL	NULL	NULL	NULL	2011-04-02
20110402001	Computer	30,000	2011-04-02	ZHANG	configuration	NULL	NULL	NULL	2011-04-02
20110402001	Computer	30,000	2011-04-02	ZHANG	configuration	GAO	NULL	NULL	2011-04-03
20110402001	Computer	30,000	2011-04-02	ZHANG	configuration	GAO	WANG	NULL	2011-04-04
20110402001	Computer	30,000	2011-04-02	ZHANG	configuration	GAO	WANG	LIU	2011-04-05

6.2　业务要求和有效性

在业务流程执行过程中，一个 Artifact 是否有效是通过检查它在各时刻的 Artifact 实例是否处于正确的状态来判定的。Artifact 实例的正确状态用业务要求来定义，由于实际的业务要求涉及很多的领域，本章将其简化，讨论一种最基本的业务要求，Artifact 实例的正确赋值状态，即业务要求定义在一定的时间要求下 Artifact 实例中哪些属性有值，哪些属性无值。下面给出业务要求和有效性的定义。

定义 6.3　设 $\mathcal{A}(U, \tau)$是一个 Artifact 模式，对该模式的一个 Artifact 实例 $a_{\mathcal{A}}$ 的业务要求 $Q_a_{\mathcal{A}}$是一个 2 元组(q, TI)，其中：

(1) q 是一个 n 维向量$\langle q[1], q[2], \cdots, q[n]\rangle$，$n=|U|-1$(Artifact 属性的个数，不含标识符属性)。q 的某一分量 $q[i]$($1\leqslant i\leqslant n$)的取值只有两种情况，即 0 或 1。$q[i]$取值为 0，就是要求 $a_{\mathcal{A}}$在第 i 个属性(假定属性是有序的)上的值为空，即目前没有被赋值；$q[i]$取值为 1，就是要求 $a_{\mathcal{A}}$ 在第 i 个属性上的值不为空，即已经被

赋值。

(2) TI 是一个时间区间[TI_{min}, TI_{max}],表示 q 的作用时间段。

定义 6.4 设 $\mathcal{A}(U, \tau)$是一个 Artifact 模式,对该模式的 Artifact 的业务要求是一个集合 $Q\_A_{\mathcal{A}}$,集合中的元素是该模式下完备的 Artifact 中每一个 Artifact 实例的业务要求。

定义 6.5 设 $\mathcal{A}(U, \tau)$是一个 Artifact 模式,$a_{\mathcal{A}}$是该模式的一个实例,$a_{\mathcal{A}}$的时间戳为 t,$Q_a_{\mathcal{A}}(q, \mathrm{TI})$是对 $a_{\mathcal{A}}$的业务要求,若 $t \in \mathrm{TI}$,且 $a_{\mathcal{A}}$中属性的赋值状态满足 q,则实例 $a_{\mathcal{A}}$是有效的。

定义 6.6 设 $\mathcal{A}(U, \tau)$是一个 Artifact 模式,$A_{\mathcal{A}}(i, \mathrm{TS}, S_{\mathcal{A}}, \lambda)$ 是 $\mathcal{A}$ 的一个 Artifact,若其中每一个 Artifact 实例 $a_{\mathcal{A}} \in S_i$ 在其时间戳 $\lambda(a_{\mathcal{A}})$下都是有效的,则 Artifact $A_{\mathcal{A}}$是有效的。

6.3 基于时间 Petri 网的业务要求模型

在业务流程中,Artifact 属性的赋值有时间限制,例如,Leader1 的审批时间应不少于 1 天且不超过 3 天,因此需要在 Petri 网上加入时间约束。在一个含时间因素的 Petri 网上,时间的概念可以根据问题描述的需要关联到 Petri 网的不同元素上。本章所用的是时间 Petri 网(time Petri net,TPN)[28]。下面基于 TPN 定义 Artifact 的业务要求模型。

定义 6.7 设 $\mathcal{A}(U, \tau)$是一个 Artifact 模式,该模式下 Artifact 的业务要求模型 $\mathcal{M}$ 是一个 3 元组(PN; f, TC),其中:

(1) PN $= (P, T, F, K, W, M_0)$是一个 Petri 网。其中:

① $P = \{p_1, p_2, \cdots, p_m\}$是库所集;

② $T = \{t_1, t_2, \cdots, t_n\}$是变迁集;

③ $F \subseteq (P \times T) \cup (T \times P)$是弧集;

④ K 是容量函数,规定 $K(P) \equiv 1$,即每个库所最多容纳的令牌数为 1;

⑤ W 是权函数,规定 $W(F) \equiv 1$,即每个变迁发生一次引起相关库所令牌数量的变化为 1;

⑥ $M_0: P \to \{0, 1\}$是初始标识。

(2) $f: U \to P$ 是完全映射,即 $\mathcal{A}$ 中每个属性都映射为 Petri 网的一个库所,$P = P_U \cup P_{asst}$,$P_U = \{ f(u) \mid u \in U \}$是由 $\mathcal{A}$ 的属性映射的库所的集合,P_{asst}是辅助库所的集合,P_{asst}中的库所与 $\mathcal{A}$ 的属性间没有映射关系。

(3) TC: $T \to Z \times Z$ 是完全映射,T 是变迁集,Z 是非负实数集。变迁时间对[$\mathrm{TC}_{min}(t)$, $\mathrm{TC}_{max}(t)$]表示对变迁行为的时间约束。如果变迁 t 在 T_0 时刻具有发生权,那么它只能在时间间隔[$T_0 + \mathrm{TC}_{min}(t)$, $T_0 + \mathrm{TC}_{max}(t)$]允许发生。这里假定

变迁发生的动作不占用时间，是瞬时的。

建立审批流程中 Artifact PR 的业务要求模型的过程如图 6.2 所示。首先根据 5.2.1 节的方法给出 Artifact PR 属性的赋值顺序并映射到 Petri 网，如图 6.2(a)和(b)所示。为了减小 Petri 网的规模，图中将项目名称、预算、申请日期、申请人等属性合并作为一个基本属性（basic attribute），因为这些属性的赋值是通过一个操作一次完成的。Leader2-1 和 Leader2-2 的审批过程是并行的。在以上得到的 Petri 网中加入时间约束得到业务要求模型，如图 6.2(c)所示，其中将表示 Artifact PR 属性的库所命名为 $A_1 \sim A_5$。

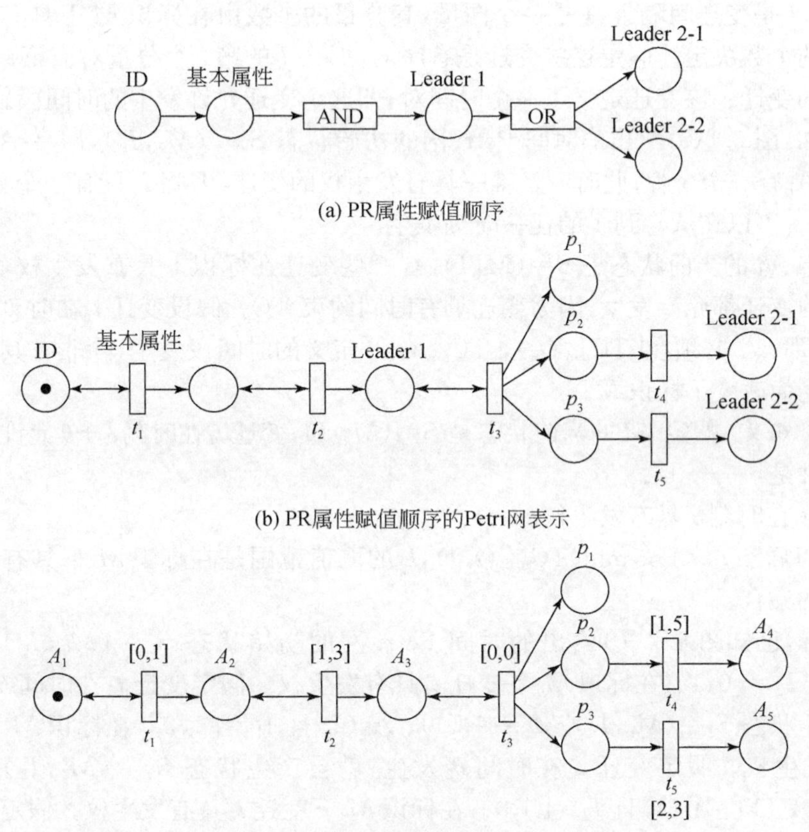

图 6.2　Artifact 模式 PR 的业务要求模型

在图 6.2(c)中，变迁 t_2 的时间约束为[1,3]，表示该变迁满足发生的条件后应该在至少 1 个时间单位之后，最多 3 个时间单位之前执行。这个约束可以理解为在采购申请人填写完采购申请单的基本内容后，Leader1 可以在 1～3 个工作日完成签字审核工作。变迁 t_3 时间约束为[0,0]表示该变迁满足发生的条件后应立即执行。

6.4 业务要求模型的时间特性

本节分析 Artifact 的业务要求模型 $\mathcal{M}$ 的时间特性，首先给出 $\mathcal{M}$ 的状态和状态类的定义，然后用一个状态类图表示 Artifact 实例的业务要求。

定义 6.8 $\mathcal{M}$(PN; f, TC)的状态 $S=(M, I)$，其中：

(1) M 是 PN 的一个标识，$M(p)$的值域为$\{0,1\}$，p 是 PN 的一个库所，$M(p)$表示 p 中的令牌数。

(2) I 是变迁间隔集，I 是一个向量，其分量的个数由在标识 M 下具有发生权的变迁的个数决定。假定这些变迁是有序的，那么 I 的第 i 个分量对应第 i 个具有发生权的变迁。该变迁定义了一个时间对，即这个变迁允许发生的时间段。

例如，图 6.2(c)给出的时间 Petri 网的初始状态 $S_0=(M_0, I_0)$，$M_0=A_1(1)$只有库所 A_1有一个令牌；此时 t_1是唯一具有发生权的变迁，因此 I_0只有一个分量[0, 1]，表明 t_1可以在从 0 到 1 的任一时刻发生。

假定 $\mathcal{M}$ 的当前状态是 $S=(M, I)$，有一些变迁在标识下具有发生权，但并不是所有的变迁都允许发生，因为变迁具有时间约束 TC。假设变迁 t_i在时刻 τ 具有发生权，那么 t_i必须在$[TC_{min}(t_i), TC_{max}(t_i)]$定义的时间段发生，除非有其他的变迁先发生而改变了标识 M。

定义 6.9 假定 $\mathcal{M}$ 的当前状态是 $S=(M, I)$，变迁 t_i在时刻$\sigma+\theta$ 允许发生的充要条件是：

(1)t_i在时刻σ 具有发生权。

(2)$TC_{min}(t_i)\leqslant\theta\leqslant\min(TC_{max}(t_k))$，$k$ 的取值范围是在标识 M 下具有发生权的变迁的集合。

例如，已知图 6.2(c)给出的时间 Petri 网的初始状态 $S_0=(M_0, I_0)$，$M_0=A_1(1)$且 $I_0=[0,1]$，在标识 M_0下变迁 t_1具有发生权。假定变迁 t_1在时间 θ_1发生，就会产生状态 $S_1=(M_1, I_1)$、$M_1=A_1(1)$、$A_2(1)$且 $I_1=[1,3]$，在标识 M_1下变迁 t_2具有发生权。假定变迁 t_2在时间 θ_2发生，就会产生状态 $S_2=(M_2, I_2)$、$M_2=A_1(1)$、$A_2(1)$、$A_3(1)$且 $I_2=[0,0]$，在标识 M_2下变迁 t_3具有发生权。假定变迁 t_3在时间 θ_3发生，就会产生状态 $S_3=(M_3, I_3)$、$M_3=A_1(1)$、$A_2(1)$、$A_3(1)$、$p_1(1)$、$p_2(1)$、$p_3(1)$且 $I_3=[1,5],[2,3]$，在标识 M_3下变迁 t_4和 t_5都具有发生权。

此时，根据定义 6.9，变迁 t_4在时间段[1,3]允许发生，如果 t_4在时间 θ_4发生，就得到状态 $S_4=(M_4, I_4)$，其中：

$$M_4=A_1(1),\ A_2(1),\ A_3(1),\ p_1(1),\ p_3(1),\ A_4(1) \tag{6.1}$$

$$I_4=[\max(0,2-\theta_4),\ 3-\theta_4] \tag{6.2}$$

在标识 M_4下，只有变迁 t_5具有发生权，且由于时间已经过去了 θ_4，因此 t_5的时间约束也发生了变化。已知 $1\leqslant\theta_4\leqslant 3$，因此式(6.2)中给出变迁 t_5 的时间约束变化范围为从[0,2]($\theta_4=1$)到[0,0]($\theta_4=3$)。

一个状态的变迁间隔集中元素的个数可能是无限的，因为其中存在变量且变量的取值范围是一个连续的区间。考虑经过同一个变迁但发生时间不同的而产生的所有状态的集合，给出状态类的定义。从状态到状态类的变化如图 6.3 所示。

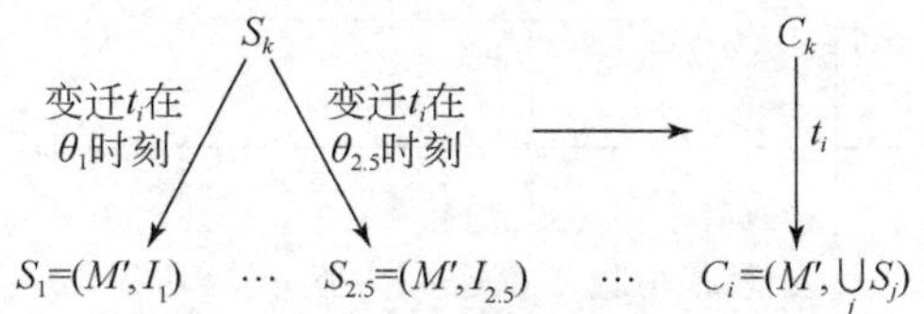

图 6.3　从状态到状态类的变化

定义 6.10　$\mathcal{M}$ 的状态类 $C=(M, D)$，其中：

(1) M 是一个标识，一个类中的所有状态都具有相同的标识。

(2) D 是类的变迁域，是该类中所有状态的变迁域的并集。

D 通常被定义为一个不等式系统的解集合。

例如，图 6.2(c)给出的时间 Petri 网的初始状态类 $C_0=(M_0, D_0)$，其中：

$$M_0=A_1(1) \tag{6.3}$$

$$D_0=(\text{all solutions of}),\quad 0\leqslant\theta_1\leqslant 1 \tag{6.4}$$

而状态类 $C_3=(M_3, D_3)$，在标识 M_3 下变迁 t_4 和 t_5 都具有发生权，其中：

$$M_3=A_1(1),\ A_2(1),\ A_3(1),\ p_1(1),\ p_2(1),\ p_3(1) \tag{6.5}$$

$$D_3=1\leqslant\theta_4\leqslant 5,\quad 2\leqslant\theta_5\leqslant 3 \tag{6.6}$$

并且，此时如果允许 t_4 发生，那么式(6.6)中还要加上 $\theta_4\leqslant\theta_5$。

接下来考虑如果变迁 t_4 发生了，那么下一个状态类 $C_4=(M_4, D_4)$的情况。用 θ_{4F} 表示变迁 t_4 发生的相对时间($1\leqslant\theta_{4F}\leqslant 3$)，如图 6.4 所示，变迁 t_4 发生后，t_5 仍然具有发生权，只是时间过去了 θ_{4F}。此时，新的时间值定义为 θ_5'，则 $\theta_5=\theta_5'+\theta_{4F}$。

由式(6.6)中 $2\leqslant\theta_5\leqslant 3$，得到式(6.7)：

$$2\leqslant\theta_5'+\theta_{4F}\leqslant 3 \tag{6.7}$$

又

$$1\leqslant\theta_{4F}\leqslant 3 \tag{6.8}$$

由式(6.7)、式(6.8)得到式(6.9)：

$$0\leqslant\theta_5'\leqslant 2 \tag{6.9}$$

因此，状态类 C 在变迁 t_4 发生后得到的新状态类为 $C_4=(M_4, D_4)$，其中：

$$M_4= A_1(1),\ A_2(1),\ A_3(1),\ p_1(1),\ p_3(1),\ A_4(1) \tag{6.10}$$

$$D_4=0\leqslant\theta_5\leqslant 2 \tag{6.11}$$

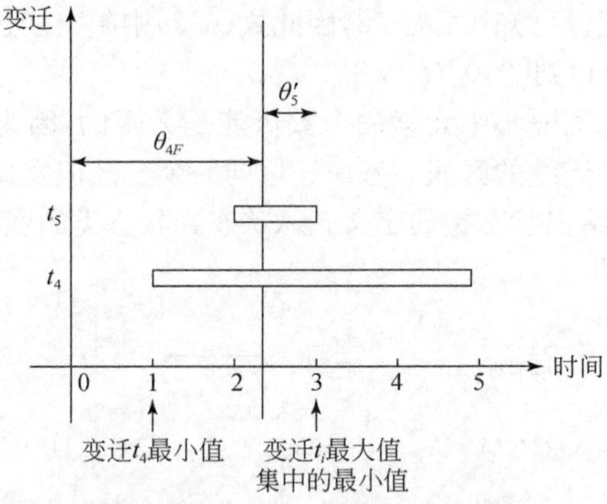

图 6.4　变迁 t_4 和 t_5 发生的时间关系

按照上述方法应用变迁发生规则，可以得到一个状态类图。图的节点是状态类。若状态类 C 下变迁 t_i 具有发生权，且发生后产生类 C'，则类 C 和 C' 之间有一条边标记为 t_i。图 6.2(c)的业务要求模型应用变迁规则后得到的一个状态类图 $G(V,E)$，如图 6.5 所示，其中，$V=\{C_0, C_1, C_2, C_3, C_4, C_5, C_6\}$ 是状态类节点集；$E=\{\langle C_0, C_1\rangle, \langle C_1, C_2\rangle, \langle C_2, C_3\rangle, \langle C_3, C_4\rangle, \langle C_3, C_5\rangle, \langle C_4, C_6\rangle, \langle C_5, C_6\rangle\}$ 是标记了变迁的边集。

$$C_0 \xrightarrow{t_1} C_1 \xrightarrow{t_2} C_2 \xrightarrow{t_3} C_3,\quad C_3 \xrightarrow{t_4} C_4 \xrightarrow{t_5} C_6,\quad C_3 \xrightarrow{t_5} C_5 \xrightarrow{t_4} C_6$$

图 6.5　状态类图 G

图 6.5 中状态类的值如表 6.2 所示。

表 6.2　状态类图 G 中的状态类值

状态类	标识	变迁域	有发生权的变迁
C_0	$M_0=A_1(1)$	$0\leqslant\theta_1\leqslant1$	t_1
C_1	$M_1=A_1(1), A_2(1)$	$1\leqslant\theta_2\leqslant3$	t_2
C_2	$M_2=A_1(1), A_2(1), A_3(1)$	$\theta_3=0$	t_3
C_3	$M_3=A_1(1), A_2(1), A_3(1), p_1(1), p_2(1), p_3(1)$	$1\leqslant\theta_4\leqslant5$, $2\leqslant\theta_5\leqslant3$	$t_4(\theta_4\leqslant\theta_5)$, $t_5(\theta_5\leqslant\theta_4)$
C_4	$M_4= A_1(1), A_2(1), A_3(1), p_1(1), p_3(1), A_4(1)$	$0\leqslant\theta_5\leqslant2$	t_5
C_5	$M_5= A_1(1), A_2(1), A_3(1), p_1(1), p_2(1), A_5(1)$	$0\leqslant\theta_4\leqslant3$	t_4
C_6	$M_6= A_1(1), A_2(1), A_3(1), p_1(1), A_4(1), A_5(1)$	$\varnothing$	$\varnothing$

因为业务要求模型 $\mathcal{M}(\mathrm{PN};\ f,\ \mathrm{TC})$中的 PN 是 1-safe 的 Petri 网，所以状态类图中的状态类节点数目是有限的。PN 中每个变迁最多发生一次，称 $\mathcal{M}$ 是 T-safe 的。对于 T-safe 的时间 Petri 网，状态类中的域都可以表达为如式(6.12)和式(6.13)形式的不等式系统的解的集合。

$$\alpha_i \leqslant t(i) \leqslant \beta_i \tag{6.12}$$

$$t(j) - t(k) \leqslant \gamma_{jk} \tag{6.13}$$

其中，α_i、β_i和 γ_{jk} 为非负实数；$t(i)$为当前状态类标识下新具有发生权的变迁；$t(j)$和 $t(k)$为当前状态类标识下继续具有发生权的变迁，$j \neq k$。

定理 6.1　状态类图能表示 Artifact 实例的业务要求。

证明：由于业务要求模型中库所与 Artifact 属性具有对应关系，因此状态类 $C(M,\ D)$的标识 M 可以给出对每个属性有值和无值的要求，库所有令牌则要求该属性已经赋值，库所没有令牌则要求该属性还没有赋值。以状态类 C 为起点的边标记出当前状态下可以发生的变迁 t，状态类 C 的域 D 则给出变迁 t 发生的时间段要求，也就是标识 M 所给出的业务要求作用的时间段。因此，状态类图可以表示 Artifact 实例的业务要求。

定理 6.2　求业务要求模型的状态类图是一个 PSPACE 完全问题。

证明：求业务要求模型的状态类图的主要步骤是基于一个 1-safe 的 Petri 网 PN 求可达图，该问题是一个 PSPACE 完全问题在第 5 章的定理 5.2 中已经给出了证明方法。

6.5　Artifact 有效性判定算法

对一个 Artifact 模式建立 Artifact 的业务要求模型 $\mathcal{M}(\mathrm{PN};\ f,\ \mathrm{TC})$后，通过 6.4 节的方法可以得到一个状态类图。本节给出使用状态类图判定 Artifact 有效性的方法。

在判定 Artifact 有效性时，由于只判定属性赋值的有效性，因此首先将 Artifact 中的实例进行简化。

定义 6.11　设 $\mathcal{A}$ 是一个 Artifact 模式，$a_{\mathcal{A}}$是 $\mathcal{A}$ 的实例，对 $a_{\mathcal{A}}$进行一个简化变换 ε 得到 $\mathcal{A}$ 的简化实例 $a_{\mathcal{A}}^{*}$，变换方法为 $a_{\mathcal{A}}$属性值为空时，将它的值变换为 0，否则将它的值变换为 1。

例如，表 6.1 中给出的 Artifact 中的实例简化后形式如表 6.3 所示。表中列名 A_1、A_2、A_3、A_4和 A_5分别表示属性名 ID、basic attributes、Leader1、Leader2-1 和 Leader2-2。

表 6.3 对实例简化后的 Artifact

A_1	A_2	A_3	A_4	A_5	TimeStamp
1	0	0	0	0	2011-04-02
1	1	0	0	0	2011-04-02
1	1	1	0	0	2011-04-03
1	1	1	1	1	2011-04-04
1	1	1	1	1	2011-04-05

另外，由于表示业务要求模型的 Petri 网中使用了辅助库所和变迁，因此状态类图中有一些状态类节点是状态变化的过渡节点，可以去掉。例如，表 6.2 中从状态类 C_2 到 C_3，状态类标识中与 Artifact 属性有对应关系的库所中令牌数没有变化，只是辅助库所的令牌发生了变化，并且状态类 C_2 下具有发生权的变迁是一个辅助变迁，因此在判定 Artifact 有效性时，状态类节点 C_2 可以省略。将状态类图进行上述处理后，就可以保证每一个 Artifact 实例中属性的赋值状态只与状态类图中的一个节点相对应。

设模式 $\mathcal{A}(U, \tau)$，$A_{\mathcal{A}}(i, \text{TS}, S_{\mathcal{A}}, \lambda)$ 为 $\mathcal{A}$ 的一个 Artifact，其中 $S_{\mathcal{A}}=\{a_1, a_2, \cdots, a_n\}$，时间戳分别为 $\text{TS}'=\{\sigma_1, \sigma_2, \cdots, \sigma_n\}\subset\text{TS}$。经简化后得到 Artifact $A_{\mathcal{A}}^*$，其中 $A_{\mathcal{A}}^*=\{a_1^*, a_2^*, \cdots, a_n^*\}$，假定是实例按照时间戳升序排列。用 $a_i^* \xrightarrow[t]{\sigma_{i+1}-\sigma_i} a_{i+1}^*$ 表示在简化的 Artifact 中实例 a_i^* 由变迁 t 经过时间间隔 $\sigma_{i+1}-\sigma_i$ 后变化到 a_{i+1}^*。这种变化是否满足业务要求需要从两方面来判断，一方面是在状态类图中能找到标识与 a_i^* 和 a_{i+1}^* 有对应关系的状态类节点 C_i 和 C_{i+1}，且 C_{i+1} 是 C_i 的直接后继节点；另一方面是判断 $\sigma_{i+1}-\sigma_i$ 是否在 D_i 的解的范围之内。基于这一思想给出算法 6.1，用来判定一个完备的 Artifact 的有效性。

算法 6.1 判定一个完备的 Artifact 的有效性。

输入：由 Artifact 模式 $\mathcal{A}(U, \tau)$ 的业务要求模型 $\mathcal{M}(\text{PN}; f, \text{TC})$ 计算得到的状态类图 $G(V, E)$，由一个完备的 Artifact $A_{\mathcal{A}}$ 经简化后得到 $A_{\mathcal{A}}^*$；

输出：$A_{\mathcal{A}}$ 的有效性；

用邻接表结构存储状态类图 G。

```
Validity(G,A_A^*)
Begin
    (1)将 A_A^* 中的每一个简化实例 a_i^* 作为一个 k 维向量a_i^*，k 是简化后的属性的个数，设
       A_A^* 中共有 n 个实例，且按时间升序，a_i^* 的时间戳为σ_i；
    (2)for(i=1; i<n; i++)
    (3)   在邻接表的表头节点中根据映射关系 f 查找与a_i^* 在对应属性上值(0 或 1)完全
```

相等的节点；

(4) 若没找到则 A_A无效，跳出循环，否则

(5) 设找到的节点为 CP，在以 CP 为头节点的单链表中根据映射关系 f 查找与a_{i+1}^*在对应属性上值相等的节点；

(6) 若没找到则 A_A无效，否则

(7) 设找到了节点 CQ 与a_{i+1}^*在对应属性上值相等；

(8) 若$\sigma_{i+1}-\sigma_i$不在 CP 的域不等式集合 D 的解的范围之内，则 A_A无效；

(9)endfor

(10) if($i==n$)输出“A_A有效”；

End

定理 6.3 算法 6.1 正确地判定了一个完备的 Artifact 的有效性。

证明：(可终止性)算法 6.1 中 for 循环的次数取决于完备的 Artifact A_A中实例的个数 n，而一个 Artifact 模式中属性的个数是有限的，因此 n 是有限的，for 循环将执行 $n-1$ 次。另外，由于状态类图的节点个数是有限的，因此在循环体中查找节点的过程是可终止的。综上，算法 6.1 是可终止的。

(正确性)状态类图 G 中包含了一个 Artifact 模式中属性的所有可能赋值状态、赋值顺序和时间要求。因此，若 Artifact A_A有效，则首先对于每一个简化实例在 G 中一定能根据映射关系 f 查找到相对应的节点，若找不到则说明该实例的赋值状态是一个无效状态。其次，如果找到了相对应的状态类节点，该节点的时间域 D 表达了它和它的直接后继节点之间的时间约束不等式关系，也就是该节点对应的 Artifact 实例发生变化时的业务要求。若 Artifact 实例发生变化的时间间隔不满足 D，则说明 Artifact 实例的时间戳无效。因此，算法 6.1 从一个完备的 Artifact 中各个实例的赋值状态有效和时间戳有效两方面判定了每个实例是否满足状态类图给出的业务要求，也就判定了一个完备的 Artifact 的有效性。

若要判定的 Artifact 不是完备的，则算法 6.1 无法正确判定有效性，因为一个不完备的 Artifact 中并不一定包含同一标识符下的所有 Artifact 实例，因此无法确定从一个实例变化到另一个实例的中间状态是否有效，从而无法判定 Artifact 的有效性。

时间复杂度分析：状态类图 G 采用邻接表存储，则图中每个节点对应一个单链表，每个单链表的长度是该节点的出度。设图中有 m 个节点，则每个节点的出度小于 m。对于 Artifact 中的每一个实例，查找图 G 中相应的表头节点最坏情况比较次数为 m，在其单链表中查找直接后继节点的最坏情况比较次数为 $m-1$，并且求解时间不等式也可以在多项式时间完成。因此，for 循环的循环体时间复杂度为 $O(m)$，而算法 6.1 的总的时间复杂度为 $O(m\times n)$，n 是 Artifact 中的实例个数。

例如，根据算法 6.1，可以判定表 6.3 给出的简化 Artifact 中的实例都是有效

的，从而表 6.1 给出的完备的 Artifact 是有效的。如果表 6.1 和表 6.3 中最后一个实例的时间戳是 2011-04-07，则可以判定 Artifact 不是有效的，因为最后一个实例的时间戳与其前一个实例的时间戳(2011-04-03)之间的时间间隔为 4，不是状态类图中相应状态下的不等式 $0\leqslant\theta_4\leqslant3$ 的解，即最后一个实例违反了业务要求模型中变迁时间间隔的定义。

第 7 章　业务流程中 Artifact 的可达性分析

在以 Artifact 为中心的业务流程管理中，关键 Artifact 综合了流程的控制流与信息流，对流程的跟踪、监控、分析和改进等管理起关键作用。因此，对于给定的 ArtiFlow 模型，验证关键 Artifact 生命周期在模型中的可达性是 ArtiFlow 模型检查的重点研究内容。本章首先给出 Artifact 生命周期可达性的概念。然后分别按照 Artifact 属性划分、基于 Artifact 属性子集的业务关联规则、基于 Petri 网分析获得 Artifact 有效生命周期过程、Artifact 生命周期可达性验证算法来介绍验证 Artifact 生命周期可达性的方法[24]。

7.1　Artifact 生命周期可达性的概念

以 Artifact 为中心的业务流程管理，与传统工作流管理思想最大的不同在于 Artifact 存在一定的生命周期，它包含一个信息模型和一个生命周期模型[6-8]。信息模型记录了在业务流程过程中的重要业务信息，具体表现为所定义的一系列的属性名称及属性类型。Artifact 的状态体现为它的各个属性取值的情况。Artifact 的属性类型可以定义为简单的原子数据类型，也可以是嵌套数据类型。对于给定某一属性的数据类型，从理论上来说其属性取值的域是无限的。这样对于给定的 Artifact，它就会有无限多个状态。为了验证可行性，本章限定 Artifact 属性仅分为有值与无值两种状态。

Artifact 生命周期模型标志着业务流程的进度。因此，Artifact 生命周期在给定的 ArtiFlow 模型中是否可达，就可以决定 ArtiFlow 模型所描述业务流程的正确性。

根据 Artifact 的信息模型来获得其生命周期模型，再验证其在 ArtiFlow 模型中生命周期是否可达，是本章讨论的 Artifact 生命周期可达性验证的核心思想。下面给出 Artifact 生命周期可达性的定义。

定义 7.1　给定一个 ArtiFlow 模型 $G=(N, \Gamma, S, R, C, \mathrm{BR})$，指定 Artifact 类型为 C，$C\in\Gamma$，分析得到 C 实例的全部有效生命周期过程为有穷集合 P，当指定 G 中产生 C 实例的服务为 S_s，$S_s\in S$，对 C 实例归档的服务 S_e，$S_e\in S$。满足对于 P 中的每一个有效生命周期过程都能使 C 的实例从 S_s 由传输管道传输经过若干库和服务后到达 S_e，称 C 的实例在 G 中生命周期是可达的或 G 完全满足 C 实例有效生命周期过程，使用符号表示为 $G|=P[C]$。

以上定义说明了在指定 ArtiFlow 模型中，Artifact 生命周期可达性的特征。定义中涉及的 Artifact 有效生命周期过程的概念会在后续章节给出。

7.2 Artifact 属性划分

属性划分是验证 Artifact 生命周期可达性方法的第一步。在 ArtiFlow 模型中服务用于对 Artifact 进行操作。根据服务对 Artifact 属性的操作情况，定义三种操作类型来代表服务的行为，$O_{type}=\{assign, modify, read\}$。assign 表示服务对 Artifact 属性进行赋值，Artifact 的状态将从无值状态变为有值状态；modify 表示对属性的值进行修改，read 表示读取属性的值，这两种操作不会使 Artifact 的状态发生变化。

为了侧重讨论 Artifact 生命周期可达性验证方法和研究重点，给出 ArtiFlow 模型中可达服务的定义。

定义 7.2　一个可达服务为 3 元组(N, Σ, ∂)，其中 N 为可达服务的名称，Σ 为可达服务所操作的 Artifact 类型的有穷集合，∂为映射：$\Sigma \rightarrow 2^A \times O_{type}$，设 C 为一个 Artifact 类型，$C \in \Sigma$ 且 C 的属性集合为 A，O_{type} 为操作类型的集合，∂表示可达服务对 C 属性子集的具体操作类型。

在餐馆 ArtiFlow 模型中，重新定义创建账单(Create GC)的可达服务为(Create GC, {GC, Table}, ∂)，其中 ∂(GC) = ({CheckID, Name, Tel, PeopleNumber, TableID, Waiter}, assign)，∂(Table)=({Status}, modify)。这说明服务 Create GC 对 GC 类型的 Artifact 属性 CheckID、Name、Tel、PeopleNumber、TableID、Waiter 进行赋值操作，并修改 Table 类型 Artifact 的 Status 属性。

定义 7.3　给定 Artifact 类型 C，其属性集合为 A，在 ArtiFlow 模型中操作涉及 C 的全部可达服务为 $S=\{S_1, S_2, \cdots, S_m\}$，$m$ 为正整数且 $m \geqslant 1$，已知 S 中操作类型为 assign 的可达服务为 n 个，将 C 的属性集 A 划分为 n 个两两互不相交的子集 $A_1, A_2, \cdots, A_n$，其中 n 为正整数，$n \in [1, m]$，满足 $A_1 \cup A_2 \cdots \cup A_n = A$，称集合 $\{A_1, A_2, \cdots, A_n\}$为 C 的一个属性划分，表示为 D_v，其中的每一项称为 C 的一个属性子集。

将一个 Artifact 类型进行属性划分后，它的每一个属性子集都对应着给该属性子集中所有属性进行赋值操作的可达服务。对 GC 类型进行属性划分为 $D_v=\{A, B, C, D\}$，其中 $A=$ {CheckID, Name, Tel, PeopleNumber, TableID, Waiter}，$B=$ {Dishes}，$C=$ {Status}，$D=$ {Payee, Date, Total}。属性子集 A 对应的赋值可达服务为 Create GC，属性子集 B 对应的赋值可达服务为 AddItems，属性子集 C 对应的赋值可达服务为 Delivery，属性子集对应的赋值可达服务为

CheckOut。

7.3　基于 Artifact 属性子集的业务关联规则

以 Artifact 为中心的业务流程管理思想是以 Artifact 为核心，流程中的各个业务活动对 Artifact 的属性进行赋值、修改等操作。ArtiFlow 模型中可达服务是对现实业务活动的描述，根据 ArtiFlow 业务规则，可达服务在对 Artifact 某一属性子集中的属性赋值前，要求其他若干属性子集中的属性已经有值。这体现出 Artifact 属性划分后的属性子集间存在业务上的关联关系或依赖性，这是由实现的业务需求决定的。

定义 7.4　给定 Artifact 类型 C，其属性集合为 A，D_v为 C 的属性划分且 $D_v=\{A_1, A_2, \cdots, A_n\}$。根据业务规则，对于类型 C 的实例，当给 A_t赋值前，要求 A_{x_1}，A_{x_2}，…，A_{x_i} 已经有值，其中 $x_i \in [1,n]$，i 为正整数且 $i \in [1,n]$，$A_{x_i} \in D_v$，$A_t \in D_v$，$t \in [1,n]$，$x_i \neq t$，则称属性子集 A_t与属性子集 A_{x_1}，A_{x_2}，…，A_{x_i} 之间存在着业务关联规则，表示为 $A_{x_1}, A_{x_2}, \cdots, A_{x_i} \rightarrow A_t$。

Artifact 属性子集间的业务关联规则说明唯一的一个属性子集与其他若干属性子集间的业务关联或依赖关系。Artifact 属性子集间的业务关联规则是属性划分 D_v上的二元关系。对于一个业务关联规则 $A_1, A_2, \cdots, A_n \rightarrow A_t$，式子左边的属性子集 A_1，A_2，…，A_n称为关联项，关联项中属性子集的个数称为关联项数，右边的属性子集 A_t称为被关联项，表示属性子集 A_t直接关联于属性子集 A_1，A_2，…，A_n。对于属性子集 A_i和 A_j，若存在若干业务关联规则 $A_i \rightarrow A_{i+1}$、$A_{i+1} \rightarrow A_{i+2}$、$A_{i+2} \rightarrow A_{i+n}$、$A_{i+n} \rightarrow A_j$，则称属性子集 A_j间接关联于属性子集 A_i。

在流程设计阶段通过和企业业务管理者的共同分析，可以获得指定 Artifact 类型上的全部业务关联规则。但是，企业业务人员往往从业务管理的角度来描述属性划分和属性子集间的业务关联关系，这样得到的业务关联规则过于冗余，增加了后续验证的复杂程度。因此，需要对最初获得的业务关联规则进行化简。

定义 7.5　对于给定一个确定的业务关联规则，$A_1, A_2, \cdots, A_n \rightarrow A_t$，对于关联项属性子集 A_1，A_2，…，A_n，如果其中任意两个属性子集 A_i和 A_j，它们之间都不存在直接或间接业务关联关系，那么称 $A_1, A_2, \cdots, A_n \rightarrow A_t$为最简业务关联规则。否则，它就是可化简的。当关联项数是 1 时，称为原子业务关联规则。

由以上的定义可知，对于形式如 $A_1 \rightarrow A_2$的业务关联规则属于原子业务关联规则，对于最简业务关联规则 $A_1, A_2, \cdots, A_n \rightarrow A_t$，等价于若干原子关联规则 $A_1 \rightarrow A_t$，$A_2 \rightarrow A_t$，…，$A_n \rightarrow A_t$。已知 Artifact 类型 C 属性子集间的全部业务关联规则的集合为 T，若 T 中存在若干关联项相同的业务关联规则，则 T 是冗余的。

因此，在 T 化简前首先要消除 T 的冗余性。消除 T 的冗余性就是对具有相同关联项的业务关联规则进行合并，使得在 T 中每一个业务关联规则的关联项都是唯一的。

对 T 消除冗余后可以采用以下方法进行化简。

依次从关联项数最少的业务关联规则向关联项数逐渐增多的业务关联规则进行以下处理，直到 T 中的全部业务关联规则都处理完毕：

(1)从 T 中取业务关联规则 $A_1, A_2, \cdots, A_n \to A_t$。

(2)取关联项最左边的属性子集 A_x。

(3)依次判断 A_x 和 A_x 右边相邻的每一个属性子集 A_y，若在业务关联规则集合 T 中，属性子集 A_y 直接或者间接关联于属性子集 A_x，则从 $A_1, A_2, \cdots, A_n$ 中消去 A_x，并转向(2)；若属性子集 A_x 直接或间接关联于属性子集 A_y，则消去 A_y；若 A_x 和 A_y 之间不存在业务关联规则，则继续处理 A_x 右边相邻的属性子集，直到将关联项中的属性子集全部处理完毕。最终，获得最简业务关联规则。

综合以上概念，为了重点研究给定 Artifact 的生命周期过程，给出基于属性划分的 Artifact 类型定义。

定义 7.6 一个属性划分 Artifact 类型为 6 元组$(C, A, D_v, T, S, \gamma)$，其中 C 为类型名称，A 为属性的有穷集合，D_v 为属性划分，T 为 D_v 中属性子集间业务关联规则的有穷集合，S 为与 C 相关可达服务的有穷集合，γ 为完全映射：$D_v \to 2^S$，表示划分 D_v 中给每一属性子集进行赋值操作的可达服务。

通过对 Artifact 类型进行属性划分和分析属性子集间的业务关联规则，其目的是使用 Petri 网分析服务对 Artifact 属性子集赋值的先后次序关系，以便达到获得其完整生命周期。但是，Petri 图形上的直观性与业务关联规则表示形式上的不一致，给转换带来困难与不便。为了更直观地分析划分后属性子集间的业务关联规则，使其更容易转换为 Petri 网，可以使用业务关联规则图来形象地描述出划分后属性子集间的业务关联关系。

定义 7.7 给定 Artifact 类型 C，属性划分 D_v，业务关联规则集合为 T，以 D_v 中的各个属性子集为节点，按照 T 中每一个业务关联规则 $A_1, A_2, \cdots, A_n \to A_t$，分别画从节点 $A_1, A_2, \cdots, A_n$ 到节点 A_t 的有向弧所形成的有向无环图称为 Artifact 类型 C 的业务关联规则图。

7.4 基于 Petri 网分析获得 Artifact 有效生命周期过程

在 ArtiFlow 模型中，对于给定 Artifact 的某一属性子集，可能对应多个赋值的可达服务，但是根据业务规则，在一次流程执行过程中只是其中的一个可达服务对 Artifact 进行赋值操作；另外，有些可达服务仅是对 Artifact 的某些属性进行读取，而有些可达服务要对 Artifact 属性进行修改。这样，仅依据赋值操作类型的可达服务为标准的属性划分，不能体现出读取或修改属性子集的服务。因此，根据前面给出的三种操作类型和能够完整刻画业务流程中 Artifact 生命周期过程，需要对 Artifact 类型添加虚属性子集。

定义 7.8　给定一个属性划分 Artifact 类型$(C, A, D_v, T, S, \gamma)$，类型名称为 C，$S=\{S_1, S_2, \cdots, S_n\}$，$n$ 为正整数且 $n\geqslant 1$。对于操作类型为 modify 或 read 的可达服务 S_i 为(S_i, Σ, ∂)，$i\in[1,n]$，$C\in\Sigma$，$\partial(C)=(A, \text{read})$或$\partial(C)=(A, \text{modify})$。新建一个包含唯一元素的集合 $V_1=\{V_a\}$，V_a的类型为二元组(N_v, ℓ)，其中 N_v为名称，ℓ为集合 A。将 V_1添加入 C 的属性划分 D_v中，对于 C 的实例，当 V_a 有值时表示可达服务 S_i读取或修改了属性 A 中属性的值，则 V_1中的元素 V_a称为 C 的虚属性，V_1称为 C 的虚属性子集。

对虚属性进行赋值，间接表示出了可达服务读取或修改虚属性所对应实际属性的值，将那些操作类型为 modify 或 read 的可达服务统一变为操作类型为 assign 的服务。在添加虚属性和虚属性子集后，还需要对业务关联规则集进行完善，以便让新加入的虚属性子集也出现在业务关联规则集中。使用以下方法完善业务关联规则集。

类型名称为 C 的属性划分 Artifact 类型$(C, A, D_v, T, S, \gamma)$，对 D_v中的每个虚属性子集 V_i重复进行以下处理。

(1)V_i中虚属性类型为(N_v, ℓ)，其中$\ell=\{a_1, a_2, \cdots, a_n\}$，$n\geqslant 1$，依次处理$\ell$每一属性 a_i，若 $a_i\in A_t$，且 $A_t\in D_v$，A_t为 C 的一个属性子集，则添加新业务关联规则 $A_t\rightarrow V_i$到 T 中。

(2)对完善后的业务关联规则集 T 去除冗余并化简。

餐馆的 ArtiFlow 业务流程模型中，指定验证生命周期的 Artifact 类型为(GuestCheck, A, D, T, S, γ)，其中属性为 $A=\{$CheckID, Name, Tel, PeopleNumber, TableID, Waiter, Dishes, Status, Payee, Date, Total$\}$。与 GuestCheck 类型相关的可达服务为 $S=\{S_1, S_2, S_3, S_4\}$，S_1为创建顾客账单的可达服务 Create GC，对属性子集{CheckID, Name, Tel, PeopleNumber, TableID, Waiter}中的属性赋值；S_2为顾客点菜的业务活动 AddItems，对属性子集{Dishes}中的属性赋值；S_3为给顾客送菜的可达服务 Delivery，不仅读取属性 CheckID, TableID 和 Dishes 的值，而且还对属性子集{Status}中的属性进行赋值；S_4为顾客结账可达服务 CheckOut，对属性子集{Payee, Date, Total}中的属性赋值。针对可达服务 S_3，添加属性为 V_{Delivery}，类型为(Delivery, {CheckID, TableID, Dishes})，虚属性子集为 $V_t=\{V_{\text{Delivery}}\}$，因为 CheckID$\in A_1$，TableID$\in A_1$，Dishes$\in A_2$，所以，虚属性子集的业务关联规则为 A_1, $A_2\rightarrow V_t$，因为存在业务关联规则 $A_1\rightarrow A_2$，最终化简为 $A_2\rightarrow V_t$。由于服务 S_3对虚属性 V_{Delivery}和属性 Status 赋值，因此修改属性子集 A_3为 $A_3=\{$Status, $V_{\text{Delivery}}\}$。最终属性划分为 $D_v=\{A_1, A_2,$

A_3, A_4},A_1={CheckID, Name, Tel, PeopleNumber, TableID, Waiter},A_2={Dishes},A_3={Status},A_4={Payee, Date, Total}。

业务关联规则集为 $T=\{A_1\to A_2, V_2\to A_3, V_3\to A_4\}$。属性子集与给其赋值的可达服务间的关系为 $\gamma(A_1)=\{S_1\}$,$\gamma(A_2)=\{S_2\}$,$\gamma(A_3)=\{S_3\}$,$\gamma(A_4)=\{S_4\}$。业务关联规则图如图 7.1 所示。

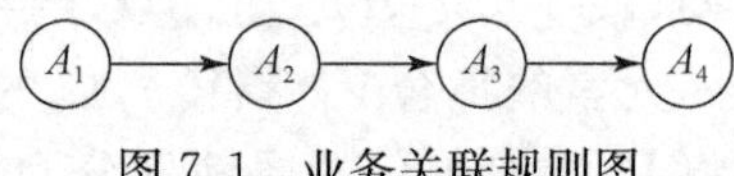

图 7.1　业务关联规则图

得到业务关联规则图后,可以方便地将其转换为简单 Petri 来分析。给定一个属性划分 Artifact 类型(C, A, D_v, T, S, γ),C 为类型名称,A 为属性集合,D_v为属性划分,T 为业务关联规则集,S 为与 C 相关的可达服务集,γ 为对每一属性子集赋值的可达服务。转换规则如下:

(1)定义一个简单 Petri 网为 PN(P, T, F, W, M_0)。S 中的可达服务表示为 N 中的变迁 T;划分 D_v中的属性子集对应为 N 中的库所 P 集合,库所的容量是 1,当库所中存在令牌时表示此属性子集中的属性都已赋值。

(2)根据业务关联规则图和 γ,对于业务关联规则图中的属性子集 $A_t\in D_v$,A_t 的业务关联规则为 A_1, A_2, …, $A_n\to A_t$,则在 N 中添加变迁 $\gamma(A_t)$,其输出库所为属性子集 A_t所对应的库所;若 A_t在业务关联规则图中入度为零,则新添加的变迁 $\gamma(A_t)$无输入库所,否则,其输入的库所为属性子集{A_1, A_2,…, A_n}所对应的库所。为保证新添加的变迁 $\gamma(A_t)$发生后其触发变迁库所中的令牌不消失,就需要将属性子集{A_1, A_2,…, A_n}所对应的库所也作为新添加变迁 $\gamma(A_t)$的输出库所。

根据以上转换规则,GuestCheck 类型生命周期可达性分析的 Petri 网如图 7.2 所示。

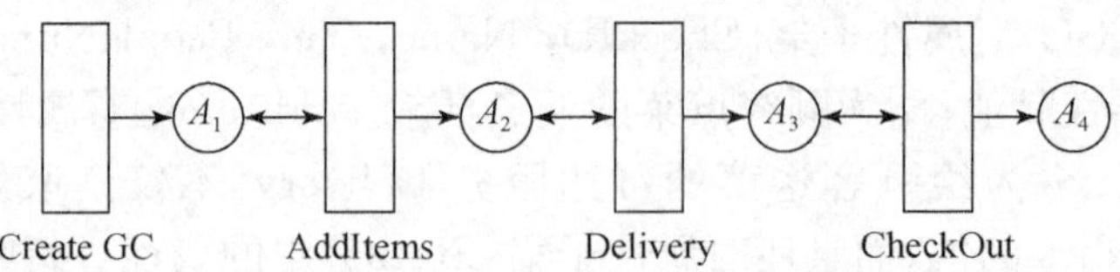

图 7.2　GuestCheck 类型生命周期可达性分析的 Petri 网

采用 Petri 网可达图分析属性赋值变化的情况。以上获得的 Petri 网的可达图如图 7.3 所示。

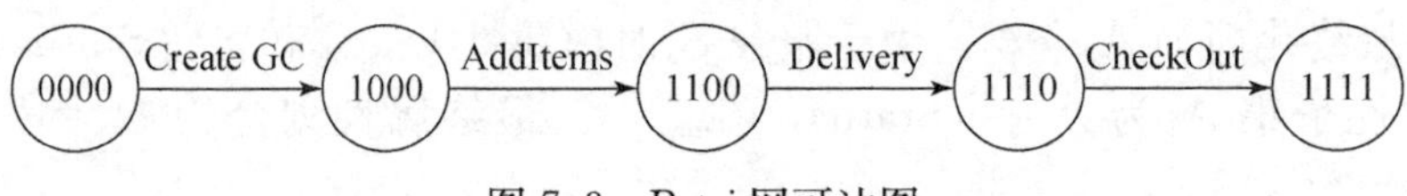

图 7.3　Petri 网可达图

根据状态可达图，从初始标识 $M_0=(0,0,0,0)$ 开始，当经过若干变迁到达标识 $M_F=(1,1,1,1)$ 时，Artifact 的全部属性都被赋值，即完成了其生命周期，表示为 $M_0[\sigma>M_F$，其中变迁序列 $\sigma=$ Create GC, AddItems, Delivery, CheckOut，为 Artifact 完成生命周期过程中所经过的全部服务。借助 Petri 网状态可达图能够得到全部生命周期过程。以下给出 Artifact 有效生命周期过程的概念。

定义 7.9　给定一个属性划分 Artifact 类型$(C, A, D_v, T, S, \gamma)$和 ArtiFlow 模型 G，C 为类型名称，D_v为属性划分，A 为属性集，T 为业务关联规则集，S 为操作涉及 C 的可达服务集，γ 为 D_v中每个属性子集所对应的赋值可达服务。根据业务关联规则，创建名称为 PN 的 Petri 网进行分析，从初始标识 M_0到最终标识 M_F，形成的每一个变迁序列 $\sigma= t_1, t_2, \cdots, t_n$，称为 C 的一个有效生命周期过程。

令 P 表示全部有效生命周期过程的集合，即 P 为 Petri 网 PN 的全部变迁序列的集合 $L(\mathrm{PN}, M_0)$。在餐馆 ArtiFlow 业务流程模型中，GuestCheck 类型实例有效生命周期过程为 $P=\{p_1\}$，其中 $p_1=$ Create GC, AddItems, Delivery, CheckOut。

7.5　Artifact 生命周期可达性验证算法

给定一个 ArtiFlow 模型中，为了实现程序自动化验证，设计以下算法验证关键 Artifact 生命周期是否可达。

首先，算法将 Artifact 的一个有效生命周期过程存入列表 p 中；其次，设置变量 tnode 指向模型中产生 Artifact 的可达服务；然后，开始与 p 中的可达服务逐个进行比较，如果 tnode 所指向的可达服务与列表 p 中第一个可达服务相同，则从列表 p 中取第二个可达服务，比较是否与 tnode 相邻的可达服务相同。当 p 中可达服务都比较完后，表示当前有效生命周期过程在模型中是可达的，否则不可达。当全部有效生命周期过程都是可达的时，则可达，否则不可达。

算法 7.1　生命周期可达性验证算法 CheckReachability。

输入：ArtiFlow 模型 G、C 的有效生命周期过程集 C_p、G 中开始可达服务 S_s；

输出：真值。如果验证 C 的实例在 G 中生命周期可达则输出 true，否则输出 false。

```
CheckReachability(ArtiFlow G, list Cp, service Ss)
Begin
    (1)n=G.L.length;                              //第一部分，去除库元素
    (2)for(i=0 ; i<n; i++)   do
    (3)        node=G.L[i];
    (4)   if(node 类型为 service)   then          /*只处理模型中的可达服务元素，去
```

```
(5)      m=node.connectionrsfrom.length;  除模型中的库元素 */
(6)      for(j=0; j<m; j++) do
(7)          con=node.connectionsfrom[j];
(8)          repnode=con.to;
(9)             x=repnode.connectionsfrom.length;
(10)       for(t=0; t<x; t++)  do
(11)           sercon= repnode.connectionsfrom[t];
(12)           node.servicelist.add(sercon.to);
(13)       endfor;
(14)     endfor;
(15)  endif;
(16)endfor;
(17)设置变量 conut=0;                 //记录验证通过的有效生命周期过程数目
(18)  CP=Cp.length;                   //第二部分,验证有效生命周期过程
(19)while(Cp不为空)  do               //判断当前取出的有效生命周期过程
(20)     从 Cp取出一个有效生命周期过程,存于线性表 p;
(21)     将 p 从 Cp删除;
(22)     Lp= p.length;
(23)     tnode=Ss;
(24)     i=0;
(25)     新空列表变量 TL,初始为空;
(26)     TL.add(tnode);
(27)     while(i <Lp)  do
(28)         xnode=Lp[i];
(29)         从 TL 中检索出与 xnode 相同的元素,并存于变量 Nd;
(30)         if(Nd 不为空 )  then
(31)                 i++;
(32)                 TL=tnode.servicelist;
(33)             else
(34)                 goto (20);
(35)             endif;
(36)     endwhile;
(37)     count++;
(38)endwhile;
(39)if(count==CP)  then 输出 true;
(40) else  输出 false;
End
```

在算法 7.1 过程描述中,第(1)～(16)行是抽取出 ArtiFlow 模型中的可达服

务，便于对模型中可达服务元素的访问。第(19)～(38)行是根据一个有效生命周期过程中的可达服务序列，遍历 ArtiFlow 模型，以判断 Artifact 生命周期是否可达。由于 G 中只存在可达服务元素和库元素两类节点，设 G 中可达服务与库元素总数目为 X，关键 Artifact 生命周期数目为 n。当 G 中存在完全并发结构时，可达服务元素数目为 $X-1$，算法第一部分最多执行 $(X-1)\times(X-2)$ 次，算法第二部分最多执行 $n\times(X-1)!$ 次；当 G 中存在完全串行结构时，可达服务数目为 $X/2$，算法第一部分最多执行 $X/2$ 次，第二部分最多执行 $n\times(X/2)$ 次。因此，通常情况下，算法的复杂程度与模型中可达服务元素的数目和模型结构有关，它由 ArtiFlow 模型结构与可达服务元素数目共同决定。

第8章　业务流程模型结构相似性分析

流程模型相似性度量是应对大规模业务流程模型管理的一种方法，通过对不同的业务流程模型的活动、结构或行为进行比较，计算它们之间的相似性，从而为业务流程模型的检索、复用、去重等管理任务提供理论基础。

与传统的以过程为中心的业务流程相似，为了有效地管理和使用已有流程模型，以 Artifact 为中心的业务流程模型结构相似性研究是一个关键性问题。本章首先给出以 Artifact 为中心的业务流程二部图模型的形式化定义，然后给出相应的相似性图匹配算法[29,30]。

8.1　引　　言

业务流程模型是企业的宝贵财产，为企业流程重组、流程优化等提供重要的数据资源。因此，有效地管理和使用流程模型库具有重要的实际意义。为了减少流程模型冗余，提高客户搜索流程模型的效率，业务流程模型相似性成为目前的研究热点。同时，为了更好地对流程模型进行挖掘、流程整合以及模型分析等操作，计算两个流程模型之间的相似性或距离是一个重要的问题。

以 Artifact 为中心的业务流程模型是由一系列服务元素、库元素、传输管道元素以及 Artifact 类型通过一定的业务规则构成的。在以 Artifact 为中心的业务流程模型设计过程中，为了满足 Artifact 的生命周期可达性、唯一存在性和持久性，保证流程模型的正确性，流程模型设计过程中应遵循一些基本规则：

(1)在流程模型中，服务与服务之间不允许直接有传输管道连接。同样，库与库之间也不允许直接有传输管道连接。

(2)服务元素不允许存在传输相同 Artifact 的类型为读取的传输管道，也不允许存在传输相同 Artifact 的类型为写入的传输管道。

(3)服务元素中类型为读取的传输管道个数不超过服务元素中类型为写入的传输管道个数。

(4)任意一个 Artifact 类型都有其完整的生命周期，即沿着传输管道经过一条服务路径从它的产生服务到达归档服务。

(5)以 Artifact 为中心的业务流程模型中不允许有孤立的元素和结构。

8.2　以 Artifact 为中心的业务流程二部图模型

在以 Artifact 为中心的业务流程中，Artifact 是一个业务流程中的数据对象，对 Artifact 进行操作的过程就是业务基本的处理过程。为了更好地对以 Artifact 为中心的业务流程模型进行相似性研究，首先要解决的关键问题是如何用图形式化定义以 Artifact 为中心的业务流程。

根据上述流程模型设计规则和业务流程的性质，本节给出一种以 Artifact 为中心的业务流程二部图模型。与普通二部图有所不同的是，该二部图模型中每条边都是有向的，并且每条边上的标识为一个 Artifact 类型。

定义 8.1　设 T_1、T_2代表节点集合，$T_1 \cap T_2 = \varnothing$，设 S 为流程模型中服务节点集合，R 为流程模型中存放 Artifact 的库节点集合，f_1是 T_1到 S 的映射函数，f_2是 T_2到 R 的映射函数，以 Artifact 为中心的业务流程二部图模型为一个多元组 $G=(A, T_1, T_2, C, \mathrm{Me}, E, \gamma, \mu, w, f_1, f_2, f_3, f_4)$，其中：

(1)$A=\{a_1, a_2, \cdots, a_n\}$，代表流程模型中所有 Artifact 类型集合。

(2)$C \in (T_1 \times T_2) \cup (T_2 \times T_1)$，是有向边的集合，代表流程模型中的传输管道。

(3)$E=\{e_1, e_2, \cdots, e_n\}$，代表流程模型中所有事件的集合。

(4)$\mathrm{Me}=\{m_1, m_2, \cdots, m_n\}$，代表流程模型中所有消息的集合。

(5)$\gamma: T_1 \rightarrow A$ 代表从服务节点到 Artifact 类型集合的映射函数。

(6)$\mu: T_2 \rightarrow A$ 代表所有库节点到 Artifact 类型集合的映射函数。

(7)$w: C \rightarrow A$ 代表边到 Artifact 类型集合的映射函数。

(8)$f_1: T_1 \rightarrow S$ 代表 T_1到流程模型中服务节点的映射函数。

(9)$f_2: T_2 \rightarrow R$ 代表 T_2到流程模型中库节点的映射函数。

(10)$f_3: T_1 \rightarrow E$ 代表 T_1到流程模型中事件的映射函数。

(11)$f_4: E \rightarrow \mathrm{Me}$ 代表流程模型中事件到消息的映射函数。

设 G 为一个以 Artifact 为中心的业务流程二部图模型，n 为其中任意的一个节点，$n \in T_1$或 $n \in T_2$，$\cdot n=\{m \mid (m,n) \in C\}$表示节点 n 的前驱节点集合(即节点 n 的入度集合)，$n \cdot =\{m \mid (n,m) \in C\}$表示节点 n 的后继节点集合(即节点 n 的出度集合)。下面给出以 Artifact 为中心的业务流程二部图模型的相关性质。

性质 8.1　若 $n \in T_1$，$|\cdot n|$为节点 n 的入度数，$|n \cdot|$为节点 n 的出度数，则 $|\cdot n| \leqslant |n \cdot|$。

说明：根据以 Artifact 为中心的业务流程模型中服务元素和 Artifact 元素之间的相关性，服务节点读取 Artifact 类型个数小于等于服务节点写出 Artifact 类型个数。

性质 8.2 $\exists n \in T_2$使得$|\cdot n|=1 \wedge |n \cdot|=0$。

说明：在以 Artifact 为中心的业务流程中，Artifact 具有生命周期可达性和归档性。因此，必定存在一个节点 n 为库元素，使得节点 n 的入度为 1，出度为 0。

性质 8.3 $\forall m|(n,m) \in C$，如果 $m \in T_1$，那么 $n \in T_2$。反之，如果 $m \in T_2$，那么 $n \in T_1$。

说明：在以 Artifact 为中心的业务流程模型中，相同类型节点之间不能直接相连。因此，如果 $m \in T_1$，那么 $n \in T_2$。反之，如果 $m \in T_2$，那么 $n \in T_1$。

例如，餐馆业务流程用二部图模型描述如图 8.1 所示。其中，$R=\{R_1, R_2, \cdots, R_9\}$ 对应库节点集合{Waiter，Table，Active GC，Menu，Cash Balance，Completed GC，Active KO，Waiting KO，Completed KO}，$S=\{S_1, S_2, \cdots, S_5\}$ 对应服务节点集合{Create GC，Tender GC，Add Items and Create KO，Prepare KO，Deliver}，$A=\{a_1, a_2, \cdots, a_6\}$ 对应 Artifact 类型集合{Waiter，Table，GC，CB，Menu，KO}。

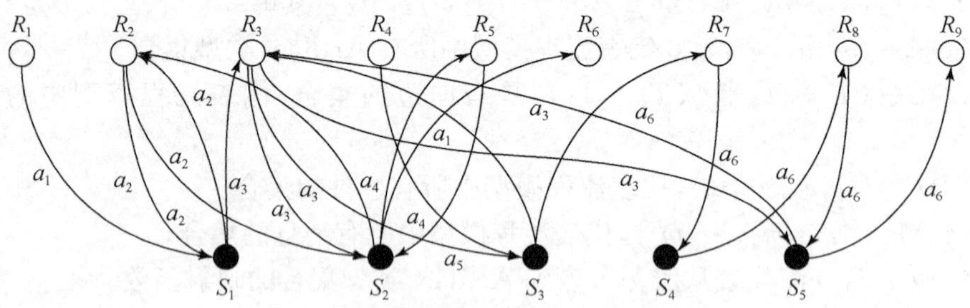

图 8.1 餐馆业务流程的二部图模型

8.3 二部图模型相似性机制

为了对图进行相似性比较，文献[31]定义了基于图编辑距离的机制。两个图的图编辑距离(graph edit distance)是指由一个图转换到另一个图所需的最小转换成本。图转换是由一系列基本的转换操作完成的，其中每一个基本操作都有自身的成本，通过成本函数给定。从概念上来看，一个图编辑距离算法必须使得这些转换操作最优化，以达到所消耗的总成本是最小的。最基本的转换操作包含节点替换、节点插入/删除和边的插入/删除。cs(can substitute)表示一个节点可以由另一个节点所替代。给定一对节点，如果 cs 为假，表示节点之间不存在相似性，标记为(⊥)；如果 cs 为真，那么节点之间的相似性由以 Artifact 为中心的业务流程二部图的节点相似性计算公式得出。

定义 8.2 设 m 和 n 分别为两个字符串，$|s|$ 表示字符串 s 的长度。m 和 n 的

字符串编辑距离 ed(m,n)表示由 m 转换到 n 所需原子字符操作(atomic string operations)的最小数，反之亦然。原子字符操作即插入、删除或替换一个原子字符。

定义 8.3　设 $A_i=\{a_1,a_2,\cdots,a_n\}$ 和 $A_j=\{a_1,a_2,\cdots,a_m\}$ 分别代表两个以 Artifact 为中心的业务流程中关键 Artifact 的属性集合，A_i 和 A_j 的相似度计算见式(8.1)：

$$\mathrm{Sim}(A_i,A_j)=\frac{|A_i\cap A_j|}{|A_i\cup A_j|} \tag{8.1}$$

其中，$|A_i\cap A_j|$ 为两个关键 Artifact 的属性集合的交集；$|A_i\cup A_j|$ 为两个 Artifact 属性集合的并集。根据定义 8.2，设 $\mathrm{ed}(\lambda_1(a_i),\lambda_2(a_j))$ 为关键 Artifact 的属性 a_i 和 a_j 的字符串编辑距离，其中 $1\leqslant i\leqslant n$，$1\leqslant j\leqslant m$，a_i 和 a_j 的相似度计算见式(8.2)：

$$\mathrm{Sim}(a_i,a_j)=\begin{cases}1-\dfrac{\mathrm{ed}(\lambda_1(a_i),\lambda_2(a_j))}{\max(|\lambda_1(a_i)|,|\lambda_2(a_j)|)}, & \mathrm{cs}(\tau_1(a_i),\tau_2(a_j))\\ \perp, & \text{其他}\end{cases} \tag{8.2}$$

定义 8.4　以 Artifact 为中心的业务流程二部图中服务节点由服务的输入、输出、服务执行的前提条件和服务执行产生的影响构成。服务 S_1 和 S_2 相似度计算公式见式(8.3)：

$$\begin{aligned}\mathrm{Sim}(S_1,S_2)=&\omega_1\times\mathrm{Sim}(\mathrm{in}_1,\mathrm{in}_2)+\omega_2\times\mathrm{Sim}(\mathrm{out}_1,\mathrm{out}_2)+\omega_3\times\mathrm{Sim}(\mathrm{pre}_1,\mathrm{pre}_2)\\&+\omega_4\times\mathrm{Sim}(e_1,e_2)\end{aligned} \tag{8.3}$$

其中，ω_i 为各部分相似度在服务相似度中所占的权值；in_1、in_2 分别代表服务 S_1 与服务 S_2 的输入信息；out_1、out_2 代表服务 S_1 与服务 S_2 的输出信息；pre_1 与 pre_2 分别表示服务 S_1 与服务 S_2 执行的前提条件；e_1 与 e_2 表示服务 S_1 与服务 S_2 执行后产生的影响。这四部分共同构成服务的功能属性，通过各部分的相似度比较，最终得出服务 S_1 与服务 S_2 的相似度。这四部分的相似度计算分别见式(8.4)～式(8.7)：

$$\mathrm{Sim}(\mathrm{in}_1,\mathrm{in}_2)=\begin{cases}1-\dfrac{\mathrm{ed}(\lambda_1(\mathrm{in}_1),\lambda_2(\mathrm{in}_2))}{\max(|\lambda_1(\mathrm{in}_1)|,|\lambda_2(\mathrm{in}_2)|)}, & \mathrm{cs}(\tau_1(\mathrm{in}_1),\tau_2(\mathrm{in}_2))\\ \perp, & \text{其他}\end{cases} \tag{8.4}$$

$$\mathrm{Sim}(\mathrm{out}_1,\mathrm{out}_2)=\begin{cases}1-\dfrac{\mathrm{ed}(\lambda_1(\mathrm{out}_1),\lambda_2(\mathrm{out}_2))}{\max(|\lambda_1(\mathrm{out}_1)|,|\lambda_2(\mathrm{out}_2)|)}, & \mathrm{cs}(\tau_1(\mathrm{out}_1),\tau_2(\mathrm{out}_2))\\ \perp, & \text{其他}\end{cases} \tag{8.5}$$

$$\mathrm{Sim}(\mathrm{pre}_1,\mathrm{pre}_2)=\begin{cases}1-\dfrac{\mathrm{ed}(\lambda_1(\mathrm{pre}_1),\lambda_2(\mathrm{pre}_2))}{\max(|\lambda_1(\mathrm{pre}_1)|,|\lambda_2(\mathrm{pre}_2)|)}, & \mathrm{cs}(\tau_1(\mathrm{pre}_1),\tau_2(\mathrm{pre}_2))\\ \perp, & \text{其他}\end{cases} \tag{8.6}$$

$$\mathrm{Sim}(e_1,e_2)=\begin{cases}1-\dfrac{\mathrm{ed}(\lambda_1(e_1),\lambda_2(e_2))}{\max(|\lambda_1(e_1)|,|\lambda_2(e_2)|)}, & \mathrm{cs}(\tau_1(e_1),\tau_2(e_2))\\ \perp, & \text{其他}\end{cases} \tag{8.7}$$

定义 8.5 以 Artifact 为中心的业务流程二部图中库节点相当于一个容器，服务对库执行读 Artifact 操作、写 Artifact 操作及修改 Artifact 操作，每个库中存放具有相同模式的一类 Artifact，库节点由库名称和库操作的 Artifact 类型构成。仓库节点相似度计算公式见式(8.8)：

$$\mathrm{Sim}(R_1,R_2)=\omega_1\times\mathrm{Sim}(n_1,n_2)+\omega_2\times\mathrm{Sim}(A_1,A_2) \tag{8.8}$$

其中，ω_i 为各部分相似度在库节点相似度中所占的权值；n_1、n_2 分别代表库元素 R_1 与 R_2 的名称描述信息；A_1、A_2 分别代表库元素 R_1 与 R_2 的操作 Artifact 类型描述信息。通过这两部分的相似度比较，最终得出库 R_1 与库 R_2 的相似度。这两部分的相似度计算分别见式(8.9)和式(8.10)：

$$\mathrm{Sim}(A_1,A_2)=\begin{cases}1-\dfrac{\mathrm{ed}(\lambda_1(A_1),\lambda_2(A_2))}{\max(|\lambda_1(A_1)|,|\lambda_2(A_2)|)}, & \mathrm{cs}(\tau_1(A_1),\tau_2(A_2))\\ \perp, & \text{其他}\end{cases} \tag{8.9}$$

$$\mathrm{Sim}(n_1,n_2)=\begin{cases}1-\dfrac{\mathrm{ed}(\lambda_1(n_1),\lambda_2(n_2))}{\max(|\lambda_1(n_1)|,|\lambda_2(n_2)|)}, & \mathrm{cs}(\tau_1(n_1),\tau_2(n_2))\\ \perp, & \text{其他}\end{cases} \tag{8.10}$$

定义 8.6 G_1 和 G_2 分别为两个以 Artifact 为中心的业务流程二部图，$N_1=\{T_1,T_2\}$，$N_2=\{T_1',T_2'\}$，其中，$Q: T_1 \nrightarrow T_1' \cup T_2 \nrightarrow T_2'$ 表示 G_1 和 G_2 部分节点之间的映射；$\mathrm{dom}(Q)=\{n_1|(n_1,n_2)\in Q\}$ 为 Q 的作用域；$\mathrm{cod}(Q)=\{n_2|(n_1,n_2)\in Q\}$ 为 Q 的值域。假设节点 $n_1\in N_1\cup N_2$，当且仅当 $n_1\in\mathrm{dom}(Q)$ 或 $n_1\in\mathrm{cod}(Q)$ 时，节点 n_1 可以被替换，sbn 代表被替换节点的集合。当且仅当 n_1 不能被替换时，节点 n_1 被插入或者删除，sn 代表所有被插入或删除节点的集合。设 $(n_1,m_1)\in E_1$ 是 G_1 的一条有向边，当且仅当 $(n_1,n_2)\notin Q\wedge(m_1,m_2)\notin Q\wedge(n_2,m_2)\notin E_2$，有向边 (n_1,m_1) 可从 G_1 删除或者插入 G_2，反之，G_2 中边的操作与 G_1 的操作相同，se 代表所有被插入或删除边的集合。设 $(n_1,m_1)\notin E_1$ 是 G_1 的一条有向边，当且仅当 $(n_1,n_2)\in Q\wedge(m_1,m_2)\in Q\wedge(n_2,m_2)\in E_2$，有向边 (n_1,m_1) 可以被修改，sbe 代表所有被修改的边的集合。根据映射 Q 可推导以 Artifact 为中心的业务流程二部图的图编辑距离(Aged)公式，见式(8.11)：

$$\mathrm{Aged}(G_1,G_2)=|\mathrm{sn}|+|\mathrm{se}|+|\mathrm{sbe}|+\sum_{(n_1,n_2)\in Q}(1-\mathrm{Sim}(n_1,n_2)) \tag{8.11}$$

定义 8.7 G_1 和 G_2 分别为两个以 Artifact 为中心的业务流程二部图，$N_1=\{T_1,T_2\}$，$N_2=\{T_1',T_2'\}$，其中，$Q: T_1 \nrightarrow T_1' \cup T_2 \nrightarrow T_2'$ 表示 G_1 和 G_2 部分节点间的映射；sbn 代表可替换的节点集合，sn 为可插入和删除节点的集合，se 代表可插入和删除边的集合，sbe 代表可被修改的边的集合；$0\leqslant \mathrm{wsubn}\leqslant 1$、$0\leqslant \mathrm{wskipn}\leqslant 1$、$0\leqslant$

wskipe⩽1、0⩽wsube⩽1 分别为 sbn、sn、se 和 sbe 的权值。根据 Q 可推导以 Artifact 为中心的业务流程二部图的图编辑相似性公式，见式(8.12)：

$$\mathrm{SimAged}(G_1, G_2) = 1 - \frac{v_1 + v_2 + v_3 + v_4}{w} \tag{8.12}$$

其中，$v_1 = \mathrm{wskipn} \times \mathrm{fskipn}$，$\mathrm{fskipn} = \frac{|\mathrm{sn}|}{|N_1| + |N_2|}$；$v_2 = \mathrm{wskipe} \times \mathrm{fskipe}$，$\mathrm{fskipe} = \frac{|\mathrm{se}|}{|E_1| + |E_2|}$；$v_3 = \mathrm{wsubn} \times \mathrm{fsubn}$，$\mathrm{fsubn} = 1 - \frac{\sum_{(n_1, n_2) \in Q} 1 - \mathrm{Sim}(n_1, n_2)}{|\mathrm{sbn}|}$；$v_4 = \mathrm{wsube} \times \mathrm{fsube}$，$\mathrm{fsube} = \frac{|\mathrm{sbe}|}{|E_1| + |E_2|}$；$w = \mathrm{wskipn} + \mathrm{wskipe} + \mathrm{wsubn} + \mathrm{wsube}$。

8.4　矩阵等价转换求解图编辑距离

为了计算两个以 Artifact 为中心的业务流程二部图的图编辑相似性，首先，要计算两个图的图编辑距离；然后，根据相似节点集合的映射关系；最终，求得两个图的相似度。基于以 Artifact 为中心的业务流程二部图的结构特性，可以构造服务节点和仓库节点的邻接矩阵，通过矩阵等价转换操作计算两个二部图的图编辑距离。

例如，G_2 转换成 G_1 需要的转换操作如图 8.2 所示。其中，E^+ 表示边的添加操作；E^- 表示边的删除操作；E^a 表示边的修改操作，修改操作包括边的方向修改和边的标识修改；N^+ 表示添加节点操作；N^- 表示删除节点操作；N^a 表示修改节点操作。

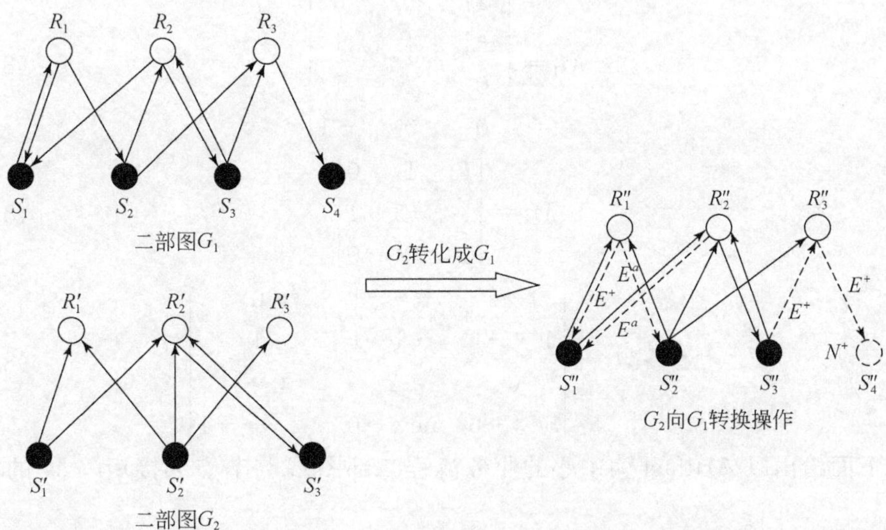

图 8.2　G_2 到 G_1 的转换操作示意图

构造以 Artifact 为中心的业务流程二部图的节点邻接矩阵 M,然后根据矩阵等价转换计算图编辑距离。设以 Artifact 为中心的业务流程二部图 G,服务节点集合 $S=\{s_1,s_2,\cdots,s_m\}$,$s_i\in S$,$0\leqslant i\leqslant m$;库节点集合 $R=\{r_1,r_2,\cdots,r_n\}$,$r_j\in R$,$0\leqslant j\leqslant n$;根据节点集合 S、R 构造一个二部图的节点有向邻接矩阵,如式(8.13)所示:

$$\begin{array}{c} \\ M= \end{array}\begin{array}{c} \\ S_1 \\ S_2 \\ S_3 \\ \vdots \\ S_m \end{array}\begin{array}{c} \begin{array}{ccccc} R_1 & R_2 & R_3 & \cdots & R_n \end{array} \\ \begin{bmatrix} a_{11} & a_{12} & a_{13} & \cdots & a_{1n} \\ a_{21} & a_{22} & a_{23} & \cdots & a_{2n} \\ a_{31} & a_{32} & a_{33} & \cdots & a_{3n} \\ \vdots & \vdots & \vdots & & \vdots \\ a_{m1} & a_{m2} & a_{m3} & \cdots & a_{mn} \end{bmatrix} \end{array}$$

其中,矩阵 M 的元素由以 Artifact 为中心的业务流程二部图的边集确定。节点有向邻接矩阵 M 中元素 a_{ij} 满足式(8.14):

$$a_{ij}=\begin{cases} 0, & \text{表示 } s_i \text{ 与 } r_j \text{ 之间无边关联,即 } s_i \nleftrightarrow r_j \\ 1, & \text{表示 } s_i \text{ 到 } r_j \text{ 有一条边,即 } s_i \rightarrow r_j \\ -1, & \text{表示 } r_j \text{ 到 } s_i \text{ 有一条边,即 } s_i \leftarrow r_j \\ 2, & \text{表示 } s_i \text{ 与 } r_j \text{ 之间有双重边,即 } s_i \leftrightarrow r_j \end{cases} \tag{8.14}$$

图 8.2 中 G_1 和 G_2 的节点邻接矩阵 M_1 和 M_2 如式(8.15)和式(8.16)所示。M_2 转换到 M_1 的矩阵等价变换操作如式(8.17)所示。通过矩阵等价变换操作,很容易求得 G_1 和 G_2 之间转换所需要的图编辑距离 $\mathrm{Aged}(G_1,G_2)$,进一步根据式(8.12)求得 G_1 和 G_2 的图编辑相似度。

$$M_1=\begin{bmatrix} 2 & -1 & 0 \\ -1 & 1 & 1 \\ 0 & 2 & 1 \\ 0 & 0 & -1 \end{bmatrix} \tag{8.15}$$

$$M_2=\begin{bmatrix} 1 & 1 & 0 \\ 1 & -1 & 1 \\ 0 & 2 & 0 \end{bmatrix} \tag{8.16}$$

$$M_2\rightarrow M_1=\begin{bmatrix} 1\rightarrow 2 & 1\rightarrow -1 & 0 \\ 1\rightarrow -1 & -1\rightarrow 1 & 1 \\ 0 & 2 & 0\rightarrow 1 \\ \text{new}\rightarrow 0 & \text{new}\rightarrow 0 & \text{new}\rightarrow -1 \end{bmatrix} \tag{8.17}$$

下面给出以 Artifact 为中心的业务流程二部图 G 与节点邻接矩阵 M 的相关性质。

性质 8.4 设以 Artifact 为中心的业务流程二部图 G 的节点总数为 N,M 行数为 row(M),M 列数为 col(M),有 $N=\text{row}(M)+\text{col}(M)$。

性质 8.5　设 M 中 a_{ij} 元素值的绝对值之和为 $\sum_{i=0}^{m}\sum_{j=0}^{n}|a_{ij}|$,以 Artifact 为中心的业务流程二部图 G 边的总数为 $\sum_{E_i\in G}E_i$,有 $\sum_{i=0}^{m}\sum_{j=0}^{n}|a_{ij}|=\sum_{E_i\in G}E_i$。

性质 8.6　设两个图的节点邻接矩阵分别为 M_1 和 M_2,则两个图的节点邻接矩阵相似度为 $\text{Sim}(M_1,M_2)=\frac{|M_1\cap M_2|}{\max(|M_1|,|M_2|)}$。其中,$|M_1\cap M_2|$ 为两个矩阵中元素的交集数,$\max(|M_1|,|M_2|)$ 为两个矩阵中元素最大数。

性质 8.7　设两个图的节点邻接矩阵分别为 M_1 和 M_2,则两个图的节点邻接矩阵等价转换成本 $\text{cost}(M_1,M_2)=\max(|\text{M}_1|,|\text{M}_2|)-|M_1\cap M_2|$。

性质 8.8　设 G_1、G_2 的图编辑距离为 $\text{Aged}(G_1,G_2)$,两个图的节点邻接矩阵等价转换成本为 $\text{cost}(M_1,M_2)$,有 $\text{Aged}(G_1,G_2)=\text{cost}(M_1,M_2)+\sum_{(n_1,n_2)\in M}(1-\text{Sim}(n_1,n_2))$。

8.5　ArtiMatch 算法

在传统的图匹配算法中,为了计算两个图的图编辑相似性,算法须遍历所有节点的映射关系,以便得到最大相似性的节点集,算法的时间复杂度为指数量级。本节提出的 ArtiMatch 匹配算法根据二部图结构特点将不同类型节点(服务节点 S 和库节点 R)分解。算法首先对不同类型节点进行相似性计算,对图节点进行局部映射匹配,很大限度上降低了节点的映射计算。下面给出了 ArtiMatch 算法的具体步骤:

(1)计算关键 Artifact 相似度,缩小模型匹配空间。

(2)根据服务节点相似性公式获得服务节点集合 S。

(3)根据库节点相似性公式获得库节点集合 R。

(4)根据集合 S 和 R,在业务流程模型 P 中求得有向边集合 C。

(5)根据 S、R 和 C 构造二部图模型 G。

(6)根据 G 构造 S 和 R 的节点邻接矩阵 M。

(7)根据节点邻接矩阵 M 等价特性,做 M 的等价转换操作。

(8)根据(7)的矩阵转换成本和式(8.12)计算 $\text{simged}(G_1,G_2)$。

在介绍 ArtiMatch 算法之前,首先介绍算法中所用到的一些子算法:

(1)$\text{Sim}(A_1, A_2)$算法用于计算两个以 Artifact 为中心的业务流程模型中关键 Artifact 的相似度。其中 A_1、A_2 分别为两个以 Artifact 为中心的业务流程模型中关键 Artifact 的属性集合。

(2)GetAllService(P, S_{new})算法用于获取一个流程模型中所有相似的服务节点的集合。参数 P 为被检索的业务流程模型,S_{new}为检索模型的服务节点集合。

(3)GetAllRepository(P, R_{new})算法用于获取一个流程模型中所有相似的库节点的集合。参数 P 为被检索的业务流程模型,R_{new}为检索模型的库节点集合。

(4)GetAllConnector(P, C_{new})算法用于获取一个模型中所有有向边的集合。参数 P 为被检索的业务流程模型,C_{new}为检索模型的有向边集合。

(5)ConstrutBiGraph(S, R, C)算法用于构造满足条件的二部图模型。参数 S 为所有满足条件的服务节点集合,R 为满足条件的库节点集合,C 为所有连接 S 和 R 的有向边集合。

(6)ContructMatrix(G)算法用于构造二部图模型中 S 和 R 的邻接矩阵。

(7)CaculatorMatrixCost(M)算法用于计算矩阵等价转换所需的成本。

获取服务节点集合的子算法描述见算法 8.1。由于篇幅有限,其他子算法不再赘述。以 Artifact 为中心的业务流程二部图的图匹配算法见算法 8.2。

算法 8.1　获取服务节点集合。

输入:S_{new}, P;//S_{new}为被匹配的服务,P 为业务流程模型;

输出:满足条件的服务节点或服务节点集合 $S_{mapping}$。

```
GetAllServices(S_new, P)
Begin
    initial(λ1, λ2, λ3, α, P, S1, S, S′, S_mapping, V_inp, V_outp, V_pre, V_e); //初始化
    if (P.service !=null){
    S←P.getAllService(); } //获取所有服务
    foreach  service  i in  S {
        V_inp←P.getInputOfAService(i); //获取 S_i 输入信息存入 V_inp
        V_outp←P.getOutputOfAService(i); //获取 S_i 输出信息存入 V_outp
        V_pre←P.getPreConditionOfAService(i); //获取 S_i 前提条件信息存入 V_pre
        V_e←P.getEffectsOfAService(i); //获取 S_i 产生影响信息存入 V_e
          if (outputNum>inputNum){
                ServiceMatch(S_new, S_i); }
                if (Sim(pre, pre_p)≥λ1&&Sim(e, e_p)≥λ2){
                  S1.add(service_p); } //将满足要求的服务 service_p 存入向量 S1
              foreach  service  j  in  S1{
                  if (Sim(inp.getText(), I_p)≥λ3){
                    S′.add(service_p);}
                 if (Sim(inp.getText(), Op_p.I)≥λ3){
                   S′.add (service_p); } //将服务 service_p 存入向量 S′
                 else if (Op_p.I==Op′_p.O){
```

```
            if(Sim(inp.getText(), Op'_p.I)≥λ_3){
                S'.add(service_p);} //将满足条件的服务存入向量 S'
            }
        }
}
resultSet  S_sim=Sim(S'.getText(), S.getText()); //计算服务的相似度
 if (S_Sim≥α){
    insert S' into S_mapping; }//将服务映射关系表 S_mapping 中
return S_mapping; //返回服务的映射关系表 S_mapping
End
```

算法 8.2　流程二部图的图匹配算法。

输入:P_{new}，P;// P_{new}为被匹配流程模型,P 为流程模型集合;

输出:满足条件的模型或模型集合 $P_{mapping}$。

```
ArtiMatch(P_new, P)
Begin
initial(P, P', P_mapping,λ,λ_1, V_S, V_R,V_C, wsubn, wskipn, wskipe, wsube); //初始化
foreach  model  a  in  P{
  if (Sim(A_m, A_a)≥λ){ //计算关键 Artifact 相似度
    P'.add(a);}
  for(int i>0; i≤P'.length; i++){
    V_S←GetAllServices(a_i, S_new); //获取 a_i 的服务节点集合 V_S
    V_R←GetAllRepository (a_i, R_new);//获取 a_i 的库节点集合 V_R
    V_C←GetAllConnector(a_i, C_new);//获取 a_i 的有向边集合 V_C
    if (V_S!=null && V_R!=null && V_C!=null){
       BiGraph G←ConstrutBiGraph(V_S, V_R, V_C); //构造二部图
       Matix M←ContructMatrix(G); } //构造 G 的节点有向邻接矩阵 M
    if (P!=null){
      调用子算法 CaculatorMatrixCost(P);
      Subn←CaculatorMatrixCost.getAllSubNode();//获取 sbn 值
      Skipn ←CaculatorMatrixCost.getAllSkipNode();//获取 sn 值
      Skipe← CaculatorMatrixCost.getAllSkipEdge();//获取 se 值
      Sube ←CaculatorMatrixCost.getAllSubEdge();//获取 sbe 值
      调用公式 simged(G_1,G_2)计算图编辑相似度;
      if (simged(G_1,G_2)≥λ_1) {
        insert a_i into P_mapping; } } //将满足条件的模型 a_i 添加到 P_mapping
  }
}
```

```
    (23)if (P_mapping != null)
    (24) return P_mapping;
End
```

图匹配是经典的 NP-hard 问题，对于这样的优化问题，使用完全匹配方法将无法解决节点规模大的图匹配问题。图匹配算法的时间复杂度主要取决于节点的映射计算。传统图匹配算法的时间复杂度为 $O(l\times n^m)$，其中，l 为图的个数，n、m 分别为两个图的节点数。启发式贪心算法是一种计算图编辑相似性的改进算法。该算法能够保证求得局部最优解，算法的时间复杂度为 $O(l\times N^3)$，其中，l 为图的个数，N 为两个图中最大的节点数。ArtiMatch 算法将节点进行分解，对图节点进行局部映射匹配，很大限度上降低了节点的映射计算。忽略算法预处理时间，算法的时间复杂度为 $O(m\times S^2+m\times R^2)$。其中，$m$ 为关键 Artifact 相似度计算后的流程模型个数，且 $m<l$；S 为两个图中最大服务节点数，R 为两个图中最大库节点数，且 $S\leqslant N$，$R\leqslant N$，很明显 $O(m\times S^2+m\times R^2)<O(l\times N^3)$。不足的是，由于 ArtiMatch 算法需要提前将节点进行分类存储，增加了空间开销，算法的空间复杂度高于启发式贪心算法。此外，ArtiMatch 算法只适用于以 Artifact 为中心的业务流程模型，在算法通用性上还存在不足。

第9章 业务流程模型行为相似性分析

尽管两个流程模型的拓扑结构可能完全相似，但是它们的流程执行语义可能存在很大的差异。因此，单从流程模型结构上进行相似性计算是不全面的，流程模型的行为相似也是一个重要的指标。为了更好地对流程模型进行检索、聚类及挖掘等操作，计算流程模型之间的行为相似度是关键问题。本章将从 Artifact 的生命周期角度出发定义业务流程的行为模型，并且给出以 Artifact 为中心的业务流程行为相似性的度量方法[32,33]。

9.1 引 言

在以 Artifact 为中心的业务流程模型中，一个 Artifact 从其产生、被处理及最终归档的完整过程称为该 Artifact 的生命周期。在 Artifact 生命周期过程中，经过的每一个服务都将对 Artifact 进行属性赋值、更新等操作。在完整的 Artifact 生命周期中，可能存在多条服务路径。同样，也可能存在多种 Artifact 属性赋值的顺序。服务的执行过程以及 Artifact 的属性赋值状态体现了业务流程的行为特征。在以往的流程行为相似性研究过程中，人们只强调任务(服务)的执行轨迹或路径，而忽略了任务(服务)执行过程中业务数据的变化情况。因此，本章将从 Artifact 的生命周期角度出发，定义以 Artifact 为中心的业务流程的行为模型，并给出相应的流程行为相似性度量策略，进一步弥补传统方法的不足。

9.2 业务流程行为模型

定义业务流程行为模型是进行流程行为相似性研究的基础。Artifact 生命周期描述一类 Artifact 从创建到操作完成并归档的全部过程。本节从 Artifact 类的生命周期中属性赋值顺序和服务执行关系角度对流程行为进行建模。在给定的一个业务流程模型中，可以得到 Artifact 类的生命周期树，Artifact 生命周期树完全体现一个业务流程的行为特征。下面回顾已有相关定义并给出业务流程行为模型的定义。

已知 Artifact 类型 T，T 的属性集合为 N，在业务流程模型中，$S=\{S_1, S_2, \cdots, S_n\}$为操作 T 的服务集合，n 是正整数且 $n \geqslant 1$，假定服务集合 S 中有 m 个服务对 T 进行赋值操作，将 T 的属性集 N 划分为 m 个互不相交的子集 N_1，N_2，$\cdots$，

N_m,其中 m 是正整数,且 $m\in[1,n]$,满足 $N_1\cap N_2\cap\cdots\cap N_m=\varnothing$ 且 $N_1\cup N_2\cup\cdots\cup N_m=N$,称集合$\{N_1, N_2,\cdots,N_m\}$为 T 的一个属性划分。N_i称为 T 的一个属性子集,且 $1\leqslant i\leqslant m$。在对 Artifact 类型执行属性划分之后,每一个属性子集与服务集合中对该属性子集执行赋值操作的服务是一一对应的。

已知 Artifact 模式 $\mathcal{A}(U,\tau)$,$\mathcal{A}$ 的实例 $I_{\mathcal{A}}$的属性赋值状态 s 为一个 n 维向量$\langle s[1],s[2],\cdots,s[n]\rangle$,且 $n=|U|$。s 的某一分量 $s[i]$($1\leqslant i\leqslant n$)存在两种取值情况,值为 0 或 1。当 $s[i]$的值为 0 时,表示实例 $I_{\mathcal{A}}$在第 i 个属性上的值为空,即该属性尚未被赋值;当 $s[i]$的值为 1 时,表示实例 $I_{\mathcal{A}}$在第 i 个属性已经被赋值。

例如,餐馆业务流程模型中,设 $A=\{A_1, A_2,\cdots, A_8\}$对应关键 Artifact 类 GC 的属性集合{ID, Table, Number, Waiter, Items, Start time, Total, End time},关键 Artifact 类 GC 的属性划分和属性赋值状态见表 9.1。

表 9.1 Artifact 类 GC 的属性划分和属性赋值状态集合

状态名	所属服务	属性划分	属性赋值状态
Initial	Null	{Null}	SP_0(0, 0, 0, 0, 0, 0, 0, 0)
GcCreated	Create GC	$\{A_1, A_2, A_3, A_4\}$	SP_1(1, 1, 1, 1, 0, 0, 0, 0)
AddingItems	Add Item and Create KO	$\{A_5\}$	SP_2(1, 1, 1, 1, 1, 0, 0, 0)
KitchenInformed	Prepare KO	$\{A_6\}$	SP_3(1, 1, 1, 1, 1, 1, 0, 0)
GcTotaled	Tender GC	$\{A_7, A_8\}$	SP_4(1, 1, 1, 1, 1, 0, 1, 1)
Final	Null	{Null}	SP_5(1, 1, 1, 1, 1, 1, 1, 1)

假定 $\mathcal{A}(U,\tau)$为一个 Artifact 模式,该模式下 Artifact 的生命周期被定义为一棵树 LT(V_L, E_L, root(LT)),其中 V_L代表生命周期树的节点集合,对于任意节点 $v\in V_L$,则 $v\in$ SP($\mathcal{A}$),表示该 Artifact 所允许的状态;root(LT)代表生命周期树的根节点,表示 Artifact 的初始状态;E_L代表边的集合,若存在两个节点 v_i和 v_j且 v_i, $v_j\in V_L$,使得节点 v_i的下一个相邻节点是 v_j,则$(v_i, v_j)\in E_L$;生命周期树的叶子节点代表该 Artifact 的终止状态。

下面从 Artifact 属性赋值的角度,基于 Petri 网定义 Artifact 的生命周期树,给出求 Artifact 类 $C(\mathcal{A}$,PN)的生命周期树算法。

算法 9.1 获取 Artifact 类的生命周期树。

输入:Artifact 类 $C(\mathcal{A}$, PN);

输出:C 的生命周期树 LT。

```
GetLifecycleTree(C)
Begin
    (1) initial(M0,root(LT), PN) //初始化变量,M0为初始标识,root(LT)为根节点
```

```
root(LT)←M0, M0.mark="new"; //M0设为根节点,并标记为"new"
if(existed(Mi.mark="new")){ //当前存在标记为"new"的节点
    M←Mi;} //选择一个标记为"new"的节点 M
    foreach(PathsP in PN) //从路径 P 上遍历与 M 状态标识相同的节点
    {
      if(M==P.nodes(M0|→ M)){//M0|→ M 表示从根节点到 M 的路径
        M.mark="old"; //将 M 标记为"old"
        Mi+1.mark="new"; }//继续选下一个标记为"new"的节点
         if(! existed(M.enabled(t))){//标识 M 下,无任何使能的迁移
         M.mark="dead-end";} //将 M 标记为"dead-end"
        foreach(every t in transition(M)){ //遍历 M 下每个使能迁移 t
         M'←t.enabled(M) //获得 M 下 t 发生后的新标识 M'
       LT.node←M'; //M'为 LT 的一个新节点
       LT.edge←(M|→M'); //M 到 M'为 LT 的有向边
       M'.mark="new";} //将 M'标记为"new"
    }
return LT;
End
```

结合表 9.1 中关键 Artifact 类 GC 的属性划分、属性赋值状态以及所属服务的执行关系,利用算法 9.1 可以得到关键 Artifact 类 GC 的生命周期树,如图 9.1 所示。

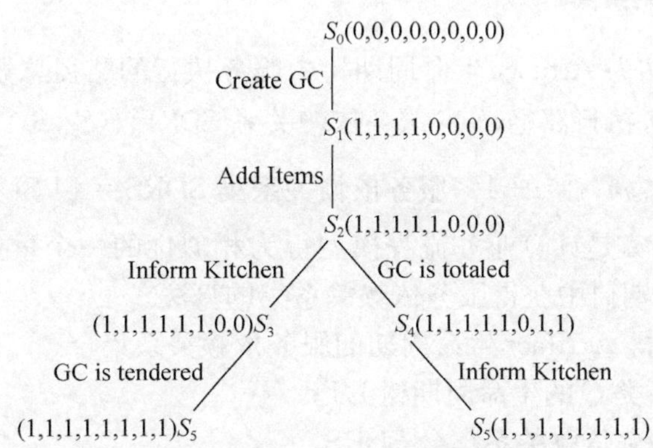

图 9.1　Artifact 类 GC 的生命周期树

基于已有属性划分、属性赋值状态和生命周期树等定义,下面给出流程行为模型的定义。

定义 9.1　以 Artifact 为中心的业务流程行为模型为一个 5 元组 Be=(A_s,

S, LT_s, ζ,ψ)，其中：

(1)A_s为流程模型中所有 Artifact 类型集合，其中存在一个关键 Artifact 类型 a_k，$a_k \in A_s$。

(2)S 为流程模型中所有服务元素的集合。

(3)LT_s为流程模型中所有 Artifact 类型的生命周期树集合。

(4)ζ：$A_s \rightarrow LT_s$表示 Artifact 类型集合到生命周期树集合的映射函数。

(5)ψ：$S \rightarrow LT_s$表示服务元素集合到生命周期树集合的映射函数。

根据定义，流程模型的行为相似性可通过 Artifact 的生命周期树求得。生命周期树中的服务依赖关系集(service dependence relationship set，SDRS)和属性赋值序列集(attribute assignment sequence set，AASS)是两个重要的行为指标。下面给出 SDRS 和 AASS 及流程模型行为相似性的定义。

9.3 服务依赖关系相似性

Artifact 的生命周期定义了一类 Artifact 从创建到完成各操作直至归档的整个过程。服务路径是指在 Artifact 完整的生命周期过程中服务执行的顺序。关键 Artifact 生命周期中可能存在多条服务执行路径，在此情况下直接采用服务执行路径进行流程相似性度量是不精确的，SDRS 完整地描述了一类 Artifact 生命周期过程中服务执行的先后依赖关系，下面给出 SDRS 的定义。

9.3.1 服务依赖关系集

定义 9.2 设 l 为 Artifact 生命周期树中服务执行的路径总数，$S=(S_1, S_2, \cdots, S_m)$为其中一条服务执行路径，$S$ 的服务依赖关系 $\mathrm{SDR}=\{\langle S_i, S_j\rangle \mid S_i \in S \wedge S_j \in S \wedge 1 \leqslant i \leqslant m-1, 1 < j \leqslant m, j=i+1\}$，服务依赖关系集 $\mathrm{SDRS}=\bigcup_{i=1}^{l} \mathrm{SDR}_i$ 。

服务依赖关系集是计算业务流程模型行为相似性的一个重要指标，下面给出从 Artifact 生命周期树中获得服务依赖关系集的算法。

算法 9.2 获得 Artifact 生命周期的服务依赖关系集合。

输入：Artifact 类 C 的生命周期树 LT；

输出：LT 的服务依赖关系集合 SDRS。

```
GetSDRS(LT(C))
Begin
    (1) V_path←GetAllPathsFromLT(LT(C)); //获取生命周期树中的所有路径
    (2)遍历所有的服务执行路径 V_path;
    (3)  若路径 p 的起始服务节点为空，则转步骤(2);
```

(4)　否则转步骤(5);
(5)　while (p.length! =null){
(6)　将路径 p 中相邻两个服务节点赋给 ts;
(7)　SDR.add(ts); //获取一条服务执行路径中的 SDR
(8)　重置路径 p 的起始节点; }
(9)for(int i=0; i<l; i++){ //l 为所有路径个数
(10)　SDRS sdrs← $\bigcup_{i=1}^{l}$ SDR$_i$; }//获取 SDRS
(11) return sdrs;
End

餐馆业务流程中关键 Artifact 类 GC 生命周期树有两条服务执行路径,如图 9.2 所示。根据算法 9.2,可求得关键 Artifact 类 GC 生命周期的服务依赖关系集 SDRS 为{S_0S_1, S_1S_2, S_2S_3, S_2S_4, S_3S_5, S_4S_5}。

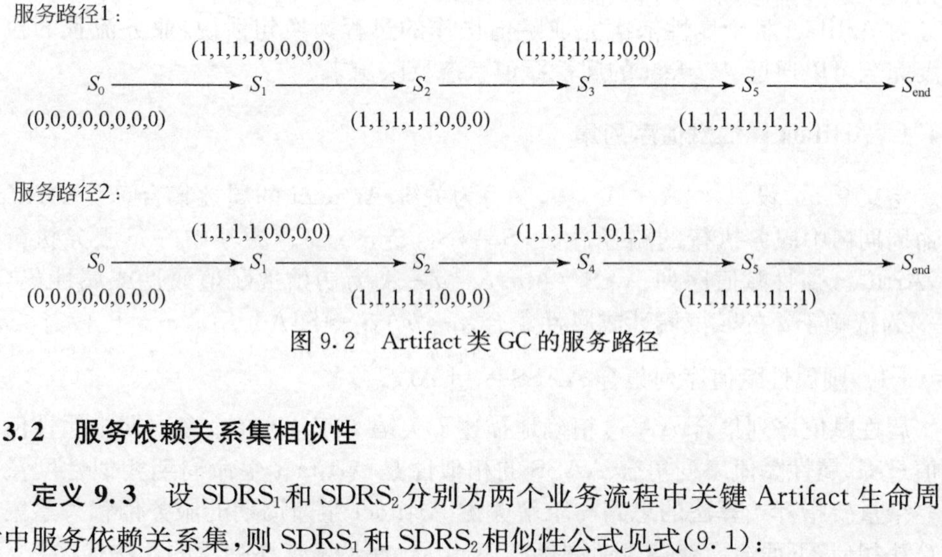

服务路径1:

S_0 (0,0,0,0,0,0,0,0) → (1,1,1,1,0,0,0,0) → S_1 → S_2 (1,1,1,1,1,0,0,0) → S_3 → (1,1,1,1,1,1,0,0) → S_5 (1,1,1,1,1,1,1,1) → S_{end}

服务路径2:

S_0 (0,0,0,0,0,0,0,0) → (1,1,1,1,0,0,0,0) → S_1 → S_2 (1,1,1,1,1,0,0,0) → S_4 → (1,1,1,1,1,0,1,1) → S_5 (1,1,1,1,1,1,1,1) → S_{end}

图 9.2　Artifact 类 GC 的服务路径

9.3.2　服务依赖关系集相似性

定义 9.3　设 $SDRS_1$ 和 $SDRS_2$ 分别为两个业务流程中关键 Artifact 生命周期树中服务依赖关系集,则 $SDRS_1$ 和 $SDRS_2$ 相似性公式见式(9.1):

$$\mathrm{Sim}(SDRS_1, SDRS_2)=\frac{|SDRS_1 \cap SDRS_2|}{|SDRS_1 \cup SDRS_2|} \tag{9.1}$$

其中,$|SDRS_1 \cap SDRS_2|$ 为两个业务流程关键 Artifact 的生命周期树中服务依赖关系集的交集;$|SDRS_1 \cup SDRS_2|$ 为两个业务流程关键 Artifact 的生命周期树中服务依赖关系集的并集。

例如,在两个餐馆业务流程中,分别获得关键 Artifact 类 GC 的服务依赖关系集合为 $SDRS_1$ = {S_0S_1, S_1S_2, S_2S_3, S_3S_5, S_4S_5} 和 $SDRS_2$ = {S_0S_1, S_1S_2, S_2S_3, S_4S_5},则 Sim($SDRS_1$, $SDRS_2$) = 4/5=0.8。

定义 9.4　设 $SDRS_1$ 和 $SDRS_2$ 分别为两个业务流程中关键 Artifact 生命周期

中服务依赖关系集，$SDRS_1$ 和 $SDRS_2$ 的距离公式见式(9.2)：

$$\mathrm{Dis}(SDRS_1, SDRS_2)=1-\frac{|SDRS_1 \cap SDRS_2|}{|SDRS_1 \cup SDRS_2|} \tag{9.2}$$

其中，$|SDRS_1 \cap SDRS_2|$ 为两个业务流程关键 Artifact 的生命周期树中服务依赖关系集的交集；$|SDRS_1 \cup SDRS_2|$ 为两个业务流程关键 Artifact 的生命周期树中服务依赖关系集的并集。

例如，在两个餐馆业务流程中，分别获得关键 Artifact 类 GC 的服务依赖关系集合为 $SDRS_1=\{S_0S_1, S_1S_2, S_2S_3, S_3S_5, S_4S_5\}$ 和 $SDRS_2=\{S_0S_1, S_1S_2, S_2S_3, S_4S_5\}$，则 $\mathrm{Dis}(SDRS_1, SDRS_2)=1-0.8=0.2$。

9.4 Artifact 属性赋值序列相似性

Artifact 是业务流程中核心的业务数据。在业务流程的执行过程中，实际上是服务对 Artifact 各个属性依次完成赋值操作的过程。换句话说，业务流程的执行进度完全可以通过 Artifact 的属性赋值状态反映出来。

9.4.1 Artifact 属性赋值序列集

定义 9.5 设 $A=\{A_1, A_2, \cdots, A_n\}$ 为关键 Artifact 的属性集合，l 为 Artifact 生命周期树中服务执行的路径总数，$S=\{S_1, S_2, \cdots, S_m\}$ 为其中一条服务执行路径，Artifact 属性赋值序列 $AAS=\{\langle a,b\rangle \mid a\in A$ 为初始被赋值属性或属性集合，$b\in A$ 为依赖于 a 的赋值属性或属性集合，$a\rightarrow b \wedge S_i\rightarrow S_j \wedge 1\leqslant i\leqslant m-1, 1<j\leqslant m, j=i+1\}$，则属性赋值序列集合 $AASS=\bigcup_{i=1}^{l} AAS_i$。

属性赋值序列集合 AASS 精确地描述了关键 Artifact 在生命周期中属性值的赋值过程，属性赋值序列集合 AASS 的相似性是 Artifact 生命周期相似性度量的另一个重要指标。算法的思路与求解关键 Artifact 生命周期的服务依赖关系集合的算法相似，下面给出获得生命周期中 Artifact 属性赋值序列集的算法描述。

算法 9.3 获得生命周期中 Artifact 属性赋值序列集。

输入：Artifact 类 C 的生命周期树 LT；

输出：LT 中 Artifact 属性序列集合 AASS。

```
GetAASS(LT(C))
Begin
    (1) V_path←GetAllPathsFromLT(LT(C)); //获取生命周期树中的所有路径
    (2)遍历所有的服务执行路径 V_path;
    (3)   若路径 p 的起始服务节点为空，则转步骤(2);
    (4)   否则转步骤(5);
```

```
while (p.length!=null){
    记录 p 中起始服务 p_start 对 Artifact 的属性赋值状态 as;
    p_start ← p_start.next; //获取下一个服务节点
    AAS.add(as); //获取一条服务执行路径中的 AAS
    重置路径 p 的起始节点; }
for(int i=0; i<l; i++){//l 为所有路径个数
    AASS aass← ⋃(i=1..l) AAS_i ; } //获取 AASS
return aass;
End
```

9.4.2　Artifact 属性赋值序列集相似性

定义 9.6　设 $AASS_1$ 和 $AASS_2$ 分别为两个关键 Artifact 的属性赋值序列集，$AASS_1$ 和 $AASS_2$ 相似性公式见式(9.3)：

$$\mathrm{Sim}(AASS_1, AASS_2)=\frac{|AASS_1 \cap AASS_2|}{|AASS_1 \cup AASS_2|} \tag{9.3}$$

其中，$|AASS_1 \cap AASS_2|$ 为两个业务流程关键 Artifact 的生命周期树中 Artifact 属性赋值序列的交集；$|AASS_1 \cup AASS_2|$ 为两个业务流程关键 Artifact 的生命周期树中属性赋值序列的并集。

设集合$\{A, B, C, D, E, F, G, H\}$对应关键 Artifact 类 GC 的属性集合{ID, Table, Number, Waiter, Items, Start time, Total, End time}，在两个餐馆业务流程中，分别获得关键 Artifact 类 GC 的属性赋值序列集合 $AASS_1=\{ABCD, ABCDE, ABCDEF, ABCDEFGH\}$，$AASS_2=\{ABCD, ABCDE, ABCDEGH, ABCDEFGH\}$，则 $\mathrm{Sim}(AASS_1, AASS_2)=3/4=0.75$。

定义 9.7　设 $AASS_1$ 和 $AASS_2$ 分别为两个关键 Artifact 的属性赋值序列，$AASS_1$ 和 $AASS_2$ 距离公式见式(9.4)：

$$\mathrm{Dis}(AASS_1, AASS_2)=1-\frac{|AASS_1 \cap AASS_2|}{|AASS_1 \cup AASS_2|} \tag{9.4}$$

其中，$|AASS_1 \cap AASS_2|$ 为两个业务流程关键 Artifact 的生命周期中 Artifact 属性赋值序列集合的交集；$|AASS_1 \cup AASS_2|$ 为两个业务流程关键 Artifact 的生命周期中属性赋值序列集合的并集。

例如，两个餐馆业务流程中关键 Artifact 类 GC 的属性赋值序列集合分别为 $AASS_1=\{ABCD, ABCDE, ABCDEF, ABCDEFGH\}$，$AASS_2=\{ABCD, ABCDE, ABCDEGH, ABCDEFGH\}$，则 $\mathrm{Dis}(AASS_1, AASS_2)=1-3/4=0.25$。

9.5　流程行为相似性

定义 9.8　设 $\mathrm{Sim}(B_1, B_2)$ 为两个流程模型的行为相似性，$\mathrm{Sim}(A_1, A_2)$ 为两

个流程模型中关键 Artifact 的相似性，Sim(SDRS$_1$，SDRS$_2$)代表两个流程模型中关键 Artifact 生命周期树中服务依赖关系集的相似性，Sim(AASS$_1$，AASS$_2$)为两个流程模型中关键 Artifact 生命周期树中属性赋值序列集的相似性。可以得到两个流程模型的行为相似性计算公式：

$$\mathrm{Sim}(B_1,B_2)=\omega_1\times\mathrm{Sim}(A_1,A_2)+\omega_2\times\mathrm{Sim}(\mathrm{SDRS}_1,\mathrm{SDRS}_2)+\omega_3\times\mathrm{Sim}(\mathrm{AASS}_1,\mathrm{AASS}_2) \tag{9.5}$$

其中，ω_i是根据实验训练获得的经验权重，且 $0\leqslant\omega_1\leqslant1,0\leqslant\omega_2\leqslant1,0\leqslant\omega_3\leqslant1,\omega_1+\omega_2+\omega_3=1$。

下面给出度量两个以 Artifact 为中心的业务流程模型行为相似性的算法。

算法 9.4　以 Artifact 为中心的业务流程行为相似性度量算法。

输入：以 Artifact 为中心的业务流程模型 P_1、P_2；

输出：P_1、P_2的相似度 Sim(P_1，P_2)。

```
CaculateBehaviorSimilarity(P1, P2)
Begin
    (1)获取流程模型 P1、P2的关键 Artifact;
    (2)调用式(8.1)计算关键 Artifact 相似度;
    (3)判断关键 Artifact 相似度是否大于阈值 λ;
    (4)  若 Sim(A1,A2)<λ,则转步骤(1);
    (5)  否则转步骤(6);
    (6)获取流程模型 P1、P2的服务依赖关系集合 SDRS;
    (7)计算 Sim(SDRS1,SDRS2);
    (8)  若 Sim(SDRS1,SDRS2)≥λ,则转步骤(10);
    (9)  否则转步骤(1);
    (10)获取 P1、P2的关键 Artifact 属性赋值序列集合 AASS;
    (11)计算 Sim(AASS1,AASS2);
    (12)  若 Sim(AASS1,AASS2)≥λ,则转步骤(14);
    (13)  否则转步骤(1);
    (14) 调用式(9.5)计算模型 P1、P2的相似度;
    (15)return Sim(P1, P2);
End
```

9.6　理论分析

定理 9.1　基于 Artifact、SDRS、AASS 的相似性度量是 Artifact 生命周期相似性度量的有效方法。

证明：Sim(A_1，A_2)是有效的。正如 van der Aalst 等[34]所述，两个流程有相同

的流程结构和任务，然而流程的行为却完全不同。相反，两个流程的结构和任务不相似，但确有相同的行为。关键 Artifact 是以 Artifact 为中心业务流程处理的核心数据，对关键 Artifact 进行操作的过程就是业务基本的处理过程。关键 Artifact 相似度确定了两个流程执行过程中处理的业务数据是否相同，关键 Artifact 生命周期更精确和充分地体现出业务流程的行为特征。因此，$\mathrm{Sim}(A_1,A_2)$是有效的。

$\mathrm{Sim}(\mathrm{SDRS}_1,\mathrm{SDRS}_2)$是有效的。为了证明 $\mathrm{Sim}(\mathrm{SDRS}_1,\mathrm{SDRS}_2)$是有效的，SDRS 中必须不存在服务循环执行结构。假设 SDRS 中存在服务循环执行结构 $t_s \rightarrow t_{s+1} \rightarrow t_{s+2} \rightarrow t_s$，根据服务依赖的传递特性，可以得出 $t_{s+1} \rightarrow t_s$。然而，根据 Artifact 生命周期特性和属性赋值关系，有 $t_{s+1} \nrightarrow t_s$，显然是相互矛盾的，所以 SDRS 中不存在服务循环执行结构，因此 $\mathrm{Sim}(\mathrm{SDRS}_1,\mathrm{SDRS}_2)$是有效的。

$\mathrm{Distance}(\mathrm{SDRS}_1,\mathrm{SDRS}_2)$是有效的。假设 S 为流程的状态空间，d 代表 $\mathrm{Distance}(\mathrm{SDRS}_1,\mathrm{SDRS}_2)$，则$(S,d)$为度量空间。根据距离函数[35]的定义，为证明 d 为度量空间的距离函数，首先需要证明 d 满足非负性(positiveness)、自反性(reflexivity)、对称性(symmetry)和三角不等式(triangle inequality)四个特性。

(1)非负性，即 $d(\mathrm{SDRS}_1,\mathrm{SDRS}_2)\geqslant 0$，因为 $\mathrm{SDRS}_1 \cap \mathrm{SDRS}_2 \subseteq \mathrm{SDRS}_1 \cup \mathrm{SDRS}_2$，所以$|\mathrm{SDRS}_1 \cap \mathrm{SDRS}_2| \leqslant |\mathrm{SDRS}_1 \cup \mathrm{SDRS}_2|$，因此$(|\mathrm{SDRS}_1 \cap \mathrm{SDRS}_2|/|\mathrm{SDRS}_1 \cup \mathrm{SDRS}_2|)\leqslant 1$，$d(\mathrm{SDRS}_1,\mathrm{SDRS}_2)=1-(|\mathrm{SDRS}_1 \cap \mathrm{SDRS}_2|/|\mathrm{SDRS}_1 \cup \mathrm{SDRS}_2|)\geqslant 0$。

(2)自反性，即 $d(\mathrm{SDRS}_1,\mathrm{SDRS}_2)=0$，$d(\mathrm{SDRS}_1,\mathrm{SDRS}_2)=1-(|\mathrm{SDRS}_1 \cap \mathrm{SDRS}_2|/|\mathrm{SDRS}_1 \cup \mathrm{SDRS}_2|)=1-1=0$。

(3)对称性，即 $d(\mathrm{SDRS}_1,\mathrm{SDRS}_2)=d(\mathrm{SDRS}_2,\mathrm{SDRS}_1)$，因为 $d(\mathrm{SDRS}_1,\mathrm{SDRS}_2)=1-(|\mathrm{SDRS}_1 \cap \mathrm{SDRS}_2|/|\mathrm{SDRS}_1 \cup \mathrm{SDRS}_2|)=1-(|\mathrm{SDRS}_2 \cap \mathrm{SDRS}_1|/|\mathrm{SDRS}_2 \cup \mathrm{SDRS}_1|)=d(\mathrm{SDRS}_2,\mathrm{SDRS}_1)$。

(4)三角不等式，即 $d(\mathrm{SDRS}_1,\mathrm{SDRS}_2)\leqslant d(\mathrm{SDRS}_1,\mathrm{SDRS}_3)+d(\mathrm{SDRS}_3,\mathrm{SDRS}_2)$，满足不等式的充要条件是$(|\mathrm{SDRS}_1 \cap \mathrm{SDRS}_3|/|\mathrm{SDRS}_1 \cup \mathrm{SDRS}_3|)+(|\mathrm{SDRS}_2 \cap \mathrm{SDRS}_3|/|\mathrm{SDRS}_2 \cup \mathrm{SDRS}_3|)\leqslant 1+(|\mathrm{SDRS}_1 \cap \mathrm{SDRS}_2|/|\mathrm{SDRS}_1 \cup \mathrm{SDRS}_2|)$。任意两个集合 S_1和 S_2，都有 $S_1 \cap S_2 \subseteq S_1 \cup S_2$。因此，$(|\mathrm{SDRS}_1 \cap \mathrm{SDRS}_3|/|\mathrm{SDRS}_1 \cup \mathrm{SDRS}_3|)+(|\mathrm{SDRS}_2 \cap \mathrm{SDRS}_3|/|\mathrm{SDRS}_2 \cup \mathrm{SDRS}_3|)\leqslant(|\{\mathrm{SDRS}_1 \cap \mathrm{SDRS}_3\} \cup \mathrm{SDRS}_2|/|\mathrm{SDRS}_1 \cup \mathrm{SDRS}_2 \cup \mathrm{SDRS}_3|)+(|\{\mathrm{SDRS}_2 \cap \mathrm{SDRS}_3\} \cup \mathrm{SDRS}_1|/|\mathrm{SDRS}_1 \cup \mathrm{SDRS}_2 \cup \mathrm{SDRS}_3|)\leqslant(|\mathrm{SDRS}_1 \cup \mathrm{SDRS}_2 \cup \mathrm{SDRS}_3|+|\mathrm{SDRS}_1 \cap \mathrm{SDRS}_2 \cap \mathrm{SDRS}_3|/|\mathrm{SDRS}_1 \cup \mathrm{SDRS}_2 \cup \mathrm{SDRS}_3|)=1+(|\mathrm{SDRS}_1 \cap \mathrm{SDRS}_2 \cap \mathrm{SDRS}_3|/|\mathrm{SDRS}_1 \cup \mathrm{SDRS}_2 \cup \mathrm{SDRS}_3|)\leqslant 1+(|\mathrm{SDRS}_1 \cap \mathrm{SDRS}_2|/|\mathrm{SDRS}_1 \cup \mathrm{SDRS}_2|)$，因此$d(\mathrm{SDRS}_1,\mathrm{SDRS}_2)\leqslant d(\mathrm{SDRS}_1,\mathrm{SDRS}_3)+d(\mathrm{SDRS}_3,\mathrm{SDRS}_2)$。所以 $\mathrm{Distance}(\mathrm{SDRS}_1,\mathrm{SDRS}_2)$是有效的。

因为 $\mathrm{Sim}(\mathrm{SDRS}_1,\mathrm{SDRS}_2)$和 $\mathrm{Distance}(\mathrm{SDRS}_1,\mathrm{SDRS}_2)$都是有效的，所以在任

意时刻，基于 SDRS 的相似性度量是有效的。Sim($AASS_1$，$AASS_2$)和 Distance($AASS_1$，$AASS_2$)的有效性证明过程与 SDRS 有效性证明过程相似。同理，在任意时刻基于 AASS 的相似性度量是有效的。因此，基于 Artifact，SDRS、AASS 的相似性度量是 Artifact 生命周期相似性度量的有效方法。证毕。

第 10 章　业务流程模型聚类及服务组合模式挖掘分析

在掌握数据挖掘中层次聚类方法和关联规则挖掘方法的基础上，本章主要内容包括两个方面：一方面，对以 Artifact 为中心的业务流程模型进行聚类分析研究[36,37]；另一方面，对以 Artifact 为中心的业务流程模型中服务组合模式挖掘进行研究[38,39]。

10.1　引　　言

越来越多的企业将积累下来的流程模型构建为流程模型库[40]。流程模型库作为一种宝贵的商业资产，为企业提高其竞争优势提供数据资源和知识。对于企业自身，充分利用这些资源和知识，从中挖掘出新的流程模型或发现已有流程模型的不足之处是非常有价值的。流程模型聚类的主旨是通过对已有的流程模型进行聚类分析操作，按照某些特征对流程模型进行分组，最终提高流程模型的质量。流程模型聚类操作可应用到各种流程分析领域，如流程改进(process recommendation)、流程挖掘和流程模式分析(process pattern analysis)等。流程模型聚类的结果为流程制造商进行流程优化、流程发现和流程重组等提供依据。

另外，为了实现流程的自动化，SOA 技术在 BPM 中的应用越来越普及。通常情况下，单个服务很难满足整个流程的业务功能，需要使用服务组合技术，将多个服务根据业务需求组合起来实现业务目标。事实上，在大量流程模型中进行服务组合模式的挖掘是一项有意义的工作。服务组合模式挖掘是一种自底向上的、通过分析流程日志中服务间存在的依赖性来挖掘出 Web 服务组合模式的过程。通过挖掘业务流程中的服务组合模式，为 Web 服务供应商开发满足市场需求的 Web 服务提供依据。

10.2　流程模型聚类及匹配

本节首先给出以 Artifact 为中心的业务流程模型相似特征值的提取方法，然后给出流程模型聚类及匹配的架构，最后给出流程模型聚类及匹配算法。

10.2.1　流程模型相似特征值提取

流程模型相似特征值提取是进行流程模型聚类和流程模型匹配等操作的关键

问题。相似特征值提取的好坏直接影响到流程模型聚类的质量。本章利用关键 Artifact 相似性、流程模型结构相似性和流程模型行为相似性综合度量策略作为流程模型之间相似特征提取指标。下面给出流程模型相似性的定义。

定义 10.1 设 α 为关键 Artifact 相似性，β 为流程模型结构相似性，δ 为流程模型行为相似性，则流程模型相似性 ε 为

$$\varepsilon=\omega_1\alpha+\omega_2\beta+\omega_3\delta \tag{10.1}$$

其中：

(1)$\alpha=\dfrac{|A_1\cap A_2|}{|A_1\cup A_2|}$，$|A_1\cap A_2|$ 为两个关键 Artifact 的属性集合的交集数，$|A_1\cup A_2|$ 为两个关键 Artifact 的属性集合并集数。

(2) $\beta=1-\dfrac{v_1+v_2+v_3+v_4}{w}$，$v_1=\text{wskipn}\times\dfrac{|\text{sn}|}{|N_1|+|N_2|}$，$v_2=\text{wskipe}\times\dfrac{|\text{se}|}{|E_1|+|E_2|}$，$v_3=\text{wsubn}\times\left(1-\dfrac{\sum\limits_{n_1,n_2\in Q}1-\text{Sim}(n_1,n_2)}{|\text{sbn}|}\right)$，$v_4=\text{wsube}\times\dfrac{|\text{sbe}|}{|E_1|+|E_2|}$，$w=\text{wskipn}+\text{wskipe}+\text{wsubn}+\text{wsube}$，$|\text{sbn}|$ 表示可替换的节点数量，$|\text{sn}|$ 表示可插入和删除节点的数量，$|\text{se}|$ 表示可插入和删除边的数量，$|\text{sbe}|$ 表示可被修改的边数量；$0\leqslant\text{wsubn}\leqslant1$、$0\leqslant\text{wskipn}\leqslant1$、$0\leqslant\text{wskipe}\leqslant1$、$0\leqslant\text{wsube}\leqslant1$ 分别为 sbn、sn、se 和 sbe 的权值，$|N_1|$ 和 $|N_2|$ 分别为两个流程模型二部图的节点数，$|E_1|$ 和 $|E_2|$ 分别为两个流程模型二部图的边数。

(3)$\delta=\lambda\times\text{Sim}(\text{SDRS}_1,\text{SDRS}_2)+(1-\lambda)\times\text{Sim}(\text{AASS}_1,\text{AASS}_2)$，其中，$\text{Sim}(\text{SDRS}_1,\text{SDRS}_2)$表示两个流程模型中服务依赖关系集的相似度，$\text{Sim}(\text{AASS}_1,\text{AASS}_2)$表示两个流程模型中 Artifact 属性赋值序列集的相似度，且 $0\leqslant\lambda\leqslant1$。

(4)ω_i 是根据实验训练得到的经验权值，并且 $0\leqslant\omega_1\leqslant1,0\leqslant\omega_2\leqslant1,0\leqslant\omega_3\leqslant1$，$\omega_1+\omega_2+\omega_3=1$。

10.2.2 流程模型聚类及匹配架构

聚类分析是根据事物本身的特性研究个体的一种方法，目的在于将相似的事物归类。聚类原则是同一类中的个体有较大的相似性，不同类的个体差异性很大。同理，流程模型聚类的目标是使得具有较高相似度的流程模型聚到一个类簇，而不同流程模型类簇之间相似度很低。

为了提高流程模型聚类的准确性，在进行聚类操作之前，流程模型相似特征值提取是一个关键问题。根据定义 10.1，从三个方面进行考虑，即流程模型中核心业务数据(即关键 Artifact 类型)、流程模型结构(即以 Artifact 为中心的业务流程二部图模型)和流程模型行为(即 Artifact 生命周期树模型)三个特征值提取流程模型相似性指标。

流程模型聚类的结果可以作为其他操作的预处理工作。例如，为了提高流程模型的查准率，减少模型检索时间，首先可以借助聚类技术，将业务流程模型库中的相似流程模型聚集到同一类簇中，然后进行流程模型匹配操作。以 Artifact 为中心的业务流程模型聚类和匹配架构如图 10.1 所示。

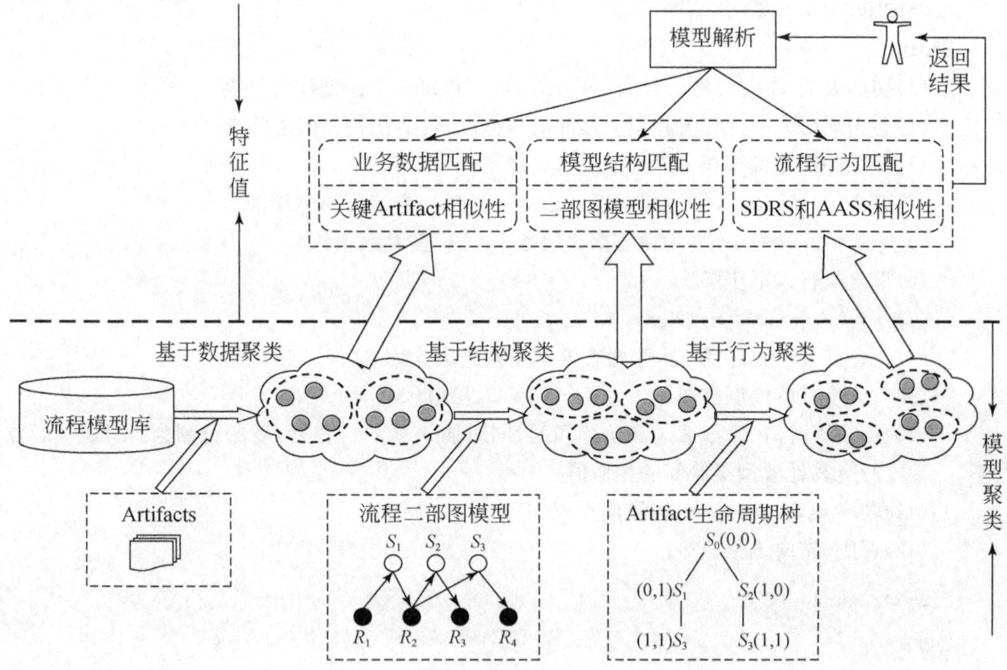

图 10.1　以 Artifact 为中心的业务流程模型聚类和匹配架构

在该架构下，首先对以 Artifact 为中心的业务流程模型进行聚类。聚类过程中，将每一个流程模型作为一个类簇。然后，根据流程模型的相似特征值指标，阶段性逐步求精地进行聚类操作。在模型匹配过程中，当流程模型请求到达时，先将被请求的流程模型进行解析，得到流程模型的关键 Artifact、流程二部图模型和 Artifact 生命周期树模型。再根据定义 10.1 给出的流程模型相似度计算公式，在经过聚类后的流程模型类簇中进行模型匹配操作。

10.2.3　流程模型聚类及匹配算法

层次聚类算法是一种经典的聚类算法，同时也是被广泛研究的聚类算法[41]。层次聚类本身分为凝聚和分裂两种实现，在凝聚算法中，又分基于矩阵理论的凝聚和基于图论的凝聚。本节根据矩阵理论的凝聚层次聚类思想，利用上面提出的流程模型相似度评估准则，构造业务流程模型相似矩阵，通过不断地对相似矩阵进行更新，最终完成流程模型的聚类操作。下面给出流程模型聚类算法的描述。

算法 10.1　流程模型聚类算法。

输入：流程模型集合 S；

输出：m 个模型类簇 C_i，$|C_1 \cup C_2 \cup \cdots \cup C_m| = |S|$ 且 $1 \leqslant i \leqslant m$。

```
ModelClustering(S)
Begin
  (1)初始聚类 C₀={{S₁},{S₂},…,{Sₙ}};//将每一个模型作为一类
  (2)利用式(10.1)计算流程模型之间的相似度,构造初始相似矩阵 R;
  (3)训练并设置模型相似度阈值变量 k;
  (4)选择 C₀={{S₁},{S₂},…,{Sₙ}};//选择每一个流程模型作为一类
  (5)令 t=0,m=n;//t 为模型聚类层数,m 为模型类簇个数
  (6)重复执行以下步骤:
  (7)   t=t+1,m=n/(N-t);
  (8)   合并 Sᵢ 和 Sⱼ 为 S_q,这两个模型类簇满足 Sim(Sᵢ,Sⱼ)≥k;
  (9)   产生新的模型类簇 Cₜ=(C₀-{Sᵢ,Sⱼ})∪{S_q};
  (10)更新矩阵 R,删除第 i 和 j 行和列,同时插入新的行和列,新的行列为合并类 C_q 与
      所有其他模型类簇间的相似值;
  (11)若 Sim(Sᵢ,Sⱼ)≥k,则转向步骤(6);
  (12)否则,转向步骤(13);
  (13)return ∪(i=1..m) Cᵢ;
End
```

整个流程模型聚类过程中，假设算法最多包含 N 步，在第 l 步，执行的操作就是在前 $l-1$ 步的模型聚类基础上生成新模型类簇。在层次 t 上，有 $N-t$ 个模型类簇，为了确定 $t+1$ 层上要合并的模型类簇对，必须考虑 $(N-t)\times(N-t-1)/2$ 个模型类簇对。这样，聚类过程总共要考虑的模型类簇对数量就是 $(N-1)\times N\times(N+1)/6$，整个算法的时间复杂度是 $O(N^3)$。

流程模型匹配是建立在模型聚类结果基础之上的，综合业务流程模型中关键 Artifact、流程模型结构和流程模型行为三个方面对流程进行匹配。下面给出流程模型匹配算法描述。

算法 10.2　流程模型匹配算法。

输入：流程模型的聚类集合 $C_1, C_2, \cdots, C_m$；

输出：满足条件的流程模型集合 C_i。

```
ModelMatching(C₁,C₂,…,Cₘ)
Begin
  (1)初始化:C₀=C₁∪C₂∪…∪Cₘ,λ 为训练得到的相似度阈值,P 为匹配模型;
```

```
(2)在聚类集合 C0 中遍历每一个模型类簇 Ci，且 Ci∈C0；
(3)  A1＝getKeyArtifact(P)；//获取模型 P 的关键 Artifact
(4)  A2＝getKeyArtifact(Ci)；//获取模型类簇 Ci 的关键 Artifact
(5)     若 Sim(A1,A2)<λ，则转步骤(2)；
(6)     否则转步骤(7)；
(7)  G1＝getBipartiteGraphs(P)；//获取模型 P 的二部图模型
(8)  G2＝getBipartiteGraphs(Ci)；//获取模型 Ci 的二部图模型
(9)     若 Sim(G1,G2)<λ，则转步骤(2)；
(10)    否则转步骤(11)；
(11)  B1＝getProcessBehavior(P)；//获取模型 P 的行为模型
(12)  B2＝getProcessBehavior(Ci)；//获取模型 Ci 的行为模型
(13)    若 Sim(B1,B2)<λ，则转步骤(2)；
(14)    否则转步骤(15)；
(15)调用式(10.1)计算流程模型的相似值；
(16)  若成立，则转步骤(18)；
(17)  否则转步骤(2)；
(18)return Ci；
End
```

在整个匹配过程中，算法只需遍历已经聚类的模型类簇，而不必对流程模型库中的每一个模型进行比较。假设流程模型总数为 l 个，模型聚类数为 m 个，整个模型匹配算法中，基于图编辑距离的图匹配过程最消耗时间，时间复杂度为 $O(S^2+R^2)$，S 为模型图的服务节点数，R 为模型图的仓库节点数。在不考虑模型聚类预处理时间的前提下，本节提出匹配算法的时间复杂度为 $m\times O(S^2+R^2)$，而未使用聚类技术的匹配算法的时间复杂度为 $l\times O(S^2+R^2)$。因为 $m<l$，所以 $m\times O(S^2+R^2)<l\times O(S^2+R^2)$。

10.3　服务组合模式挖掘

SOA 已成为 BPM 的一个重要基础，它使流程服务能够快速组合，从而编排成更大的端到端流程。以 Artifact 为中心的业务流程使用服务组合技术，通过将多个服务组合起来操作 Artifact，最终实现业务需求。在许多情况下，服务组合并不是随机性的，一些服务组合会在多个业务流程中重复出现和使用。因此，挖掘一些频繁使用的服务组合模式为面向服务业务流程的设计和开发提供了实践性依据和保证。为了提高服务组合的质量，本节给出基于 Artifact 服务关联模式的定义。在此基础上，给出以 Artifact 为中心的业务流程模型中服务组合模式挖掘的整体架构。在该架构下，首先借助 Apriori 算法思想，挖掘出频繁的服务执行模式。然后，利用服务与 Artifact 相关性，根据 Artifact 生命周期发现服务执行模式中的完整业务流程，挖掘出服务组合模式。最后，对服务组合模式的质量进行评估。

10.3.1　基于 Artifact 的服务关联模式

由于 Artifact 包含业务执行各阶段所需的所有数据，业务流程的执行过程实际上是通过服务对 Artifact 的操作过程。服务之间是否可以进行组合取决于它们之间处理的 Artifact 相关性，下面给出了 4 种基于 Artifact 感知的服务关联模式。

(1)服务串联关联模式。如果服务 S_1 输出的 Artifact 是服务 S_2 输入的 Artifact，那么服务 S_1 与 S_2 满足服务串联关联模式，如图 10.2(a)所示，记为 $S_1.\text{output}(A_1)\mapsto S_2.\text{input}(A_2)$。

(2)服务或关联模式。如果服务 S_1 输出的 Artifact 是服务 S_2 输入的 Artifact 或者服务 S_3 输入的 Artifact，那么服务 S_1、S_2 和 S_3 之间满足服务或关联模式，如图 10.2(b)所示，记为 $S_1.\text{output}(A_1)\mapsto S_2.\text{input}(A_2)\text{OR } S_3.\text{input}(A_3)$。

(3)服务并关联模式。如果服务 S_1 输出的 Artifact 与服务 S_2 输出的 Artifact 的并集作为服务 S_3 输入的 Artifact，那么服务 S_1、S_2 和 S_3 之间满足服务并关联模式，如图 10.2(c)所示，记为 $S_1.\text{output}(A_1)\cup S_2.\text{output}(A_2)\mapsto S_3.\text{input}(A_3)$。

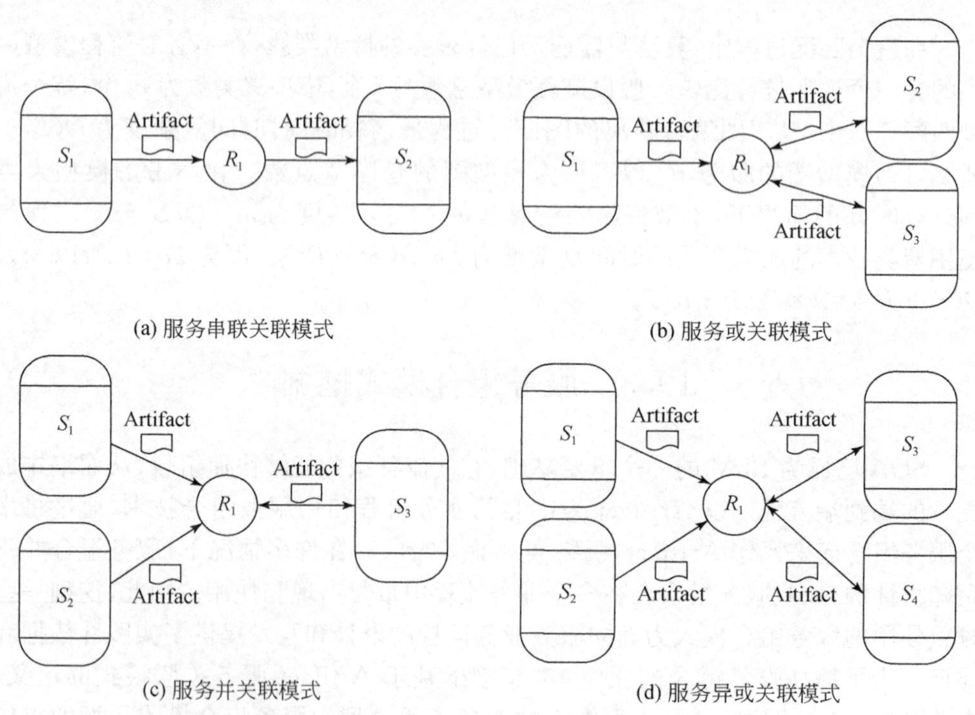

图 10.2　基于 Artifact 感知的服务关联模式

(4)服务异或关联模式。如果服务 S_1 输出的 Artifact 与服务 S_2 输出的 Artifact 的并集作为服务 S_3 输入的 Artifact 或服务 S_4 输入的 Artifact，那么服务 S_1、S_2、S_3 和 S_4 满足服务异或关联模式，如图 10.2(d)所示，记为 $S_1.\mathrm{output}(A_1)\cup S_2.\mathrm{output}(A_2)\mapsto S_3.\mathrm{input}(A_3)\ \mathrm{OR}\ S_4.\mathrm{input}(A_4)$。

10.3.2　服务组合模式挖掘框架

以 Artifact 为中心业务流程模型中服务组合模式挖掘的整体架构如图 10.3 所示。在该架构下，服务组合模式挖掘主要包含三个阶段：第一，对流程的执行日志进行预处理；第二，获得频繁的服务执行模式；第三，在频繁的服务执行模式中挖掘具有完整流程功能的服务组合。

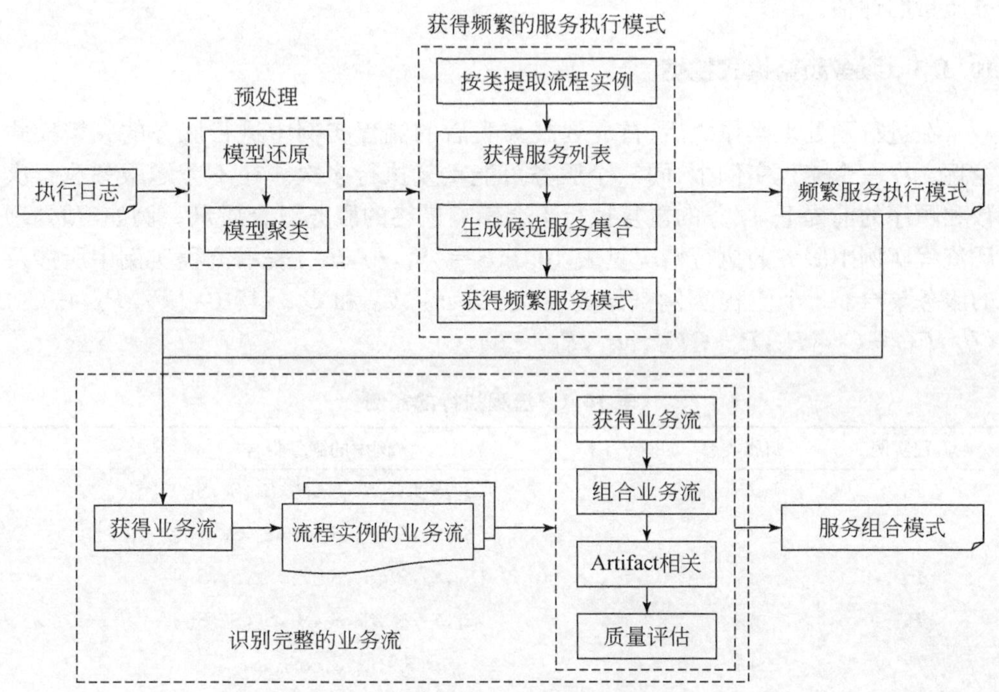

图 10.3　服务组合模式挖掘的整体架构

在预处理阶段，包括流程模型还原和流程模型聚类两个操作。业务流程模型部署到执行环境后，业务流程执行时将产生流程日志，一个完整的流程实例是由若干流程日志组成的。在进行服务组合模式挖掘之前，利用 α-算法[42]自动地将流程日志还原回流程模型，每一个流程模型将有一个唯一的标识。为了使服务组合更具有内聚性，利用本章给出的流程模型聚类方法将流程模型进行聚类操作，使得相似流程模型都归类到同一个簇中，提高服务组合模式挖掘的准确性和可靠性。

在以 Artifact 为中心的业务流程中，每一个流程模型都包含若干个服务。在进行服务组合挖掘之前，首先要获得频繁的服务执行模式。这些频繁的服务执行模式将作为服务组合模式挖掘的候选服务集合。该步骤中，采用 Apriori 算法思想生成候选服务集合。生成的候选服务集合中，选择最频繁的服务执行模式作为候选服务模式集合，在该候选服务模式集合上完成最终的服务组合操作。

为了使候选服务模式集合满足完整的业务流程功能，利用服务与 Artifact 的关联模式最终完成服务组合模式的挖掘。根据 Artifact 的生命周期特征，将操作该 Artifact 的服务根据关联模式进行组合。利用 10.3.1 节给出的 4 种基于 Artifact 感知的服务关联模式，找出服务之间的控制流和数据流完整组织结构，组合成一个满足 Artifact 完整生命周期的业务流程。最后，对服务组合模式进行服务质量的评估。

10.3.3 服务频繁模式挖掘

在进行预处理操作之后，首先要在聚类后的流程实例中进行服务的频繁模式挖掘。在一个流程实例中，同一个服务可能重复执行多次。在不考虑服务执行次数和顺序的前提下，服务的重复执行不会影响最终的服务组合质量。例如，预处理后流程实例中服务的执行情况见表 10.1，$S=\{S_1,\cdots,S_{15}\}$表示流程实例中所涉及的服务集合。8 个流程实例被聚为 4 类：C_1、C_2、C_3 和 C_4。其中，$\{P_1,P_2\}\in C_1$，$\{P_3,P_4\}\in C_2$，$\{P_5,P_6\}\in C_3$，$\{P_7,P_8\}\in C_4$。

表 10.1 流程执行的实例

流程实例	归属类簇	实例中的服务集合
P_1	C_1	$\{S_1,S_2,S_4,S_5,S_6,S_7,S_8,S_9,S_{11}\}$
P_2	C_1	$\{S_1,S_3,S_4,S_5,S_6,S_7,S_8,S_9,S_{11}\}$
P_3	C_2	$\{S_1,S_2,S_4,S_6,S_5,S_7,S_8,S_9,S_{12}\}$
P_4	C_2	$\{S_1,S_3,S_4,S_6,S_5,S_7,S_8,S_9,S_{12}\}$
P_5	C_3	$\{S_1,S_{13},S_{14},S_{15},S_4\}$
P_6	C_3	$\{S_1,S_{13},S_{14},S_{15},S_4\}$
P_7	C_4	$\{S_1,S_2,S_4,S_5,S_6,S_7,S_4,S_5,S_6,S_7,S_8,S_9,S_{10}\}$
P_8	C_4	$\{S_1,S_3,S_4,S_5,S_6,S_7,S_4,S_5,S_6,S_7,S_8,S_9,S_{10}\}$

在该方法中，首先枚举各种服务数量的频繁服务模式，形成候选服务集合。从候选服务集合中，构造满足条件的服务组合模式。具体来讲，先将每一个服务作为候选服务，形成频繁 1-项集的服务集合。频繁 1-项集的服务集合用于找出频繁 2-项集的服务集合，而频繁 2-项集的服务集合用于找出频繁 3-项集的服务集合。依

次类推，直到不能找到频繁 k-项集的服务集合。此过程即频繁服务项集的连接操作。

利用支持度来度量候选服务集合的执行频率，这里的支持度是指所有频繁 k-项集的服务集合被流程实例执行的次数，即 $\text{Support}(\{S_k\})=|\{S_k\}\subseteq P|$。例如，在表 10.1 中，8 个流程实例都执行了频繁 1-项集的服务集合 $\{S_1\}$。因此，频繁 1-项集的服务集合 $\{S_1\}$ 的支持度为 8。

为了提高获取频繁 k-项集服务集合的效率，通过设定一个支持度阈值 ψ_s 过滤掉候选服务集合中的非频繁项，此过程即剪枝操作。本章规定支持度阈值 $\lambda>|P|/|C|$。其中，$|P|$ 为流程实例的个数，$|C|$ 为流程实例的分类簇数。例如，在表 10.1 中，流程实例的个数 $|P|=8$，流程实例的类簇数 $|C|=4$，则支持度阈值 $\lambda>2$。因此，候选服务集合中支持度小于等于 2 的服务子集将被过滤掉。产生频繁候选服务集合过程中连接与剪枝的操作如图 10.4 所示。

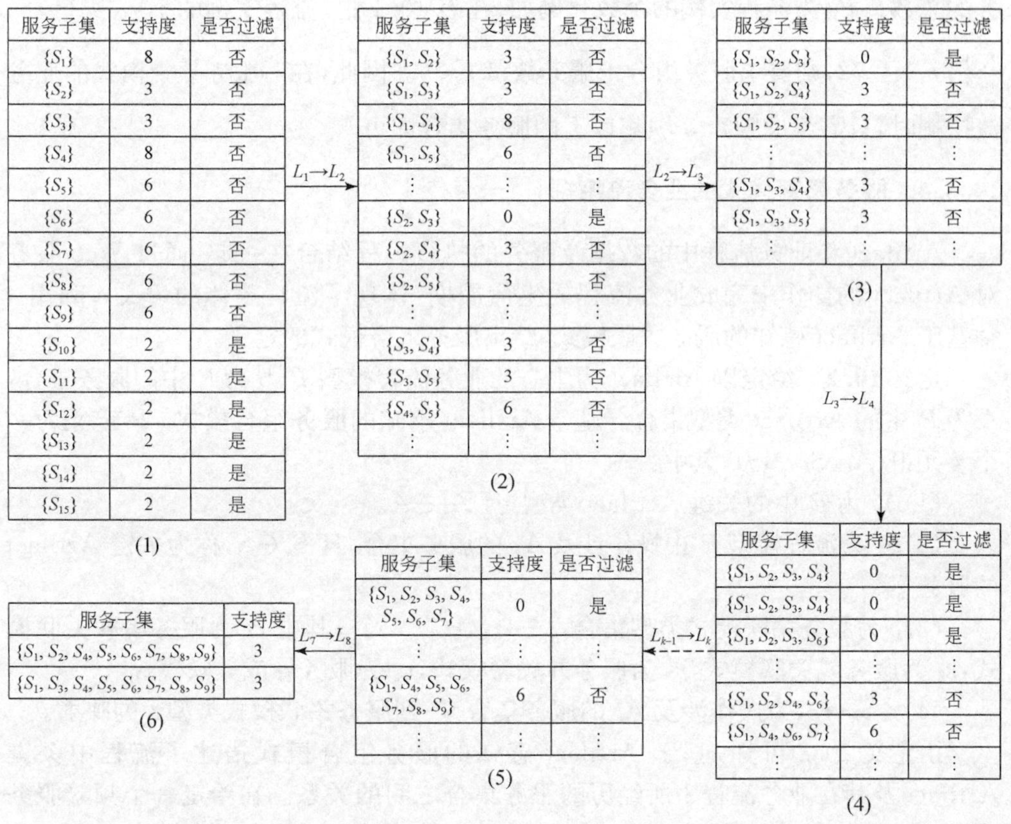

服务子集	支持度	是否过滤
$\{S_1\}$	8	否
$\{S_2\}$	3	否
$\{S_3\}$	3	否
$\{S_4\}$	8	否
$\{S_5\}$	6	否
$\{S_6\}$	6	否
$\{S_7\}$	6	否
$\{S_8\}$	6	否
$\{S_9\}$	6	否
$\{S_{10}\}$	2	是
$\{S_{11}\}$	2	是
$\{S_{12}\}$	2	是
$\{S_{13}\}$	2	是
$\{S_{14}\}$	2	是
$\{S_{15}\}$	2	是

(1)

服务子集	支持度	是否过滤
$\{S_1, S_2\}$	3	否
$\{S_1, S_3\}$	3	否
$\{S_1, S_4\}$	8	否
$\{S_1, S_5\}$	6	否
⋮	⋮	⋮
$\{S_2, S_3\}$	0	是
$\{S_2, S_4\}$	3	否
$\{S_2, S_5\}$	3	否
⋮	⋮	⋮
$\{S_3, S_4\}$	3	否
$\{S_3, S_5\}$	3	否
$\{S_4, S_5\}$	6	否
⋮	⋮	⋮

(2)

服务子集	支持度	是否过滤
$\{S_1, S_2, S_3\}$	0	是
$\{S_1, S_2, S_4\}$	3	否
$\{S_1, S_2, S_5\}$	3	否
⋮	⋮	⋮
$\{S_1, S_3, S_4\}$	3	否
$\{S_1, S_3, S_5\}$	3	否
⋮	⋮	⋮

(3)

服务子集	支持度	是否过滤
$\{S_1, S_2, S_3, S_4\}$	0	是
$\{S_1, S_2, S_3, S_4\}$	0	是
$\{S_1, S_2, S_3, S_6\}$	0	是
⋮	⋮	⋮
$\{S_1, S_2, S_4, S_6\}$	3	否
$\{S_1, S_4, S_6, S_7\}$	6	否
⋮	⋮	⋮

(4)

服务子集	支持度	是否过滤
$\{S_1, S_2, S_3, S_4, S_5, S_6, S_7\}$	0	是
⋮	⋮	⋮
$\{S_1, S_4, S_5, S_6, S_7, S_8, S_9\}$	6	否
⋮	⋮	⋮

(5)

服务子集	支持度
$\{S_1, S_2, S_4, S_5, S_6, S_7, S_8, S_9\}$	3
$\{S_1, S_3, S_4, S_5, S_6, S_7, S_8, S_9\}$	3

(6)

图 10.4　频繁候选服务集合的生成过程

步骤(1)给出频繁 1-项集的服务集合的支持度和剪枝情况,可以得到频繁 1-项集的服务集合为$\{\{S_1\},\{S_2\},\{S_3\},\{S_4\},\{S_5\},\{S_6\},\{S_7\},\{S_8\},\{S_9\}\}$。步骤(2)给出频繁 2-项集的剪枝情况,可以得到频繁 2-项集的服务集合为$\{\{S_1,S_2\},\{S_1,S_3\},\{S_1,S_4\},\{S_1,S_5\},\{S_2,S_3\},\{S_2,S_4\},\{S_2,S_5\},\{S_3,S_4\},\cdots\}$。

步骤(3)给出了频繁 3-项集的服务集合的支持度和剪枝情况,可以得到频繁 3-项集的服务集合为$\{\{S_1,S_2,S_3\},\{S_1,S_2,S_4\},\{S_1,S_2,S_5\},\{S_1,S_3,S_4\},\{S_1,S_3,S_5\},\cdots\}$。依次类推,步骤(6)得到最高频繁 8-项集的服务集合$\{\{S_1,S_2,S_4,S_5,S_6,S_7,S_8,S_9\},\{S_1,S_3,S_4,S_5,S_6,S_7,S_8,S_9\}\}$。在服务组合过程中,较少服务数量的频繁 k-项集的服务集合很可能呈现流程功能不完整性。因此,频繁 k-项集的服务集合中服务的数量是一个重要的问题。本章规定服务组合中服务数量 $n\geqslant\left[\sum_{i=1}^{m}|p_i|/(2|P|)\right]$,m 为流程实例数。其中,$\sum_{i=1}^{m}|p_i|$ 为所有流程实例中服务的总数,$|P|$为流程实例的个数。例如,在表 10.1 中,流程实例的个数$|P|=8$,$\sum_{i=1}^{m}|p_i|=72$,则要求服务组合中服务数量 $n\geqslant5$。因此,在对服务频繁模式的业务流挖掘时,只需考虑频繁 5-项集以上的服务集合即可。

10.3.4 服务频繁模式的业务流挖掘

Artifact 将业务流程中的数据及服务的执行过程结合在一起,通过 Web 服务对 Artifact 的操作来完成业务流程的生命周期,体现了流程整体的语义。利用 4 种基于 Artifact 感知的服务关联模式,给出服务组合模式的定义。

定义 10.2 给定以 Artifact 为中心的业务流程模型 P,S 为 P 中的服务集合,A 为 P 中的 Artifact 类型集合。基于 Artifact 感知的服务组合模式 CR 定义为一个 4 元组(A_k,S_k,ρ,σ),其中:

(1)A_k 为 P 中的关键 Artifact 类型,且 $A_k\in A$。

(2)S_k 为流程模型 P 中操作涉及 A_k 的服务集合,且 $S_k\in S$,称为关键 Artifact 的服务集。

(3)ρ 为服务关联模式类型集合,$\rho\in\{r_1,r_2,r_3,r_4\}$,其中 r_1 为服务串联关联模式,r_2 为服务或关联模式,r_3 为服务并关联模式,r_4 为服务异或关联模式。

(4)$\sigma:S_k\rightarrow\rho$,为操作涉及 A_k 的服务集合 S_k 到服务关联模式类型 ρ 的映射。

由定义 10.2 可知,基于 Artifact 感知的服务组合模式描述了流程中关键 Artifact 及其在业务流程中所经历的服务集合之间的关系。在给定一个频繁服务模式集合后,可以使用算法 10.3 获取基于 Artifact 感知的服务组合模式。

算法 10.3 获取基于 Artifact 感知的服务组合模式。

输入:频繁 k-项集服务模式集合 S,关键 Artifact 类型 A_k;

输出:服务组合模式 S_k。

```
GetServiceCompositionPattern(S,A_k)
Begin
  (1)初始化:S,A_k,k,S_k,List,r_1,r_2,r_3,r_4;
  (2)List←null,S_k←null;// List是用于存储服务组合模式的线性表
  (3)Foreachk-频繁项集中的每一个服务 S_i∈S
  (4)while(k≥2)do
  (5)   if(S_i.output(A_k)与 S_j.input(A_k)满足 r_1){
  (6)     List←(〈S_i S_j〉,r_1);//获得服务串联关联模式,存入List
  (7)     k←k-2;}
  (8)   else if(S_i.output(A_k)==S_j.input(A_k) OR S_i.output(A_k)==S_p.input
        (A_k)){
  (9)     List←(〈S_i S_j,S_p〉,r_2);//获得服务或关联模式,存入List
  (10)    k←k-3;}
  (11)  else if(S_i.output(A_k)AND S_j.output(A_k)==S_p.input(A_k)){
  (12)    List←(〈S_i S_j,S_p〉,r_3);//获得服务并关联模式,存入List
  (13)    k←k-3;}
  (14)  else if(S_i.output(A_k)AND S_j.output(A_k)==S_p.input(A_k)OR S_r.output(A_k)){
  (15)    List←(〈S_i S_j,S_p,S_r〉,r_4);//获得服务异或关联模式,存入List
  (16)    k←k-4;}
  (17)endwhile
  (18)if(List.length()! =null){
  (19)  Merged(List,{r_1; r_2; r_3; r_4});//合并List中的关联模式构成业务流程
  (20)  S_k←Merged(List,{r_1; r_2; r_3; r_4});
  (21)}
  (22)return S_k;
End
```

在整个算法的执行过程中,步骤(4)~(17)用于获得频繁 k-项服务集合中基本的四种服务关联模式,步骤(19)中的 Merged 函数用于合并所有基本的服务关联模式,组成完整业务流程。该函数是获得服务关联模式的一个递归操作,只是这里的子项仍是一个服务关联模式。因此,算法中略去了对 Merged 函数的详细描述。整个算法的时间复杂度是 $O(n\times k^3)$,其中 n 为频繁 k-项服务集合中基本服务关联模式个数,k 为服务集合中服务的个数。

以频繁 8-项集的服务集合$\{\{S_1,S_2,S_4,S_5,S_6,S_7,S_8,S_9\}$、$\{S_1,S_3,S_4,S_5,S_6,S_7,S_8,S_9\}\}$为例,假定从日志中获得的每一个服务基本功能信息见表 10.2,其中 A_1 为流程中关键 Artifact 类型。服务的基本功能信息包括服务的输入、输出、执行的前提条件和执行后产生的影响。

表 10.2 服务的基本功能描述

服务	输入	输出	前提条件	影响
S_1	A_1	A_1	Null	S_2
S_2	A_1	A_1	S_1	S_4
S_3	A_1	A_1	S_1	S_4
S_4	A_1	A_1	S_2 OR S_3	S_5 OR S_6
S_5	A_1	A_1	S_4	S_7 OR S_8
S_6	A_1	A_1	S_4	S_7 OR S_8
S_7	A_1	A_1	$S_5 \cup S_6$	S_9
S_8	A_1	A_1	$S_5 \cup S_6$	S_9
S_9	A_1	A_1	$S_7 \cup S_8$	Null

对照表 10.2 中服务基本功能的描述信息，根据算法 10.3，首先获得基于 Artifact 的服务关联模式：S_1 与 S_2 的服务串联关联模式；S_2 与 S_4 的服务串联关联模式；S_4、S_5 和 S_6 的服务或关联模式；S_5、S_6、S_7 和 S_8 的服务异或关联模式；S_7、S_8 和 S_9 的服务并关联模式。然后，利用算法中的 Merged 函数合并获得的服务关联模式。为了使挖掘到的服务组合模式满足流程模型的设计规则，即服务与服务之间不允许直接有传输管道连接，因此在获得的每一个服务关联模式上自动添加仓库节点。候选服务集合$\{S_1,S_2,S_4,S_5,S_6,S_7,S_8,S_9\}$的业务流程如图 10.5 所示。

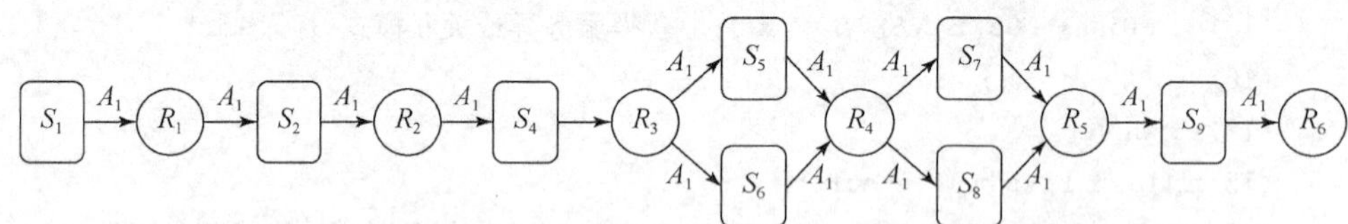

图 10.5 候选服务集合$\{S_1,S_2,S_4,S_5,S_6,S_7,S_8,S_9\}$的业务流程

同理，利用算法 10.3 对候选服务集合$\{S_1,S_3,S_4,S_5,S_6,S_7,S_8,S_9\}$进行服务关联模式的提取，基于 Artifact 的服务关联模式有：S_1 与 S_3 的服务串联关联模式；S_3 与 S_4 的服务串联关联模式；S_4、S_5 和 S_6 的服务或关联模式；S_5、S_6、S_7 和 S_8 的服务异或关联模式；S_7、S_8 和 S_9 的服务并关联模式。然后，根据算法中的 Merged 函数合并获得的服务关联模式，候选服务集合$\{S_1,S_3,S_4,S_5,S_6,S_7,S_8,S_9\}$的业务流程如图 10.6 所示。

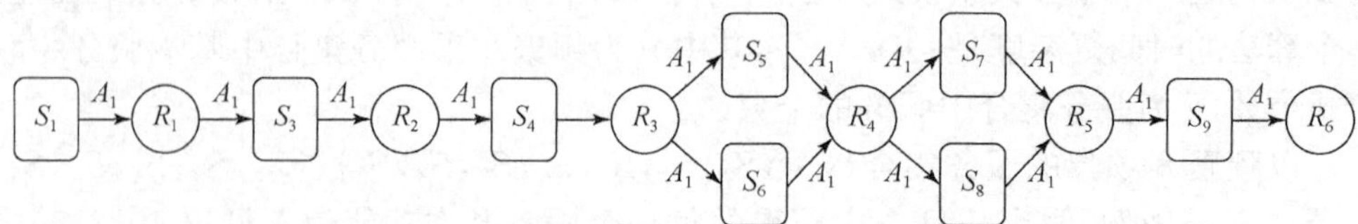

图 10.6 候选服务集合$\{S_1,S_3,S_4,S_5,S_6,S_7,S_8,S_9\}$的业务流程

第 11 章　流程模型中 Artifact 行为一致性分析

Artifact 行为一致性检查是继流程建模、模型分析之后重点解决的关键问题之一。本章从 Artifact 生命周期行为特征角度出发，提出一种基于 Artifact 快照序列的行为一致性检测方法[43]。该方法不仅检查 Artifact 生命周期模型中服务路径的一致性，同时也检查生命周期中 Artifact 类型属性赋值的正确性。首先，将 Artifact 行为一致性检查问题转换为语言可判定问题。然后，设计一台判定该语言的图灵机作为一致性验证模型。最后，给出 Artifact 行为一致性机制中拟合度的计算方法。

11.1　引　言

一致性检查是流程挖掘技术的主要功能之一。它是根据已有流程模型和其运行后的事件日志进行映射分析，检查流程模型中是否存在违规操作和不一致现象的过程。一致性检查技术的主要原理如图 11.1 所示，通过对流程模型的行为和日志记录的行为进行比较，找出两者之间的共性和差异。全局一致性检测将对本地诊断后的一致性进行量化，主要的质量评价指标包括拟合度(fitness)、精确度(precision)、通用性(generalization)和单一性(simplicity)。

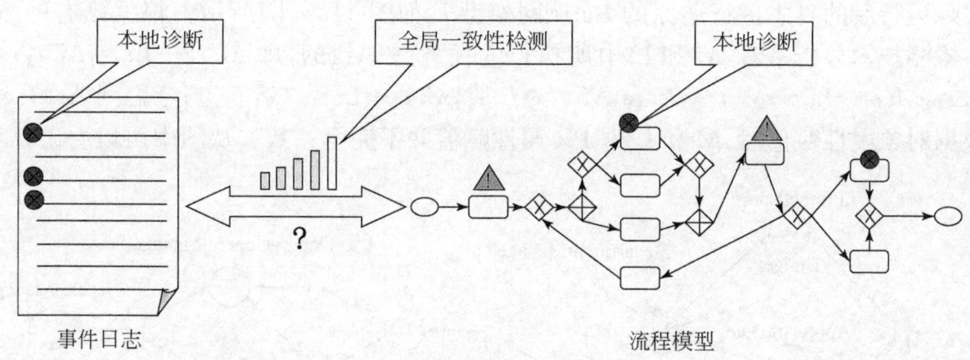

图 11.1　一致性检查技术的主要原理示意图

目前存在很多一致性检测方法[44,45]，这些方法都基于 Petri 网原理进行建模和分析，即给定一个流程的 Petri 网模型及其执行的事件日志，通过将事件日志还原为 Petri 网模型，然后对两个 Petri 网模型进行一致性分析。基于 Petri 网模型的检测机制存在模型语义过于严格的缺陷,很难做出更精确的分析。文献[46]提出一种与模型无关的事件平衡分析方法来避免 Petri 网模型的局限性。但是,由于在流程模型中条件设置的多样性,进行事件平衡数的计算比较复杂。Gunther 等[47]通过定义自适应模型(adaptive model)解决了这个问题。基于模糊模型的语义有时会过于松弛,Adriansyah 等[48]提出了一种灵活模型(flexible model)进一步解决了模糊模型存在的不足。在行为一致性检测中,拟合度是对行为一致性进行量化的重要指标。拟合度是否精确直接影响对流程模型的评测结果。随后,Adriansyah 等[49]又提出一种基于成本(cost-based)的分析技术来度量流程模型和事件日志之间的拟合度,然而,该技术也只针对流程中任务执行的成本进行了分析。为了保证检测结果的精确度,同时降低计算复杂度,Munoz-Gama 等[50]提出一种层次检测方法。该方法先将复杂模型分解成若干可交互的子模型求解,再对子模型进行合并。以 Artifact 为中心的业务流程中,Artifact 之间存在多对多(many-to-many)的交互模式,并且一个 Artifact 类型是由其数据对象模式和生命周期模式两部分组成的[51,52]。上述检测方法都是着重检测流程模型中的任务(服务)是否一致,而忽略了数据操作方面的一致性检测。文献[53]提出一种数据-流程图(data-process graph,DPG)模型有效地实现了面向业务流程的数据模型异常检测。但是,该模型只是对流程模型中的数据进行了静态异常检测,并未能实现对运行后的数据进行一致性检测。

在行为一致性检测过程中,忽略流程模型中数据操作方面会降低检测结果的精确度。例如,采购审批业务流程中,采购申请单(purchase request,PR)是业务流程中的关键 Artifact。PR 完整生命周期的 Petri 网模型 M 如图 11.2(a)所示,PR 实际运行后的日志进行还原的 Petri 网模型 L 如图 11.2(b)所示。根据已有一致性检测技术分析来看,M 和 L 中所执行的任务是一致的,即 $M.t_1 \leftrightarrow L.t_1$,$M.t_2 \leftrightarrow L.t_2$,$M.t_3 \leftrightarrow L.t_3$,$M.t_4 \leftrightarrow L.t_4$,$M.t_5 \leftrightarrow L.t_5$,$M.t_6 \leftrightarrow L.t_6$。然而,当考虑到 Artifact 数据对象属性赋值时,M 和 L 中 PR 属性赋值并不完全一致。从图中可以看出,L

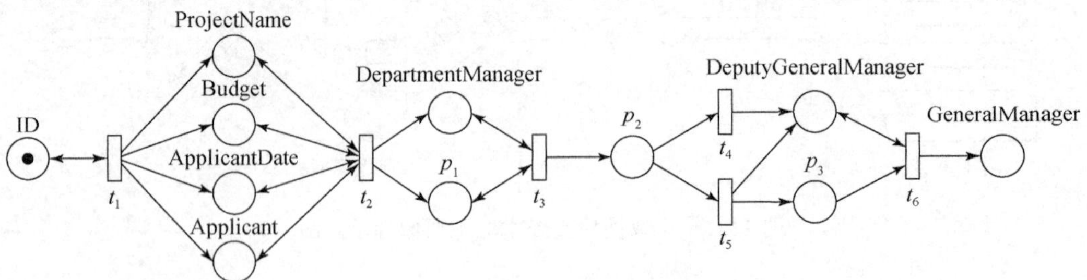

(a) PR完整生命周期的Petri网模型M

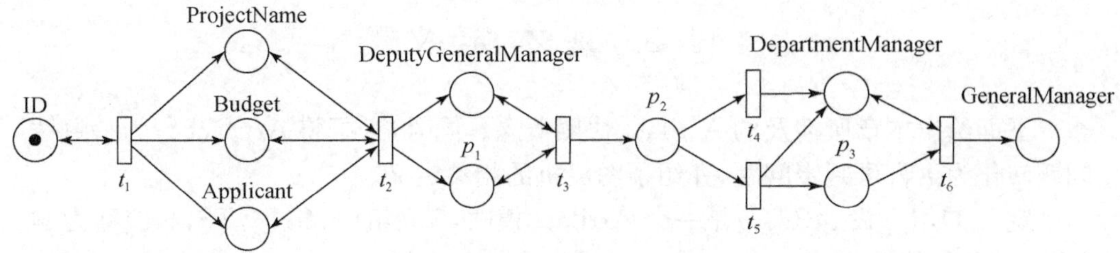

(b) PR执行日志的还原Petri网模型L

图 11.2　PR 的 Petri 网模型

中任务 t_1 执行后未对属性 ApplicantDate 进行赋值，而任务 t_2 和 t_4 执行后的属性赋值也与 M 中不一致。实例表明，仅从模型中任务角度考虑一致性问题是具有片面性的。

综上所述，在 Artifact 行为一致性检测过程中，不仅要考虑业务流程执行过程中服务路径是否一致，同时还要考虑 Artifact 属性赋值是否正确。因此，先要解决以下几个关键性问题：

(1)如何形式化描述 Artifact 的行为及 Artifact 行为一致性问题。

(2)如何设计一个验证模型，使其能够同时对服务路径和 Artifact 属性赋值状态进行检测。

(3)如何精确计算拟合度。

针对以上问题，本章提出了一种基于 Artifact 快照序列的行为一致性检测方法，该方法的主要思想如下：

(1)利用 Artifact 快照序列描述 Artifact 行为。现有流程行为描述模型(如 fuzzy model、flexible model 等)虽然简单明了，但在描述 Artifact 行为上明显不够完整。一个 Artifact 快照是在完整生命周期内，某一时刻 t，执行某一服务 S 时 Artifact 数据属性赋值的状态。Artifact 快照序列不仅体现了服务的运行轨迹，而且也描述出了 Artifact 数据属性赋值的状态变化。

(2)将 Artifact 行为一致性检测问题转换为语言可判定问题证明了该问题是一个可判定问题。首先，利用已知模型推导的 Artifact 快照序列定义语言。然后，构造一台判定该语言的图灵机作为一致性验证模型。最后，将实际执行后的快照序列在该模型上进行模拟，模拟过程中不仅检测了 Artifact 生命周期中服务路径的一致性，同时也检测了生命周期中 Artifact 属性赋值的正确性。

(3)利用 Artifact 的行为模式构造服务-快照关联矩阵。通过服务-快照关联矩阵的等价转换操作计算拟合度。服务-快照关联矩阵元素中包含了服务和 Artifact 属性赋值结果，提高了计算拟合度指标的精确度。

11.2 基本定义

下面给出本章所涉及的 Artifact 快照概念。同时，为了将 Artifact 行为一致性问题转化为语言可判定问题，介绍了图灵机的相关定义。

定义 11.1　设 $\mathcal{A}(U,\tau)$是一个 Artifact 模式，6 元组$(I,S,I_{\mathcal{A}},TS,\lambda,\zeta)$称为 $\mathcal{A}$ 的一个快照，其中：

(1)I 为唯一标识符。

(2)S 为操作 Artifact 模式 $\mathcal{A}$ 的服务集合。

(3)$I_{\mathcal{A}}$ 是该模式下标识符为 I 的实例集合。

(4)TS 为服务执行的时间戳集合。

(5)$\lambda: S\rightarrow I_{\mathcal{A}}$ 为服务集合到 Artifact 实例集合的映射函数。

(6)$\zeta: S\rightarrow TS$ 为服务集合到时间戳的映射函数。

Artifact 快照反映业务流程执行过程中，在某一时刻执行某一服务后 Artifact 属性赋值的状况。在一个 Artifact 快照中，记录了服务信息、Artifact 属性赋值信息和服务执行时间信息。根据定义 11.1，关键 Artifact 类 GC 在执行服务 Create GC 时产生一个 Artifact 快照，如表 11.1 所示。

表 11.1　关键 Artifact 类 GC 的一个快照

Service	ID	Table	Number	Waiter	Items	STime	Total	ETime	TimeStamp
Create GC	20120402001	Rooms 1	12	YangYan	Null	Null	Null	Null	2012-04-02

定义 11.2　图灵机是一个 7 元组$(Q,\Sigma,\Gamma,\delta,q_0,q_{\text{accept}},q_{\text{reject}})$，其中，$Q$、$\Sigma$、$\Gamma$ 都是有穷集合，并且：

(1)Q 是状态集。

(2)Σ 是输入字母表，不包括特殊空白符号 Π。

(3)Γ 是带字母表，其中：$\Pi\in\Gamma,\Sigma\subseteq\Gamma$。

(4)$\delta: Q\times\Gamma\rightarrow Q\times\Gamma\times\{L,R\}$是转移函数。

(5)$q_0\in Q$ 是起始状态。

(6)$q_{\text{accept}}\in Q$ 是接受状态。

(7)$q_{\text{reject}}\in Q$ 是拒绝状态，且 $q_{\text{accept}}\neq q_{\text{reject}}$。

图灵机是一种精确的通用计算机模型，能模拟实际计算机的所有计算行为。图灵机用一个无限长的带子作为无限存储，它有一个读写头，能在带子上读、写和左右移动。图灵机定义的核心是转移函数 δ，它说明了机器如何从一个格局走到下一个格局。在图灵机计算过程中，当前状态、当前带内容和读写头位置组合在一起，称为图灵机的格局。若图灵机能合法地从格局 C_1 一步进入格局 C_2，则称格局 C_1 产生格局 C_2。

图灵机 TM 接受输入 w，如果存在格局序列 $C_1, C_2, \cdots, C_k$ 使得：

(1)C_1 是 TM 在输入 w 上的起始格局。

(2)每一个 C_i 产生 C_{i+1}。

(3)C_k 是接受格局。

那么，TM 接受的字符串的集合称为 TM 的语言。如果一个语言能被某一图灵机识别，那么称该语言是图灵可识别的。如果一个语言能被某一图灵机判定，那么称它是图灵可判定的。

11.3　Artifact 行为一致性检查

根据行为一致性检测的定义，本节给出了 Artifact 行为一致性检测的方法，该方法的执行框架如图 11.3 所示。

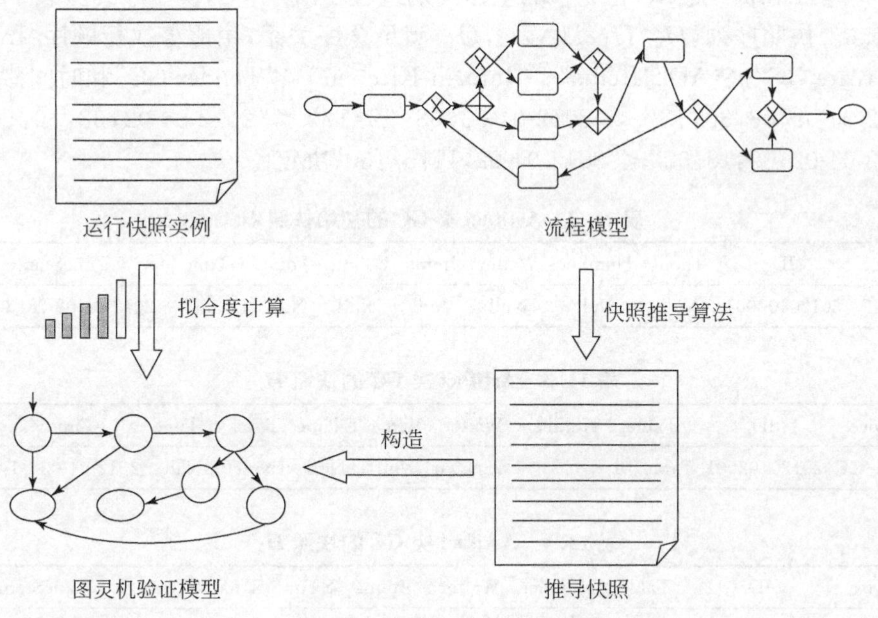

图 11.3　检测方法的执行框架

在该框架中，首先，根据已知流程模型推导 Artifact 快照序列；然后，将 Artifact 行为一致性检测问题转换为语言可判定问题，利用推导出的 Artifact 序列定义语言，构造图灵机作为一致性验证模型；最后，将实际运行后得到的快照序列放入图灵机中进行模拟来判定是否一致。进一步地，利用 Artifact 快照序列构造服务-快照关联矩阵，通过矩阵等价转换操作计算拟合度。

本节首先给出 Artifact 行为一致性问题的形式化定义；其次给出根据已知流程模型 P 推导 Artifact 快照序列的方法；然后将 Artifact 一致性问题转换为语言可判定问题，给出验证模型；最后给出一致性机制中拟合度的计算方法。

11.3.1 问题描述

Artifact 的生命周期定义了一类 Artifact 从创建到完成各操作直至归档的整个过程。一个 Artifact 快照反映了生命周期内某一时刻 t 执行某一服务 S 后 Artifact 数据属性赋值的状态。根据 Artifact 快照的定义，在一个 Artifact 完整的生命周期内 Artifact 快照序列构成了 Artifact 行为。

定义 11.3 在 Artifact 完整的生命周期内，Artifact 的行为可以描述为一个全序关系的 Artifact 快照序列($\{H_0, H_1, \cdots, H_{n-1}\}, \prec$)，其中$\{H_0, H_1, \cdots, H_{n-1}\}$为 Artifact 生命周期内快照集合，$H_0$为初始快照，$n$ 为服务执行路径中服务的数量，$\prec$表示快照序列满足全序关系，由生命周期内服务路径和时间戳决定。

关键 Artifact 类 GC 在完整的生命周期过程中所产生的快照序列见表 11.2～表 11.6。快照序列$\{H_0, H_1, H_2, H_3, H_4\}$满足全序关系，由服务执行顺序“Initial”$\prec$“Create GC”$\prec$“ADD Items”$\prec$“Inform Kitchen”$\prec$“Tender GC”和时间戳顺序“2012-04-02，08:30:15”$\prec$“2012-04-02，08:32:17”$\prec$“2012-04-02，08:50:50”$\prec$“2012-04-02，09:18:32”$\prec$“2012-04-02，11:51:30”决定。

表 11.2 Artifact 类 GC 的初始快照 H_0

Service	ID	Table	Number	Waiter	Items	STime	Total	ETime	TimeStamp
Initial	20120402001	Null	Null	Null	Null	Null	Null	Null	2012-04-02 08:30:15

表 11.3 Artifact 类 GC 的快照 H_1

Service	ID	Table	Number	Waiter	Items	STime	Total	ETime	TimeStamp
Create GC	20120402001	Table#1	10	WangYu	Null	Null	Null	Null	2012-04-02 08:32:17

表 11.4 Artifact 类 GC 的快照 H_2

Service	ID	Table	Number	Waiter	Items	STime	Total	ETime	TimeStamp
ADD Items	20120402001	Table#1	10	WangYu	Item#1	Null	Null	Null	2012-04-02 08:50:50

表 11.5 Artifact 类 GC 的快照 H_3

Service	ID	Table	Number	Waiter	Items	STime	Total	ETime	TimeStamp
Inform Kitchen	20120402001	Table#1	10	WangYu	Item#1	AM 09:18	Null	Null	2012-04-02 09:18:32

表 11.6　Artifact 类 GC 的快照 H_4

Service	ID	Table	Number	Waiter	Items	STime	Total	ETime	TimeStamp
Tender GC	20120402001	Table#1	10	WangYu	Item#1	AM 09:18	102.00	AM 11:50	2012-04-02 11:51:30

Artifact 行为一致性检查是根据已知流程模型 P 推导出的 Artifact 快照序列与实际运行后产生的 Artifact 快照序列进行映射分析，检查出流程模型中是否存在违规操作和不一致现象的过程。违规操作和不一致现象包含服务执行是否正确、Artifact 属性赋值是否正确。为了简化问题，本章只针对服务路径和 Artifact 数据属性是否赋值进行一致性检查，并不检查具体属性值的正确性和有效性。下面给出了简化 Artifact 快照的定义。

定义 11.4　设 $\mathcal{A}$ 是一个 Artifact 模式，H 是该模式下完整生命周期内的一个快照序列，对 H 进行一个简化变换 ε 得到 $\mathcal{A}$ 的简化 Artifact 快照 H^{*}，在变化过程中遵循的原则是当 H 中属性值为空时，将它的值变换为 0，当 H 中属性值非空时，将它的值变换为 1。

例如，对表 11.2 给出的关键 Artifact 类 GC 的一个快照进行简化后的结果见表 11.7。

表 11.7　关键 Artifact 类 GC 的一个简化快照

Service	ID	Table	Number	Waiter	Items	STime	Total	ETime	TimeStamp
1	1	1	1	1	0	0	0	0	1

根据简化 Artifact 快照的定义，下面给出 Artifact 行为一致性检查问题的形式化描述。

定义 11.5　设 H_{Infer} 是流程模型 P 推导出的简化 Artifact 快照序列，H_{Running} 是流程模型 P 运行后实际产生的 Artifact 快照序列，H_{Simplify} 是对 H_{Running} 进行简化后的 Artifact 快照序列，则 Artifact 行为一致性问题是判定 H_{Simplify} 能否还原回 H_{Infer}，即 $H_{\text{Simplify}} \xrightarrow{\text{Replay}} H_{\text{Infer}}$？

根据定义，如果 H_{Simplify} 能还原回 H_{Infer}，那么说明业务流程不存在违规操作或不一致现象。如果 H_{Simplify} 不能完全还原回 H_{Infer}，那么将检测到业务流程具体的违规操作。

11.3.2　Artifact 快照推导

Artifact 快照体现了 Artifact 生命周期的运行轨迹。经过不同的服务，Artifact 的属性赋值状态会产生相应的变化。在业务流程执行过程中，每执行完一个服务都将产生一个新的 Artifact 快照。在流程执行之前，给定一个业务流程模型 P 和 Artifact 类型的生命周期模型 $\mathcal{L}$，可以推导出该 Artifact 的简化快照序列。下面给出获取 Artifact 简化快照序列的算法描述。

算法 11.1 获取 Artifact 简化快照序列算法。

输入：流程模型 P，Artifact 生命周期模型 $\mathcal{L}$，简化初始快照 h_0；

输出：简化 Artifact 快照序列 Q。

```
GetArtifactSnapshotSquences(P,ℒ,h₀)
Begin
  (1)初始化 P,ℒ,Q,h,h′,h₀;
  (2)将简化 Artifact 初始快照 h₀ 赋给 h;
  (3)验证 h 的正确性:
  (4)   若 h 是无效快照,转步骤(1);否则,转步骤(5);
  (5)添加 Artifact 快照 h 到集合 Q 中;
  (6)调用快照推导子算法 InferArtifactSnapshot(h);
  (7)   若 h 可推导出一个新的简化 Artifact 快照 h′,则 h←h′,转步骤(5);
  (8)   否则,return Q;
End
```

在该算法中，子算法 InferArtifactSnapshot(h)是获取简化 Artifact 快照序列过程中最核心部分，它的主要功能是从一个已知的简化 Artifact 快照 h 推导出一个新的简化 Artifact 快照 h'。下面给出该子算法的详细描述。

算法 11.2 Artifact 快照推导子算法。

输入：简化 Artifact 快照 h；

输出：新的简化 Artifact 快照 h'。

```
InferArtifactSnapshot(h)
Begin
  (1)获取简化 Artifact 快照 h 的执行服务 S_h;
  (2)从流程模型 P 中获取操作该 Artifact 的服务路径 Path;
  (3)从 Path 中找到与 S_h 相对应的服务 S_mapping;
  (4)   若 S_mapping 是有效的服务,转步骤(5),否则转步骤(1);
  (5)   S_h ← S_mapping.next;
  (6)从该 Artifact 生命周期模型 ℒ 中找到与 S_h 映射的变迁 T;
  (7)根据 S_h 和 T 对应的库所集合构造一个简化 Artifact 快照 h′;
  (8)   若 h′ 不是有效的简化 Artifact 快照,则转步骤(1);
  (9)   否则,return h′;
End
```

该算法中，步骤(7)是获取新 Artifact 快照的关键。在生命周期模型 $\mathcal{L}$ 的 Petri 网模型中，变迁 T 对应流程模型中的服务元素，库所对应 Artifact 属性，库所中的令牌表示该属性是否赋值。若库所中存在一个标记，则表示当前属性已经赋值，用“1”表示，若库所中不存在标记，表示当前属性尚未赋值，用“0”表示。例如，根据图 2.3 给定的餐馆业务流程模型和图 2.2 给出的生命周期 Petri 模型 $\mathcal{L}$，利用算法 11.1 和算法 11.2 可以得到关键 Artifact 类 GC 完整生命周期的简化 Artifact 快照序列见表 11.8。

表 11.8　关键 Artifact 类 GC 的推导快照序列

Service	ID	Table	Num	Waiter	Items	Stime	Total	Etime	TimeStamp
1	1	0	0	0	0	0	0	0	1
1	1	1	1	1	0	0	0	0	1
1	1	1	1	1	1	0	0	0	1
1	1	1	1	1	1	1	0	0	1
1	1	1	1	1	1	1	1	1	1

定理 11.1　GetArtifactSnapshotSquences 算法的时间复杂度为 $O(|n|\times|m|\times p)$。

证明：步骤(7)在整个子算法中花费主要时间。在生命周期模型 $\mathcal{L}$ 的 Petri 网模型中，变迁 T 对应于流程模型中的服务元素，库所对应于 Artifact 的属性，库所中的令牌表示该属性是否赋值。如果库所中存在一个标记，那么表示当前属性已经赋值，用 1 表示；如果库所中不存在标记，表明当前属性尚未被赋值，用 0 表示。设变迁 T 的个数为 n(即 Artifact 生命周期中服务的个数)，库所的个数为 m(即 Artifact 的属性个数)。p 是用来维护不同标记状态的次数。因为完成一次 Artifact 快照构造只需单遍扫描库所标记的状态，所以需要的最坏时间复杂度为 $O(|m|\times p)$。要完成整个生命周期内的 Artifact 快照序列的构造，需要遍历 n 个变迁对库所标记状态。因此，GetArtifactSnapshotSquences 算法的时间复杂度为 $O(|n|\times|m|\times p)$。证毕。

定理 11.2　GetArtifactSnapshotSquences 算法的空间复杂度为 $O(|m^2|)$。

证明：在快照推导过程中，算法需要维护每一次生成的 Artifact 快照属性赋值的状态，设库所的个数为 m(即 Artifact 的属性个数)，一次生成的 Artifact 快照属性赋值的状态中，属性的个数小于等于 m，所以 GetArtifactSnapshotSquences 算法的空间复杂度为 $O(|m^2|)$。证毕。

11.3.3　问题转换

为了能同时检查服务路径和 Artifact 数据对象属性赋值的正确性，本节提出通过语言判定原理来解决 Artifact 行为一致性问题。根据 Artifact 类型和 Artifact 快照的定义，在进行 Artifact 行为一致性检查时，一个关键的问题是如何将 Artifact 行为一致性检查问题转换为语言判定问题。下面给出问题转换后的形式化定义。

定义 11.6 Artifact 行为一致性语言判定问题的形式化定义为：$\langle P,h\rangle \in B=\{\langle P,H\rangle \mid P$ 推导出 $H\}$？其中：

(1)P 为一个以 Artifact 为中心的业务流程模型。

(2)H 为流程模型 P 可推导出的简化 Artifact 快照序列。

(3)B 为一个语言，即该流程模型下所有简化 Artifact 快照序列集合。

(4)$\langle P,h\rangle$表示 P 实际运行过程中产生的一个 Artifact 快照序列。

判定$\langle P,h\rangle$是否属于语言 B。如果$\langle P,h\rangle \in B$，即可判定，表示 Artifact 的行为一致；如果$\langle P,h\rangle \notin B$，即不可判定，表示 Artifact 行为不一致。

根据 Artifact 行为一致性语言判定问题的形式化定义，可将 Artifact 行为一致性问题描述成检查语言的成员隶属关系问题。下面的定理将证明语言 B 是可判定语言。

定理 11.3 B 是一个可判定的语言。

证明：证明思路是构造一个判定该语言 B 的图灵机 $TM_A=(H,\Sigma,\tau,\delta,h_0,h_{accept},h_{reject})$，其中：

(1)H 是该 Artifact 类型的简化快照序列集合。

(2)Σ 为字母表＝{0 和 1 组成的字符串集合，每个字符串的长度为简化 Artifact 快照的属性个数}。

(3)τ 为带字母表＝$\{\Sigma,\Pi\}$。

(4)δ 为转移函数，即流程模型中的服务 S。

(5)$h_0 \in H$ 为该 Artifact 类型的初始快照。

(6)$h_{accept} \in H$ 为该 Artifact 类型的可接受快照。

(7)$h_{reject} \in H$ 为该 Artifact 类型的拒绝快照。

在该验证模型中，首先检查输入$\langle P,h\rangle$，它表示一个流程模型和其执行的 Artifact 快照实例。当 TM_A 收到这个输入时，根据 Artifact 快照的定义，检查该输入是否正确表示流程模型 P 中 Artifact 快照。若是，则先将其转换为简化 Artifact 快照；若不是，则拒绝。

然后 TM_A 执行模拟。运行开始时，TM_A 的初始状态是 Artifact 初始快照 h_0，状态和位置的更新是由转移函数，即流程模型中的服务来操作完成的。当 TM_A 处理完最后一个 Artifact 快照时，若 TM_A 处于接受状态，则 TM_A 接受这个输入，表明 Artifact 行为一致；若 TM_A 处于拒绝状态，则 TM_A 不接受这个输入，表明 Artifact 行为不一致。证毕。

11.3.4　拟合度计算

给定一个流程模型 P 和其执行的 Artifact 快照序列，可以定义一些机制来衡量它们之间的一致性。其中，拟合度是衡量流程行为一致性的主要性能指标。为了计算流程模型 P 和其执行的 Artifact 快照序列之间的拟合度，本节首先利用服务路径与 Artifact 快照之间的映射关系，构造服务与 Artifact 快照的关联矩阵 R，然后根据比较服务路径和矩阵等价转换计算拟合度。

定义 11.7　设向量 $S=(S_1,S_2,\cdots,S_m)$ 为一个 Artifact 完整生命周期的服务路径，向量 $A=(A_1,A_2,\cdots,A_n)$ 为简化 Artifact 快照的属性集合，构造一个服务-快照关联矩阵 R，它满足 $\lambda:S_i\rightarrow A_j$ 映射，表示服务 S_i 和属性 A_j 赋值之间的映射关系，其中 $1\leqslant i\leqslant m,1\leqslant j\leqslant n$。

在服务-快照关联矩阵 R 中，当服务 S_i 对属性 A_j 进行了赋值操作，矩阵元素 a_{ij} 的值为 1，当服务 S_i 对未对属性 A_j 进行赋值操作，矩阵元素 a_{ij} 的值为 0，如式(11.1)所示：

$$R=\begin{array}{c|ccccc} & A_1 & A_2 & A_3 & \cdots & A_n \\ \hline S_1 & a_{11} & a_{12} & a_{13} & \cdots & a_{1n} \\ S_2 & a_{21} & a_{22} & a_{23} & \cdots & a_{2n} \\ S_3 & a_{31} & a_{32} & a_{33} & \cdots & a_{3n} \\ \vdots & \vdots & \vdots & \vdots & & \vdots \\ S_m & a_{m1} & a_{m2} & a_{m3} & \cdots & a_{mn} \end{array} \tag{11.1}$$

定义 11.8　设 S_1 为流程模型 P 推导的服务路径，S_2 为流程模型 P 实际执行的服务路径，拟合度 $f(S_1,S_2)$ 定义为

$$f(S_1,S_2)=\frac{\text{Equivalence}(|S_1|,|S_2|)}{\max(|S_1|,|S_2|)} \tag{11.2}$$

其中，$\text{Equivalence}(|S_1|,|S_2|)$ 为两个服务路径对应服务相等的数量；$\max(|S_1|,|S_2|)$ 为两个服务路径中服务最大数。

定义 11.9　设 R_1 为流程模型 P 推导的服务-快照关联矩阵，R_2 为流程模型 P 实际执行时产生的服务-快照关联矩阵，拟合度 $f(R_1,R_2)$ 定义为

$$f(R_1,R_2)=\frac{\sum_{i=j=0}^{m,n}\sum_{i=j=0}^{m,n}\text{Equivalence}(|a_{ij}|,|b_{ij}|)}{\max(|R_1|,|R_2|)} \tag{11.3}$$

其中，$\sum_{i=j=0}^{m,n}\sum_{i=j=0}^{m,n}\text{Equivalence}(|a_{ij}|,|b_{ij}|)$ 代表 R_1 和 R_2 矩阵中对应元素相等的数量，$a_{ij}\subseteq R_1,b_{ij}\subseteq R_2$；$\max(|R_1|,|R_2|)$ 代表 R_1 和 R_2 矩阵元素最大数。

定义 11.10　设 $f(S_1,S_2)$ 为两个服务路径之间的拟合度，$f(R_1,R_2)$ 为两个服

务-快照关联矩阵之间的拟合度，流程模型 P 与实际运行后的 Artifact 快照之间的拟合度 $f(P,H)$ 为

$$f(P,H)=w_1\times f(S_1,S_2)+w_2\times f(R_1,R_2) \tag{11.4}$$

其中，w_1 和 w_2 是权值，且 $0<w_1<1$，$0<w_2<1$，$w_1+w_2=1$。拟合度 $f(P,H)\in[0,1]$，它精确地反映了一个流程模型实际执行的结果与预期执行结果之间存在的差异程度。

11.4 理论分析

定理 11.4 基于 Artifact 快照序列的行为一致性检测方法是正确的。

证明:根据 Artifact 行为一致性问题的形式化定义(定义 11.5)，为证明行为一致性检测方法是正确的，需要从两个方面进行证明:一方面，要证明利用快照序列构造的图灵机验证模型是正确的;另一方面，要证明利用服务-快照关联矩阵等价转换操作计算拟合度是正确的。

关于图灵机验证模型的正确性，定理 11.3 已给出了详细的证明过程。证毕。

拟合度应满足 $f(M,L)\in[0,1]$，它精确地反映了一个流程模型实际执行的结果与预期执行结果之间存在的差异程度。为证明 $f(M,L)$ 是正确的，首先要证明 $f(M,L)$ 是一个距离函数。根据距离函数的定义，要证明 $f(M,L)$ 是度量空间的距离函数，需要证明 $f(M,L)$ 满足非负性(positiveness)、自反性(reflexivity)、对称性(symmetry)和三角不等式(triangle inequality)四个特性。根据定义 11.10，$f(M,L)$ 是由 $f(S_1,S_2)$ 和 $f(R_1,R_2)$ 两部分组成的。首先，证明 $f(S_1,S_2)$ 是一个距离函数。假设 S_1、S_2 分别为同一 Artifact 生命周期内两条不同的服务路径，下面分别证明 $f(S_1,S_2)$ 满足非负性、自反性、对称性和三角不等式特性。

(1)非负性，即 $f(S_1,S_2)\geqslant 0$，因为 $S_1\cap S_2\subseteq S_1\cup S_2$，所以 $|S_1\cap S_2|\leqslant|S_1\cup S_2|$。因此，$(|S_1\cap S_2|/|S_1\cup S_2|)\leqslant 1$，$f(S_1,S_2)=1-(|S_1\cap S_2|/|S_1\cup S_2|)\geqslant 0$。

(2)自反性，即 $f(S_1,S_2)=0$，$f(S_1,S_2)=1-(|S_1\cap S_2|/|S_1\cup S_2|)=1-1=0$。

(3)对称性，即 $f(S_1,S_2)=f(S_2,S_1)$，因为 $f(S_1,S_2)=1-(|S_1\cap S_2|/|S_1\cup S_2|)=1-(|S_2\cap S_1|/|S_2\cup S_1|)=f(S_2,S_1)$。

(4)三角不等式，即 $f(S_1,S_2)\leqslant f(S_1,S_3)+f(S_3,S_2)$，满足不等式的充要条件是 $(|S_1\cap S_3|/|S_1\cup S_3|)+(|S_2\cap S_3|/|S_2\cup S_3|)\leqslant 1+(|S_1\cap S_2|/|S_1\cup S_2|)$。任意两个集合 S_1 和 S_2，都有 $S_1\cap S_2\subseteq S_1\cup S_2$。因此，$(|S_1\cap S_3|/|S_1\cup S_3|)+(|S_2\cap S_3|/|S_2\cup S_3|)\leqslant(|\{S_1\cap S_3\}\cup S_2|/|S_1\cup S_2\cup S_3|)+(|\{S_2\cap S_3\}\cup S_1|/|S_1\cup S_2\cup S_3|)\leqslant(|S_1\cup S_2\cup S_3|+|S_1\cap S_2\cap S_3|/|S_1\cup S_2\cup S_3|)=1+(|S_1\cap S_2\cap S_3|/|S_1\cup S_2\cup S_3|)\leqslant 1+(|Ss_1\cap S_2|/|S_1\cup S_2|)$，因此，$f(S_1,S_2)\leqslant f(S_1,S_3)+$

$f(S_3,S_2)$。

因为 $f(S_1,S_2)$ 满足非负性、自反性、对称性和三角不等式四个基本特性，所以 $f(S_1,S_2)$ 是一个正确的距离函数。$f(R_1,R_2)$ 的证明过程与 $f(S_1,S_2)$ 相似，同理，$f(R_1,R_2)$ 也是一个正确的距离函数。因为 $f(S_1,S_2)$ 和 $f(R_1,R_2)$ 都是正确的距离函数，且 $f(M,L)=w_1\times f(S_1,S_2)+w_2\times f(R_1,R_2)$，$w_1$ 和 w_2 是权值，$0<w_1<1$，$0<w_2<1$，$w_1+w_2=1$，所以 $f(M,L)$ 是正确的距离函数。证毕。因此，基于 Artifact 快照序列的行为一致性检测方法是正确的。

11.5　实例分析

以餐馆业务流程为例，验证本章提出的基于 Artifact 快照序列的行为一致性检测方法的正确性和有效性。设 $\{S_0,S_1,S_2,S_3,S_4,S_5\}$ 为服务集合{Initial, Create GC, ADD Items, InformKitchen, Tender GC}，关键 Artifact 类 GC 完整的生命周期存在两条不同的服务路径，即 $\text{Path}_1=\{S_0,S_1,S_2,S_3,S_5\}$ 和 $\text{Path}_2=\{S_0,S_1,S_2,S_4,S_5\}$。因此，根据 Artifact 快照推导算法可得出两个简化 Artifact 快照序列，分别见表 11.9 和表 11.10。

表 11.9　关键 Artifact 类 GC 推导的快照序列 1

E-Service	ID	Table	Num	Waiter	Items	Stime	Total	Etime	TimeStamp
S_0	1	0	0	0	0	0	0	0	1
S_1	1	1	1	1	0	0	0	0	1
S_2	1	1	1	1	1	0	0	0	1
S_3	1	1	1	1	1	1	0	0	1
S_5	1	1	1	1	1	1	1	1	1

表 11.10　关键 Artifact 类 GC 推导快照序列 2

E-Service	ID	Table	Num	Waiter	Items	Stime	Total	Etime	TimeStamp
S_0	1	0	0	0	0	0	0	0	1
S_1	1	1	1	1	0	0	0	0	1
S_2	1	1	1	1	1	0	0	0	1
S_4	1	1	1	1	1	0	1	1	1
S_5	1	1	1	1	1	1	1	1	1

将关键 Artifact 类 GC 行为一致性问题转换为语言判定问题。根据定义，语言

$B=\{\langle S_0,S_1,S_2,S_3,S_5\rangle,((1,0,0,0,0,0,0,0,1),(1,1,1,1,0,0,0,0,1),(1,1,1,1,1,0,0,0,1),(1,1,1,1,1,1,0,0,1),(1,1,1,1,1,1,1,1,1));\langle S_0,S_1,S_2,S_4,S_5\rangle,((1,0,0,0,0,0,0,0,1),(1,1,1,1,0,0,0,0,1),(1,1,1,1,1,0,0,0,1),(1,1,1,1,1,0,1,1,1),(1,1,1,1,1,1,1,1,1))\}$。

餐馆业务流程实际运行后关键 Artifact 类 GC 产生的快照实例见表 11.11 和表 11.12。

表 11.11 关键 Artifact 类 GC 实际运行的快照实例 1

E-Service	ID	Table	Num	Waiter	Items	Stime	Total	Etime	TimeStamp
S_0	20120402001	Null	Null	Null	Null	Null	Null	Null	2012-04-02 08:30:15
S_1	20120402001	Table#1	10	WangYu	Null	Null	Null	Null	2012-04-02 08:32:17
S_2	20120402001	Table#1	10	WangYu	Item#1	Null	Null	Null	2012-04-02 08:34:50
S_3	20120402001	Table#1	10	WangYu	Item#1	AM 09:18	Null	Null	2012-04-02 08:40:32
S_5	20120402001	Table#1	10	WangYu	Item#1	AM 09:18	102.00	AM 11:50	2012-04-02 08:42:30

表 11.12 关键 Artifact 类 GC 实际运行的快照实例 2

E-Service	ID	Table	Num	Waiter	Items	Stime	Total	Etime	TimeStamp
S_0	20120402001	Null	Null	Null	Null	Null	Null	Null	2012-04-02 08:30:15
S_1	20120402001	Table#1	10	WangYu	Null	Null	Null	Null	2012-04-02 08:32:17
S_2	20120402001	Table#1	10	WangYu	Item#1	Null	Null	Null	2012-04-02 08:34:50
S_4	20120402001	Table#1	10	WangYu	Item#1	AM 09:18	Null	Null	2012-04-02 08:40:32
S_5	20120402001	Table#1	10	WangYu	Item#1	AM 09:18	102.00	Null	2012-04-02 08:42:30

首先根据简化 Artifact 快照的定义，将实际运行的 Artifact 快照实例进行简化。若 Artifact 类的属性已有值，则将其还原为 1，代表该属性已被赋值；若该属性值为 Null，将其还原为 0，表示该属性尚未赋值。因此，根据定义，关键 Artifact 类 GC 的两个运行实例分别还原为 $H_1=\{\langle S_0,S_1,S_2,S_3,S_5\rangle,((1,0,0,0,0,0,0,0,1),(1,1,1,1,0,0,0,0,1),(1,1,1,1,1,0,0,0,1),(1,1,1,1,1,1,0,0,1),(1,1,1,1,1,1,1,1,1))\}$ 和 $H_2=\{\langle S_0,S_1,S_2,S_4,S_5\rangle,((1,0,0,0,0,0,0,0,1),(1,1,1,1,0,0,0,0,1),(1,1,1,1,1,0,0,0,1),(1,1,1,1,1,1,0,0,1),(1,1,1,1,1,1,1,0,1))\}$。设计一台识别语言 B 的图灵机 A_{TM} 作为 Artifact 行为一致性验证模型，模型的验证过程如图 11.4 所示。

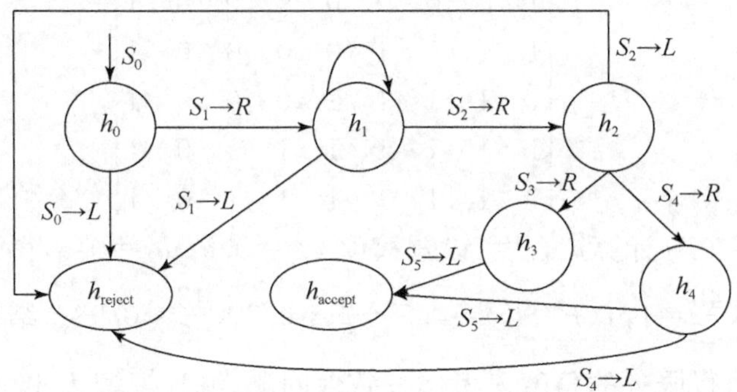

图 11.4　Artifact 类 GC 行为一致性的 A_{TM} 验证模型

其中，$h_0=(1,0,0,0,0,0,0,0,1)$，$h_1=(1,1,1,1,0,0,0,0,1)$，$h_2=(1,1,1,1,1,0,0,0,1)$，$h_3=(1,1,1,1,1,1,0,0,1)$，$h_4=(1,1,1,1,1,0,1,1,1)$，$h_{accept}=(1,1,1,1,1,1,1,1,1)$，$h_{reject}=\neg h_{accept}$。

经过 A_{TM} 验证模型，Artifact 快照实例 H_1 最终可达到接受状态。因此，H_1 和流程模型 P 推导的简化 Artifact 快照是一致的。而 Artifact 快照实例 H_2 最终是拒绝状态，因此 H_2 和流程模型 P 推导的简化 Artifact 快照是不一致的。

根据定义 11.7，可以得到服务-快照关联矩阵。R_1 和 R_2 分别为流程模型 P 推导的服务-快照关联矩阵，R_3 和 R_4 分别是根据运行后的 Artifact 快照实例 H_1 和 H_2 得出的服务-快照关联矩阵。

$$R_1=\begin{bmatrix}1&0&0&0&0&0&0&0&1\\1&1&1&1&0&0&0&0&1\\1&1&1&1&1&0&0&0&1\\1&1&1&1&1&1&0&0&1\\1&1&1&1&1&1&1&1&1\end{bmatrix} \tag{11.5}$$

$$R_2=\begin{bmatrix}1&0&0&0&0&0&0&0&1\\1&1&1&1&0&0&0&0&1\\1&1&1&1&1&0&0&0&1\\1&1&1&1&1&0&1&1&1\\1&1&1&1&1&1&1&1&1\end{bmatrix} \tag{11.6}$$

$$R_3=\begin{bmatrix}1&0&0&0&0&0&0&0&1\\1&1&1&1&0&0&0&0&1\\1&1&1&1&1&0&0&0&1\\1&1&1&1&1&1&0&0&1\\1&1&1&1&1&1&1&1&1\end{bmatrix} \tag{11.7}$$

$$R_4=\begin{bmatrix}1&0&0&0&0&0&0&0&1\\1&1&1&1&0&0&0&0&1\\1&1&1&1&1&0&0&0&1\\1&1&1&1&1&1&1&0&1\\1&1&1&1&1&1&1&0&1\end{bmatrix}\tag{11.8}$$

根据定义 11.10 计算拟合度，设置权值 $w_1=0.5$，$w_2=0.5$，得到 $f(P,H_1)=0.5\times\frac{5}{5}+0.5\times\frac{45}{45}=1$，$f(P,H_2)=0.5\times\frac{5}{5}+0.5\times\frac{43}{45}\approx 0.98$。结果发现，如果单从生命周期中执行服务的角度来考虑一致性问题，流程模型 P 和 Artifact 快照序列 H_1、H_2 完全一致。实际上，考虑到 Artifact 属性赋值时，流程模型 P 和 Artifact 快照序列 H_2 并不完全一致。因此，实例分析表明本章提出的基于 Artifact 快照序列的行为一致性检测方法是正确并有效的。

定理 11.5　$f(M,L)$计算的时间复杂度为 $O(|R|\times|C^2|)$。

证明：矩阵等价转换操作在整个拟合度计算过程中占主要的时间代价。在等价转换过程中，算法首先需要遍历矩阵每一行每一个列元素，设服务-快照关联矩阵的行数为$|R|$，服务-快照关联矩阵的列数为$|C|$，整个拟合度计算的时间复杂度为 $O(|R|\times|C^2|)$。证毕。

定理 11.6　$f(M,L)$计算的空间复杂度为 $O(|R|\times|C|)$。

证明：该计算过程中，需要维护矩阵每一行列值等价转换的过程，设服务-快照关联矩阵的行数为$|R|$，服务-快照关联矩阵的列数为$|C|$，整个拟合度计算的空间复杂度为 $O(|R|\times|C|)$。证毕。

第 12 章　以 Artifact 为中心的 BPMS 的三层体系结构

业务流程管理系统(business process management system,BPMS)是一套实现业务流程管理方法的软件,用于建立、运行和维护业务流程。它通过对业务流程进行统一的管理和控制,保证企业业务流程的构造及运行效率。企业用户通过 BPMS 对其流程进行描述,由 BPMS 负责对流程进行构造、实现和维护。BPMS 可使多个企业同时建立不同的业务流程,并支持多个业务流程同步运行。以 Artifact 为中心的 BPMS 为用户提供定义业务 Artifact 信息的平台,构建以 Artifact 为中心的操作模型,并提供流程物理模型的构建和流程运行中的维护管理。本章将以 Artifact 为中心的 BPMS 与云计算相结合,设计云计算平台下系统的体系结构,包括逻辑层、物理层和管理层,并对每层中主要模块的功能分别进行说明。最后分析这种体系结构的优势[54,55]。

12.1　云计算平台下以 Artifact 为中心的 BPMS 的体系结构设计

以 Artifact 为中心的 BPMS 的体系结构如图 12.1 所示。云计算平台下以 Artifact 为中心的 BPMS 的体系结构分为三层:逻辑层、物理层和管理层。

(1)逻辑层的主要目标是构建业务流程逻辑模型。这一层提供了 BPMS 与用户的交互,用户通过图形界面定义自己的业务 Artifact,描画出企业的业务流程。这个业务流程图是以 Artifact 为中心的初始流程,BPMS 要对其进行两方面检查:一是从单纯的绘图角度检查初始图是否符合以 Artifact 为中心的业务流程业务逻辑的图形规则;二是从 Artifact 的角度分析其生命周期可达性等。检查分析是对模型进行优化的前提,优化后的业务流程没有冗余、没有死循环、没有死锁等,这一功能也是 BPM 优于工作流管理的主要体现。

(2)物理层的主要目标是将业务流程逻辑模型转换为物理模型,通过发现、组合、部署 Web 服务来执行业务流程。

逻辑层传递给物理层的是来源于用户要求的逻辑模型,其中包括对流程中所需服务和存储 Artifact 的数据库的设计。系统的 Web 服务元数据库中存储着云计算平台下的 Web 服务信息。首先,物理层通过匹配将逻辑模型中的逻辑服务和数据库转换为实际存在的物理服务,实现逻辑模型向物理模型的转换。然后,将这些 Web 服务按照流程规则编译成 BPEL 标准下的流程文件,由云计算平台下的流程执行引擎服务如 BPEL 引擎,解析流程文件并执行流程。

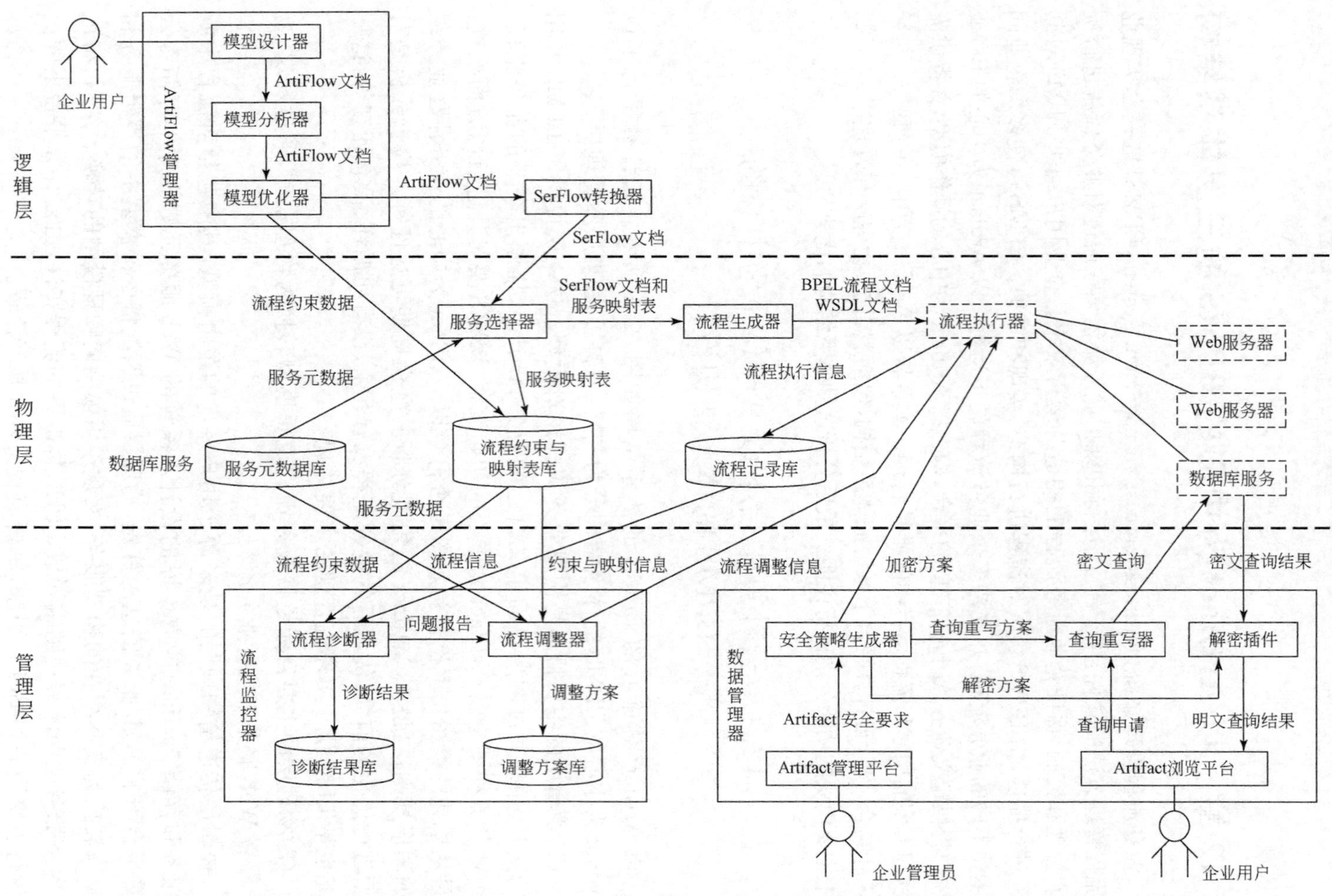

图 12.1　以Artifact为中心的BPMS的体系结构

(3)管理层的主要任务包括两方面:一是对业务 Artifact 的存取及安全性进行管理;二是对系统中的业务流程进行监控及管理。

为了便于对流程数据的管理和分析,以 Artifact 为中心的 BPMS 将数据管理交给云计算平台下专业的数据库服务。这类云数据库服务和云计算平台下的其他一般意义上的 Web 服务共同组成了以 Artifact 为中心 BPMS 上的业务流程。从流程整体运行维护的角度考虑,BPMS 必须随时掌握流程的执行情况。因此,BPMS 的管理层的主要任务就是分别从这两类云服务出发,完成对过程和数据两方面的监控。

对于云数据库服务的管理,主要是防止云数据库服务提供者对数据进行篡改,采取的办法是为企业用户提供各种级别的加密机制,将流程数据以密文的方式存储于云数据库服务,只有用户拥有密钥。然而,实际流程过程中流程数据的存储操作是很频繁的,如果每次都要存取加密数据,再解密使用,将对系统的整体效率造成很大影响。解决办法是对密文数据建立最优索引,并提供基于密文索引的查询策略,最大限度地减少查询代价。

对于用来完成流程过程中其他功能的一般意义上的 Web 服务,管理层的任务是监控其执行情况,判断其是否按照流程规则正确运行。若发现流程存在异常,则在不影响正在运行的流程实例的基础上对其进行调整。

12.2　云计算平台下以 Artifact 为中心的 BPMS 的逻辑层模块设计

系统逻辑层的任务是与用户交互,将用户的实际业务流程以 ArtiFlow 的形式描述出来,经过分析优化,最终生成 SerFlow 模型传递给物理层用于流程实现。该层包括两大模块:ArtiFlow 管理器和 SerFlow 转换器。

12.2.1　ArtiFlow 管理器

ArtiFlow 是以 Artifact 为中心的 BPMS 中业务流程概念模型,具体定义及分析见第 4 章。ArtiFlow 管理器是 BPMS 逻辑层最重要的组成部分,其功能包括业务流程概念模型设计、模型检查与优化。

用户通过浏览器进入模型设计模块,在系统提供的绘图平台上对实际业务流程进行图形描述。图形描述只需通过简单的图形元素拖拽和属性的选项填写即可实现,系统则根据 ArtiFlow 模型及其中基本元素的具体描述规范生成 XML 格式的概念模型。

模型检查分为以下两个方面:一是简单地从图形角度检查流程图是否满足规范,这些规范包括流程图中的每个服务和库必须都定义输入和输出 Artifact、每个服务必须定义运行方式(自动反复运行或事件触发)、每个服务必须定义具体操作、每个操作必须对应至少一个 Artifact、流程不能存在死锁风险、模型完整性、服务输入和输出传输管道的对应性等;二是以 Artifact 为中心的操作模型应该满足 Artifact 生命周期可达性、持久性和唯一存在性。一个 Artifact 从其产生,经过多个服务执行,最后被存储起来的整个生命周期过程,称为生命周期可达性。一个 Artifact 在流程执行过程中的每一个阶段都必须一直存在不能消失的性质,称为持久性。一个 Artifact 在任意时刻必须存在且只能存在于一处,称为唯一存在性。

模型优化功能的主要目的是在保证服务粒度的情况下,减少数据库服务的数量,以避免由频繁数据库存储引起的低效。由于概念模型中对服务的划分是由用户自己决定的,并且完全从企业业务流程的角度出发,因此难免存在服务冗余的情况。服务优化模块可以及时发现这种情况,并提供删除或合并建议。

12.2.2 SerFlow 转换器

SerFlow 模型也是一种用 XML 格式描述的业务流程逻辑模型,是从 ArtiFlow 模型转化而来的,具备 ArtiFlow 模型中的服务描述信息和流程信息,但二者对流程中数据库的描述有所不同。与 ArtiFlow 模型相比,SerFlow 模型更接近于物理实现。SerFlow 转换器的功能是将 ArtiFlow 模型转换为 SerFlow 模型,为业务流程逻辑模型向物理模型的转换提供准备工作。它的输入是 ArtiFlow 管理器的输出,即 XML 格式的 ArtiFlow 描述文档,输出为 XML 格式的 SerFlow 描述文档。主要过程是通过分析 ArtiFlow 文档,将其中的库元素转换成一种特殊类型的库服务,并对流程中的这一类库服务进行优化检查,生成 XML 格式的 SerFlow 模型描述文档。SerFlow 模型继承了 ArtiFlow 模型中描述的所有流程信息,且其中的基本元素只有服务,因此该模型更易于进行实际 Web 服务的选择和组合。

12.3 云计算平台下以 Artifact 为中心的 BPMS 的物理层模块设计

逻辑层建立了以 Artifact 为中心的业务流程逻辑模型,物理层的目的是在云计算平台下实现该逻辑模型。首先根据逻辑模型中提取的服务需求,从服务元数据库中匹配合适的云服务,然后根据业务规则编排这些云服务,使用云计算平台下的 BPEL 引擎执行流程。因此,物理层由 3 个主要模块组成:服务选择器、流程生成器和流程执行器。

12.3.1 服务选择器

服务元数据库由云计算平台下的数据库服务创建管理,其中存储的是云计算平台下发布的所有 Web 服务的基本信息,如 URL、输入输出、端口信息等。

服务选择器以 SerFlow 转换器的输出作为输入,分析 SerFlow 模型的 XML 描述文档,提取业务流程所需的各个服务的基本要求,按照这些信息与服务元数据库中的数据进行匹配,输出服务映射表。

12.3.2　流程生成器

当前 BPEL 已经成为流程编排方面的标准。用 XML 文档描述的 BPEL 文件可以作为输入,由 BPEL 引擎执行。流程生成器以服务选择器的输出为输入,其功能是将 SerFlow 模型结合 Web 服务映射表生成 BPEL 文件。这些文档包括流程部署文档和一个 Web 服务描述语言(Web services description language,WSDL)文档。流程部署文档是 BPEL 引擎用于执行流程的文档,WSDL 文档把该业务流程整体作为一个 Web 服务的相关描述文档。这一模块使得流程自动地利用 BPEL 对 Web 服务的调用功能。

12.3.3　流程执行器

系统中的流程执行器直接引用外部资源 BPEL 引擎。BPEL 引擎负责 BPEL 文件的解析和执行,调用 Web 服务,为流程提供运行环境。根据 BPEL 文件的流程定义,当出现符合定义的触发条件时,BPEL 引擎生成相应的流程实例。

在流程执行过程中,系统在各个 Web 服务之间追踪服务,实时地返回流程数据,这些数据存储于本地的流程记录数据库。该数据库不仅提供流程信息的浏览,也用于对流程的实时监控。

12.4　云计算平台下以 Artifact 为中心的 BPMS 的管理层模块设计

这一层主要提供业务流程管理系统的管理功能,企业管理人员通过访问浏览器查看流程的运行状态和业务数据,企业信息管理人员根据自身数据的安全需要选择安全级别,系统管理员自动或手动地跟踪流程的运行情况并按需调整,根据管理的对象分为两大模块:流程监控器和数据管理器。

12.4.1　流程监控器

在以 Artifact 为中心的 BPMS 中,系统管理员有权限对流程进行监控。流程监控器实现了以下几方面的功能:实时监控、Web 服务超时判断、Web 服务正确性判断、流程调整和流程查看[56,57]。

业务流程的实现依赖于多个分布在各处的 Web 服务,不同的平台、资源的不稳定、网络的变化都会造成 Web 服务执行得不确定。而且长期运行过程中，Web 服务存在被修改、完善的可能性，这些问题都会使业务流程的运行出现错误或异常。因此，BPMS 有必要随时监控 Web 服务是否正常运行，并解决异常 Web 服务带给业务流程的影响。

对于以 Artifact 为中心的 BPMS 的监控可以利用 Artifact 生命周期的性质，从数据的角度完成对 Web 服务的监控。监控分为两个层次，首先判断 Web 服务是否超时，然后对未超时的 Web 服务判断其操作的正确性。对于超时或执行出错的 Web 服务，监控器负责寻找新的 Web 服务并向流程执行器提交调整方案，以保证中止流程的继续运行。

同时，流程监控器也提供对系统中正在运行或已经结束的流程实例的监控和查看功能。浏览的对象可以按流程实例进行分类，具体到流程中的 Artifact 实例。同时，也可以随时向用户提供流程的执行状态报告，提供实际运行情况的正确性分析。

12.4.2 数据管理器

以 Artifact 为中心就是重视流程中的数据，Artifact 的生命周期信息反映了流程的执行情况。因此，对 Artifact 进行管理是以 Artifact 为中心的 BPMS 的主要研究内容之一。

对 Artifact 的管理包括两个主要部分，即数据存储管理和数据安全性管理[58-66]。在云计算平台下，Artifact 的存储可以交给云计算平台中的数据库服务来完成。然而，云数据库服务提供者作为第三方不足以完全得到数据拥有者的信任，企业必然不会将载有内部信息的流程数据完全暴露于云端。因此，基于对 Artifact 的安全性的保证，数据管理器中建立了这样一种体制，由用户提出对其数据的安全级别的要求，系统生成相应的加密算法，用户自己拥有相应的密钥。为了减少将 Artifact 数据进行加密处理后存储于云数据库服务，存在的密文数据库查询速度慢、效率低等问题，系统对云数据库服务中的密文建立索引，提供可以在密文上进行有效存取的机制。而作为一个云计算平台下提供的服务，以 Artifact 为中心的 BPMS 提供的这些功能都是用户可以选择使用的，系统根据用户选择的加密级别、数据规模和使用时间进行收费。

12.5 云计算平台下以 Artifact 为中心的 BPMS 三层体系结构的优势

云计算平台下以 Artifact 为中心的 BPMS 三层体系结构的优势包括以下几个方面：

(1)开发成本低。基于云计算平台的系统在开发过程中无须采购、布置硬件，并且云计算平台中的资源按次收费，硬件资源近 100%的利用率减少了系统开发的成本。

(2)使用成本低。系统用户只需通过互联网使用系统，省去了购买硬件的成本。

(3)部署周期短。系统利用云计算平台下的 Web 服务来创建和运行企业流程，缩短了系统的流程部署周期，易于维护。

(4)无超系统负荷风险。以 Artifact 为中心的 BPMS 需要满足多用户的同时操作，而多用户同时设计流程和每个流程的多实例同时运行，消除了系统峰值负载的担忧。

(5)数据安全风险低，无需数据存储设备。云计算平台下的数据库服务由专门的数据库服务供应商维护，提供了强大的数据管理机制，并能有效地保证数据安全。同时，云计算平台提供的无限扩展的基础设施资源，保障了数据库服务的扩展性，可以满足数据量的快速增长。本节设计的 BPMS 中的所有数据均存储于这种部署于云计算平台的数据库服务，不仅避免了数据量增长引起的存储设备的更新成本，也保证了流程数据的安全性。

(6)系统用户资金风险小。基于云计算平台的 BPMS 继承了按次收费的模式，只要企业用户的使用量保持平稳，使用该系统的资金投入曲线就可以保持平稳，这对企业避免投资风险起着重大作用。

第 13 章　逻辑层的设计

以 Artifact 为中心的 BPMS 逻辑层的主要目标是构建业务流程逻辑模型。由于 ArtiFlow 模型中包括服务和库的数量过多，现有的 ArtiFlow 模型对于业务流程刻画过于细致，向 BPEL 转换的难度较大，因此本章提出将业务流程自动实现问题进行分层转换的方法，在 ArtiFlow 模型和 BPEL 物理模型之间加入了一层 SerFlow 逻辑模型。SerFlow 逻辑模型强调了 ArtiFlow 模型中服务的执行次序，为实现可执行的业务流程提供了方便。根据以 Artifact 为中心的 BPMS 体系结构研究可知，BPEL 引擎是将业务流程逻辑模型转化为物理模型的关键工具，其输入的逻辑模型是由服务及其之间的业务关系构成的。逻辑层与物理层的服务匹配是 SerFlow 向 BPEL 转换的基础。本章首先给出 SerFlow 逻辑模型的相关定义，然后给出 ArtiFlow 模型向 SerFlow 模型转换的方法，最后给出 SerFlow 逻辑模型向 BPEL 转换过程中的服务匹配方法[67-70]。

13.1　SerFlow 逻辑模型

利用 SerFlow 描述的业务流程中的数据类型有 Artifact 类型和消息类型两种。它们表示更接近于物理业务流程中的数据类型，可以看成对物理流程中数据的抽象。一个 SerFlow 中的服务表示了一个业务流程中的业务活动，不同于 ArtiFlow 模型中的服务，它更接近物理模型中的服务，并且具有相应的 Artifact 类型或消息类型的输入与输出。

13.1.1　基本定义

定义 13.1　SerFlow 服务是一个 5 元组 (n,V_r,V_w,P,E)，其中，n 是一个 Service 名称；V_r、V_w 是 ArtiFlow 模型 Γ 中类的变量的有限集合，V_r 是 SerFlow 服务即将读到的 Artifacts，V_w 是 SerFlow 服务即将改写的 Artifacts；P 是对 V 输入的 Artifact 状态的描述；E 是对 V 的操作的描述。

例如，某 Service 的定义为 Service$=(n,V_r,V_w,P,E)$，其中：

n："活动经费审批"。

V_r：{x：活动经费审批表}。

V_w：{x：活动经费审批表}。

P：$\neg$ IsDefin(x，活动名称) $\wedge$ $\neg$ IsDefin(x，活动时间) $\wedge$ $\neg$ IsDefin(x，经费预

算）∧ ¬ IsDefin(x，申请部门）∧ ¬ IsDefin(x，申请时间）∧ ¬ IsDefin(x，审批意见）∧ ¬ IsDefin(x，审批时间）。

E：IsDefin(x，审批意见）∧ IsDefin(x，审批时间）。

表示名称为“活动经费审批”的服务，读和写的对象均为“活动经费审批表”这一 Artifact，并且输入时该表中的“活动名称”“活动时间”“经费预算”“申请部门”和“申请时间”均已有值，而属性“审批意见”和“审批时间”将在这个服务中被赋值。

定义 13.2　SerFlow 模型是一个 5 元组（name，S，cdb，C，R），其中，name 是 SerFlow 名称；S 是服务的有限集合；cdb 是由库转换而来的那类服务的有限集合，这类服务最终由云数据库服务匹配而来；C 和 R 分别表示传输管道和业务规则的有限集合。

定义 13.3　云数据库服务（cloud database service，CDBS）是一类网络服务，它为数据拥有者及数据库用户提供远程的数据存储、更新和查询服务。

13.1.2　基本元素的描述

SerFlow 由两大元素组成：服务和传输通道。服务包括从 ArtiFlow 中直接继承的原有服务和由库转换而来的服务。下面是新转换的库服务的 XML 文档描述。

```
<service>
    <servicename>库服务名称</servicename>
    <operations>
        <operation>
            <name>操作名称</name>
            <Artifact>操作针对的 Artifact 名称</Artifact>
            <attributes>操作针对的 Artifact 属性</attributes>
            <type>操作类型(存/取)</type>
            <fromservice>存类型对应的来源服务</fromservice>
            <toservice>取类型对应的目标服务</toservice>
        </operation>
    </operations>
    <triggerevent>自动运行的服务则无此元素
        <name>触发事件名称</name>
        <messagename>触发事件携带消息</messagename>
        <property>消息属性(存取条件)</property>
    </triggerevent>
    <producedevent>
        <name>产生事件</name>
```

```
        <messagename>产生事件携带消息</messagename>
        <property>消息属性</property>
    </producedevent>
    <suspendevent>挂起事件描述</suspendevent>
</service>
```

传输通道的表述方法与 ArtiFlow 模型中的传输管道描述相同。

13.2 ArtiFlow 向 SerFlow 的转换

由 ArtiFlow 模型和 SerFlow 模型的定义可知，它们之间的区别是对库的描述。ArtiFlow 模型的出发点在于使业务逻辑更加清晰，所以将每一步的中间数据存储于数据库中。建立 SerFlow 模型的目的是便于物理实现，最终将数据的管理交给专门的数据库服务。因此，从 ArtiFlow 模型到 SerFlow 模型的转化问题的关键是 ArtiFlow 模型中的库元素到逻辑库服务的转化。

13.2.1 转换规则

ArtiFlow 模型和 SerFlow 模型都是用 XML 文档来描述的，二者之间的差别在于对流程中数据的存储位置的定义和描述。一个 ArtiFlow 模型要转换成 SerFlow 模型需要遵循以下三项基本原则，分别针对 ArtiFlow 模型中的 3 种基本元素。

(1)Service 元素中的产生事件成为该服务下一步的数据库服务的产生事件，而该服务的产生事件变成对下一步数据库服务的触发。如果服务为触发型的，那么服务的触发事件改为前一个数据库服务产生条件。

(2)库被转换成数据库服务需要以下转换步骤：服务的操作名称为原库中存储的 Artifact 名称；数据库服务的属性为 Artifact 属性；操作类型来源于连接库的前后传输管道类型，当传输管道类型为写入时操作类型为写入，传输管道类型为读取或只读时操作类型为查询，查询条件由传输管道另一侧的服务决定；触发事件为前一服务新到的产生事件，即触发数据库服务的存储操作；产生事件为原模型中前一服务的产生事件。

(3)传输管道中的前后连接对象若是库的，则更新为相应的数据库服务。

13.2.2 转换算法

ArtiFlow 概念模型向 SerFlow 逻辑模型转化的具体过程见算法 13.1。

算法 13.1　ArtiFlow-SerFlow 转换算法(AtoS)。

输入:ArtiFlow. xml;

输出:SerFlow. xml。

```
AtoS(ArtiFlow)
Begin
  (1)traversal the ArtiFlow.xml;
  (2)for each'<repository> </repository>'
  (3)  froser=the front service name;//取出该库元素前面的服务的名称
  (4)  orreponame=repository name;
  (5)  tempa=Artifact.repository;
  (6)  repository=service;
  (7)  Service name='CDBS';
  (8)  name.operation.service=tempa;
  (9)  find the connection where the fromservice=orreponame;
  (10)     if the result is exist and the kind.connection='read'& kind.connection=
           'readonly'
  (11)       type.operation.service='query';
  (12)     if the result is not exist
  (13)       find the connection where the toservice=orreponame;
  (14)     if the result is exist and the kind.connection='write'
  (15)       type.operation.service='store';
  (16)     if the result is not exist and the kind.connection='write'
  (17)       type.operation.service='create and store';
  (18)endfor//由前后传输管道来确定库服务操作的类型
  (19)Get the product event of the last service notes as lasetproevent;
  (20)   tempp=lasetproevent;
  (21)   lasetproevent='trigger this new database service';
  (22)   trigevent.service=lasetproevent;
  (23)   productevent.service=tempp;
End
```

该算法是对 ArtiFlow 文档进行遍历的过程,每遇到一个库元素,进行一组改写。每组改写包括对服务、库和传输管道属性的直接改写。算法的运行时间由流程中库元素的个数决定,每个流程模型中的库元素都是个常数(n),因此算法是可以结束的,同时算法的时间复杂度为 $O(n)$。

13.2.3 转换实例

例如,某企业的采购流程中包括新购设备申请 Artifact,该 Artifact 从空白表单开始,首先填写申请信息,然后通过领导审核,审核过程中要参考“审批标准”,审核过的申请表最终作为采购凭证,直到采购结束入库存档。该过程经历了 3 个服务,完成了该 Artifact 类 4 种状态之间的转化,最终结束生命周期。下面是对这个 Artifact 及其属性的定义,以及对所需服务和库的形式化描述。该例中涉及 3 个 Artifact 类:“新购设备申请表”“审批标准”和“采购单”。本章只研究关键 Artifact “新购设备申请表”。

令“新购设备申请表”Artifact 类记为 C_1:(C,A,τ,Q,s,F),则:

C:“新购设备申请表”。

A:{设备名称,采购数量,单价,申请时间,申请人,审批意见,参考标准}。

Q:{空表(初始状态 s),基本信息填写完毕,出库待审,审批完毕,入库存档(终止状态 F)}。

τ:{〈设备名称,verchar〉,〈采购数量,int〉,〈单价,int〉,〈申请时间,date〉〈申请人,verchar〉,〈审批意见,verchar 〉,〈审批时间,date〉,〈审批标准,Artifact〉,〈采购单号,int〉}。

类 C_1 中的一个 Artifact 对象是一个 3 元组(o,μ,q),下面描述的是处于各种状态的 C_1 类的对象。

状态 1　初始状态申请单

o=xg001;

q:s(初始状态)

μ:设备名称:Undefined

采购数量:Undefined

单价:Undefined

申请时间:Undefined

申请人:Undefined

审批意见:Undefined

审批时间:Undefined

审批标准:Undefined

采购单号:Undefined

状态 2　基本信息填写完毕

o=xg001;

q:“基本信息填写完毕”

μ:设备名称:打印机

采购数量:2

单价:2000

申请时间:09/12/18

申请人:张三

审批意见:Undefined

审批时间:Undefined

审批标准:Undefined

采购单号:Undefined

状态 3:审批完毕的申请表

o=xg001;

q:"审批完毕";

μ:设备名称:打印机

采购数量:2

单价:2000

申请时间:09/12/18

申请人:张三

审批意见:同意

审批时间:09/12/19

审批标准:s002

采购单号:Undefined

状态 4:已购入库的申请

o=xg001;

q:F"入库存档";

μ:设备名称:打印机

采购数量:2

单价:2000

申请时间:09/12/18

申请人:张三

审批意见:同意

审批时间:09/12/19

审批标准:s002

采购单号:20101010

以下是 ArtiFlow 模型中描述的与 Artifact"新购设备申请表"相关的 3 个服务的形式化描述,从中可以看到服务于 Artifact 状态之间的关系。

Service $\sigma=(n,V_r,V_w,P,E)$。

Service1 n:"新购设备申请填写"。

V_r:{x:新购设备申请表}。

V_w:{x:新购设备申请表}。

P:¬ IsDefin(x,设备名称)∧¬ IsDefin(x,采购数量)∧¬ IsDefin(x,单价)∧¬ IsDefin(x,申请时间 ∧¬ IsDefin(x,申请人)∧¬ IsDefin(x,审批意见)∧¬ IsDefin(x,审批时间)∧¬ IsDefin(x,审批标准)∧¬ IsDefin(x,采购单号)。

E:IsDefin(x,设备名称)∧IsDefin(x,采购数量)∧IsDefin(x,单价)∧IsDefin(x,申请时间)∧IsDefin(x,申请人)。

Service2 n:"审批新购设备申请"。

V_r:{x:新购设备申请表,y:审批标准}。

V_w:{x:新购设备申请表}。

P:IsDefin(x,设备名称)∧IsDefin(x,采购数量)∧IsDefin(x,单价)∧IsDefin(x,申请时间)∧IsDefin(x,申请人)∧¬ IsDefin(x,审批意见)∧¬ IsDefin(x,审批时间)∧¬ IsDefin(x,审批标准)∧¬ IsDefin(x,采购单号)。

E:IsDefin(x,审批意见)∧IsDefin(x,审批时间)∧IsDefin(x,审批标准)∧x. 审批标准=y. 审批标准。

Service3 n="设备采购"。

V_r:{x:新购设备申请表}。

V_w:{x:新购设备申请表,z:采购单}。

P:IsDefin(x,设备名称)∧IsDefin(x,采购数量)∧IsDefin(x,单价)∧IsDefin(x,申请时间)∧IsDefin(x,申请人)∧IsDefin(x,审批意见)∧IsDefin(x,审批时间)∧IsDefin(x,审批标准)∧¬IsDefin(z,采购单号)∧¬IsDefin(z,采购名称)∧¬IsDefin(z,采购人)∧¬IsDefin(z,采购单价)∧¬IsDefin(z,采购时间)。

E:IsDefin(x,采购单号)∧x. 采购单号=z. 采购单号∧IsDefin(z,采购单号)∧IsDefin(z,采购名称)∧IsDefin(z,采购人)∧IsDefin(z,采购单价)∧IsDefin(z,采购时间)。

在 Artifact“新购设备申请单”生命周期中还涉及 3 个库,定义如下。

R_1:re:“新购设备申请单库”。R_a:{x:新购设备申请单}。R_r:{x:新购设备申请单}。Ct:NONE。

R_2:re:“审批后的申请”。R_a:{x:新购设备申请单}。R_r:{x:新购设备申请单}。Ct:NONE。

R_3:re:“审批后的申请”。R_a:{x:新购设备申请单}。R_r:空集。Ct:NONE。

根据 Artifact 的定义和对服务的要求,这部分流程的 ArtiFlow 模型片段如图 13.1所示。

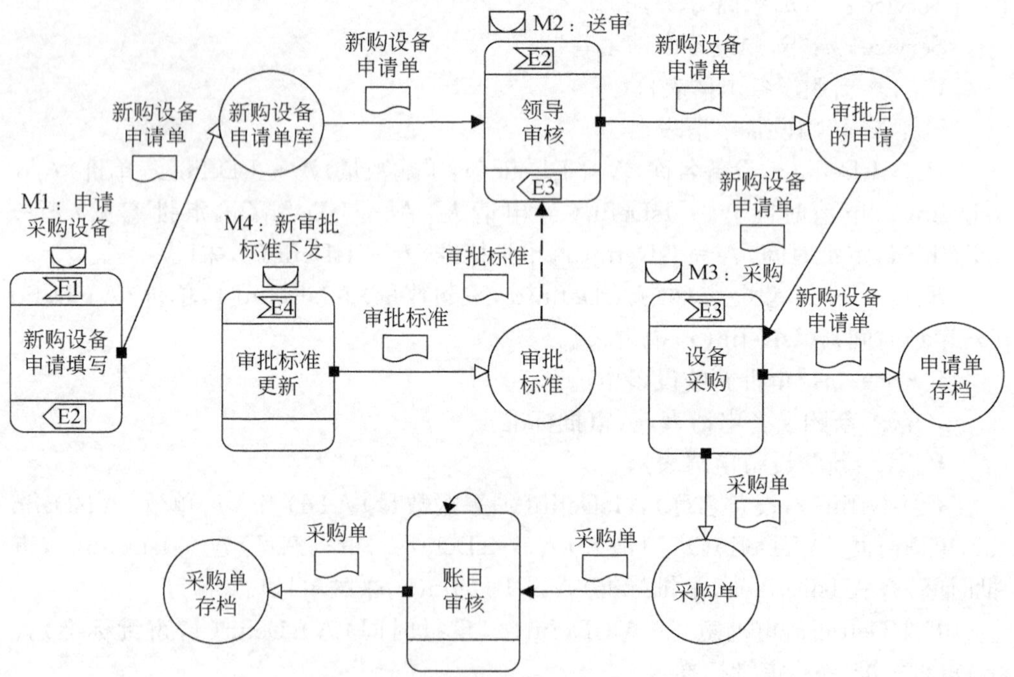

图 13.1 采购设备流程 ArtiFlow 模型片段

其中的一个库元素的描述如下:

```
<repository>
    <repositoryname>新购设备新清单库</repositoryname>
    <Artifact>新购设备新清单</Artifact>
</repository>
```

经过 13.1 节中研究的转换方法，图 13.1 的 ArtiFlow 模型将转换为 SerFlow 模型，如图 13.2 所示。

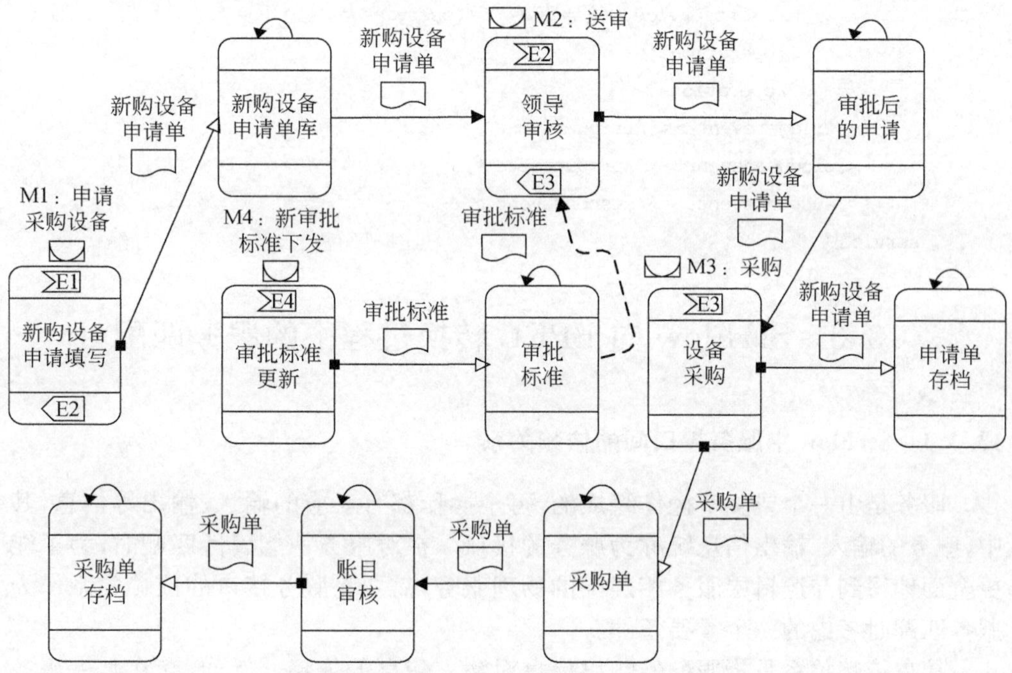

图 13.2　采购设备流程 SerFlow 模型片段

转换成 SerFlow 后相应的数据库服务描述如下：

```
<service>
    <servicename>新购设备新清单库</servicename>
    <operations>
        <operation>
            <name>存储新购设备申请单</name>
            <Artifact>新购设备申请单</Artifact>
            <attributes>ALL</attributes>
            <type>存</type>
            <fromservice>新购设备申请填写</fromservice>
            <toservice> </toservice>
```

```
        </operation>
        <operation>
            <name>存储新购设备申请单</name>
            <Artifact>新购设备申请单</Artifact>
            <attributes>ALL</attributes>
            <type>取</type>
            <fromservice></fromservice>
            <toservice>领导审核 </toservice>
        </operation>
        </operations>
    <triggerevent></triggerevent>
    <producedevent></producedevent>
    <suspendevent></suspendevent>
</service>
```

13.3 SerFlow 向 BPEL 转换过程中的服务匹配

13.3.1 SerFlow 中服务接口间的依赖关系

服务是由一个或多个操作组成的，每个操作都有对应的输入、输出等信息，其中，服务的输入、输出信息统称为服务的接口。在对服务功能属性匹配时，为了能更全面地得到与逻辑层服务相匹配的物理服务，需要将服务接口的依赖关系作为服务匹配时考虑的一个重要条件。

接口依赖关系是指服务的输出信息对输入信息的依赖。例如，存在某一服务 S，包含操作 Op，若 Op 的一个输入 S_i 被一个输出 S_o 依赖，则说明调用该服务时，为得到输出 S_o，输入集合中必须包含 S_i 这一输入。

通过对服务接口关系的分析，将不同层之间服务匹配过程中的接口依赖关系分为以下 3 类：

(1)完全依赖。服务中操作的执行依赖于所有的输入条件，当接口间依赖关系为完全依赖时，只有提供该操作执行所需要的所有输入变量，才可调用该操作。例如，物理服务 $S(\mathrm{Op}_1,\mathrm{Op}_2)$，其输入为 $I_1 \wedge I_2 \wedge I_3$，包括 Op_1 和 Op_2 两个操作，其中任意一个操作的执行都需要 3 个输入条件同时满足。

(2)部分依赖。服务中操作的执行依赖于部分输入条件，每个服务都由一个或多个操作组成，而其中每个操作的执行不一定需要所有的输入条件都满足，当其依赖的输入变量都满足时，即可调用服务。例如，存在物理服务 $S(\mathrm{Op}_1,\mathrm{Op}_2)$，其输入为 $I_1 \wedge I_2 \wedge I_3$，包括 Op_1 和 Op_2 两个操作，其中 $I_1 \rightarrow \mathrm{Op}_1$，$I_2 \wedge I_3 \rightarrow \mathrm{Op}_2$，当逻辑层服务的输入条件满足 I_1、$I_2 \wedge I_3$ 或 $I_1 \wedge I_2 \wedge I_3$ 中任意一种情况时，服务均可执行，属于部分依赖关系。

(3)传递依赖。服务中某个操作执行的输入条件可通过另一个操作的执行得到。一个操作的输出信息作为另一个操作的输入变量，通过变量的传递来满足操作执行所必要的条件。例如，物理服务 $S(\mathrm{Op_1},\mathrm{Op_2})$，包括 $\mathrm{Op_1}$ 和 $\mathrm{Op_2}$ 两个操作，其中 $I_1 \rightarrow \mathrm{Op_1}$，$I_1' \wedge I_2 \rightarrow \mathrm{Op_2}$，$\mathrm{Op_1}$ 执行后输出结果为 I_1'，当逻辑输入条件满足 $I_1 \wedge I_2$ 时，服务中各操作均可执行。

在不同层的服务匹配过程中，引入接口间的依赖关系作为服务匹配的一个依据，可以在很大限度上提高匹配的准确率和召回率，尽可能地返回满足逻辑需求的物理服务。

13.3.2　不同层之间服务匹配的过程

逻辑层与物理层间的服务匹配是 SerFlow 向 BPEL 自动转换的基础，匹配的结果决定着转换能否顺利完成。通过对本地物理服务元数据库中信息的搜索，来完成不同层的服务匹配，并将满足要求的物理服务元数据存入逻辑服务与物理服务的映射关系表，为转换奠定基础。利用 BPEL 动态调用物理服务来实现业务流程。SerFlow 向 BPEL 转换过程中不同层间的服务匹配过程如图 13.3 所示。

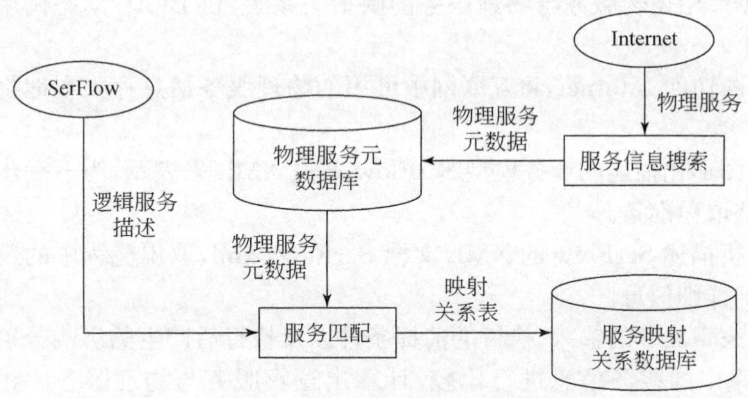

图 13.3　SerFlow 向 BPEL 转换过程中的服务匹配过程

从图 13.3 可知，SerFlow 向 BPEL 转换过程中不同层的服务匹配是在本地完成的，通过 SerFlow 中对逻辑服务的描述与物理服务元数据库中信息的比较来完成逻辑服务与物理服务的匹配。为了能尽可能地匹配到满足要求的服务，需要不断地从 Internet 中搜索物理服务信息，并及时更新物理服务元数据库。最终将服务匹配的结果存入服务映射关系数据库，完成 SerFlow 向 BPEL 转换过程中的服务匹配。对服务的匹配是在语义相似度计算方法的基础上引入了 13.2 节提到的服务接口间的 3 种依赖关系，使服务匹配具有较高的召回率和准确率。

SerFlow 中通过服务的输入、服务执行的前提以及执行后产生的影响来描述服务的功能属性，因此 SerFlow 向 BPEL 转换过程中的服务匹配关键是对服务输入、前提条件与产生的影响的匹配。通过对二者相似度的比较来完成服务的匹配，相似度的计算可通过式(13.1)来完成。若得到的相似度 $\mathrm{Sim}(S_P, S_L) \geqslant \alpha$（$\alpha$ 为服务相似度的最小阈值），则表示逻辑服务与物理服务匹配成功。

$$\mathrm{Sim}(S_P, S_L) = \omega_1 \mathrm{Sim}(I_P, I_L) + \omega_2 \mathrm{Sim}(P_P, P_L) + \omega_3 \mathrm{Sim}(E_P, E_L) \tag{13.1}$$

其中，ω_i 为各部分相似度所占的权值；I_P、I_L 分别代表物理服务的输入和逻辑服务的输入；P_P、P_L 分别代表物理服务与逻辑服务操作各自执行的前提条件；E_P、E_L 分别代表物理层与逻辑层服务操作执行产生的影响。

在 SerFlow 中，服务执行产生的影响是描述服务的关键，也是服务匹配时的重点。在为 ω_i 取值时，可根据需要适当为执行产生的影响在服务相似度中所占的权值 ω_3 取较大值。

SerFlow 向 BPEL 转换过程中服务匹配的主要思想是：对 SerFlow 采用 XML 来描述，通过对该 XML 文档的分析，取出 SerFlow 中的逻辑服务与本地物理服务元数据库中的信息进行匹配，不需要在每次匹配时访问外部网络，减少了服务匹配的时间，提高了服务匹配的效率。若逻辑服务与物理服务匹配成功，则将匹配的结果存入数据库中逻辑服务与物理服务的映射关系表，供 BPEL 动态调用。具体匹配过程如下：

(1)不断访问 Internet，将互联网中可用的物理服务信息存入本地物理服务元数据库。

(2)将图形化描述的业务模型 SerFlow 通过 XML 来表示，为下一步逻辑层服务信息的获取做准备。

(3)分析描述 SerFlow 的 XML 文档 SerFlow.xml，取出流程中的逻辑服务及描述服务的详细信息。

(4)将逻辑服务的输入、执行的前提条件以及执行后产生的影响分别与物理服务元数据库中的服务信息进行比较，计算出逻辑服务与物理服务的相似度 $\mathrm{Sim}(S_P, S_L)$，根据相似度选择满足要求的物理服务。

(5)将该物理服务存入数据库中逻辑服务与物理服务的映射关系表中，完成 SerFlow 向 BPEL 转换过程中逻辑层与物理层的服务匹配。

13.3.3 物理服务搜索算法

物理服务信息的搜索是 SerFlow 向 BPEL 转换过程中服务匹配的前提，影响了不同层服务匹配的结果。为了使匹配具有较高的效率，需要不断对 Internet 中可用的物理服务资源进行搜索，将其存入本地的物理服务元数据库，使得每次的匹配都可以在本地进行，同时减少了匹配过程中可能遇到的一些网络问题。对 Internet 中物理服务信息的搜索算法如下。

算法 13.2　物理服务搜索算法 PS_Search。

输入：搜索条件 c，搜索路径 p；

输出：物理服务元数据库中的 Service 表、Operation 表。

```
PS_Search(p,c)
Begin
  (1)Initial(n);   /＊初始化向量 n＊/
  (2)n.add(new Name(c));
  (3)while(n!=null){
  (4)   t=proxy.get_authToken(p);   /＊利用代理 proxy 获得许可号 t，在进行服搜索
                                     前必须先得到注册中心授予的一个许可号＊/
  (5)   BE=t.get_BusinessEntity(n_i);   /＊获取 n 中每一搜索条件 n_i 的详细信息＊/
  (6)   s.add(BE.getBusinessService);   /＊根据 BE 中的详细信息获取服务信息存入向
                                         量 s＊/
  (7)   while(s! =null){
  (8)   I=s.getInput().getText();
  (9)   O=s.getOutput().getText();
  (10)   P=s.getPre_Condition().getText();
  (11)   E=s.getEffects().getText();
  (12)   if((I! =null)||(O! =null)||(P! =null)||(E! =null)){
  (13)   insertI,O,P,E into Service;}   /＊当服务的输入、输出、执行的前提条件、执行
         产生的影响中任一元素非空，则将其插入物理服务元数据库中的 Service 表＊/
  (14)   Op=s.getOperation().getText();
  (15)   if(Op! =null){
  (16)   insert Op into Operation where Operation.sID=Service.sID;}   /＊当服务的
         操作不为空时，把操作存入物理服务元数据库中的 Operation 表，表中 sID 与
         Service 表中 sID 的一致＊/
  (17)   }
  (18)}
  (19)return Service and Operation;   /＊返回物理服务元数据库中的 Service 表及
                                       Operation 表＊/
End
```

算法 13.2 实现了对 Internet 中物理服务的搜索，并将搜索的结果存入物理服务元数据库中，步骤(1)和(2)定义了算法中用到的变量 n，用来存放搜索条件，算法将企业名称作为搜索的条件来完成对物理服务的搜索；算法中的变量 s 用来存放搜索到的物理服务，向量 I、O、Op、P、E 分别用来存放物理服务的输入、输出、操

作以及服务执行的前提条件和产生的影响。步骤(3)～(6)通过代理 proxy 获得一个服务搜索的许可号 t,并利用该许可号先后获得企业的详细信息 BE 以及该企业发布的服务信息 s。算法 13.2 中步骤(7)～(17)描述了当服务非空的情况,分别获得服务的 IOPE 信息,并将其存入物理服务元数据库中的 Service 表及对应的 Operation 表。算法 13.2 中步骤(19)返回数据库中的 Service 表及 Operation 表,从而完成对 Internet 中物理服务的搜索。

13.3.4　逻辑层与物理层服务语义匹配算法

逻辑服务与物理服务的匹配是在物理服务元数据库已建立的条件下进行的,利用上述 PS_Search 算法,不断对互联网中的服务信息进行搜索,及时更新物理服务元数据库,在此基础上完成 SerFlow 向 BPEL 转换过程中逻辑层与物理层之间的服务匹配。

算法 13.3　逻辑服务与物理服务语义匹配算法 SSMDL。

输入:SerFlow.xml,物理服务元数据库 d;

输出:逻辑服务与物理服务的映射关系表 $S_{mapping}$。

```
SSMDL(SerFlow.xml,d)
Begin
  (1)Initial(AF);  /*初始化变量 AF*/
  (2)AF=builder.parse(new java.io.StringReader(SerFlow.xml));  /*利用 String
     Reader 解析 SerFlow.xml,并将解析后的文档存入文档类型变量 AF*/
  (3)while(SF.service!=null){
  (4)  VectorS=AF.getAllService();  /*取出 SerFlow 中的所有服务存入向量 S*/
  (5)  for each service i in S {
  (6)  Vector inp=AF.getInputOfAService(i);  /*取出每个服务的输入信息存入向量
       inp*/
  (7)  Vector outp=AF.getOutputOfAService(i);
  (8)  Vector pre=AF.getPreConditionOfAService(i);
  (9)  Vector e=AF.getEffectsOfAService(i);
  (10)  connect d;  /*通过 JDBC 与物理服务元数据库 d 连接*/
  (11)   ResultSet res=ps.executeQuery("select * from Service where inputNum=
             inp.size() and outputNum=outp.size()");  /*从数据库 d 的 Service 表中查
找与逻辑服务输入、输出个数相等的物理服务存入 res*/
  (12)  if(outputNum>inputNum){
  (13)    ServiceMatch(S_new,S_L);  /*根据 SerFlow 中服务的性质,当服务的输出个数
          outputNum 大于输入个数 inputNum 时,为产生新 Artifact 的服务,匹配从该类
          服务中进行,可以减小匹配时的搜索范围*/
```

(14) if(sim(pre,pre_P)$\geqslant\lambda_1$&&sim(e,e_P)$\geqslant\lambda_2$){

(15) S_1.add($service_P$); /* 当逻辑服务与物理服务执行的条件与产生的影响相似度满足要求时,将满足要求的物理服务 $service_P$ 存入向量 S_1 */

(16) for each service j inS_1{

(17) if(sim(inp.getText(),I_P)$\geqslant\lambda_3$){

(18) S'.add($service_P$);}

(19) if(sim(inp.getText(),$Op_P.I$)$\geqslant\lambda_3$){

(20) S'.add($service_P$);} /* 当逻辑服务与物理服务的接口满足部分依赖时,将物理服务 $service_P$ 存入向量 S' */

(21) elseif($Op_P.I$==$Op'_P.O$){

(22) if(sim(inp.getText(),$Op'_P.I$)$\geqslant\lambda_3$){

(23) S'.add($service_P$);} /* 当逻辑服务与物理服务的接口满足传递依赖时,将满足条件的物理服务 $service_P$ 存入向量 S' */

(24) }

(25) }

(26) ResultSetS_{sim}=sim(S'.getText(),S.getText()); /* 利用式(13.1)计算 S' 中存储的物理服务与 S 中存储的逻辑服务的相似度 */

(27) if($S_{sim}\geqslant$a){

(28) insertS' into $S_{mapping}$; /* 将物理服务存入逻辑服务与物理服务的映射关系表 $S_{mapping}$ 中 */

(29) return $S_{mapping}$;} } /* 返回逻辑服务与物理服务的映射关系表 $S_{mapping}$ */

(30) else

(31) ServiceMatch(S_P,S_L);} /* 当服务的输出个数不大于输入个数时,从其他类型的物理服务资源 S_P 中进行匹配 */

(32)}

End

算法13.3中第(1)～(4)步利用StringReader对描述SerFlow的XML文档进行解析,并取出其中的服务存入向量S。第(5)～(9)步用来获取SerFlow中描述服务的详细信息,包括服务的IOPE,作为逻辑服务与物理服务匹配的依据。算法13.3中第(10)～(11)步完成对物理服务元数据库的访问,通过Java数据库连接(Java database connectivity,JDBC)连接数据库,并取出其中输入、输出个数分别与逻辑服务输入、输出相等的服务。当服务的输出个数大于输入个数时,根据SerFlow中服务的性质可知该服务属于可以产生新的Artifact的一类,因此将匹配在这一类服务中进行,执行第(13)步,以此来缩小服务匹配时的搜索范围。对该类中服务的匹配通过算法13.3中第(14)～(25)步来完成,在匹配过程考虑了服务接口间的3种依赖关系,从而使算法有较高的召回率和准确率。对返回的物理服务计算其与逻辑层服务的相似度 S_{sim}，当相似度满足一个既定的相似度阈值 α 时，表示该服务满足逻辑层服务的需求，将其存入逻辑服务与物理服务的映射关系表 $S_{mapping}$ 中。若服务的输出不大于输入，则执行第(31)步，从其他类型的物理服务资源中进行匹配，匹配过程与上述一致，因此不再赘述，最终返回逻辑服务与物理服务的映射关系表 $S_{mapping}$。

算法 SSMDL 解决了 SerFlow 向 BPEL 转换程中不同层之间服务匹配的问题，为流程管理的自动化实现奠定了基础。算法将逻辑层与物理层服务的匹配放在本地来完成，通过算法 13.2 不断地从 Internet 获取可用的物理服务，及时更新本地物理服务元数据库，确保物理服务元数据库中数据的正确性和及时性，从而尽可能地匹配到满足逻辑需求的物理服务。由于服务的匹配不需要涉及对互联网的访问，减少了匹配过程中可能遇到的一些网络问题，提高了匹配效率。另外，在匹配过程中，根据服务执行可能对 Artifacts 产生的影响，对服务进行分类，减少了服务匹配时的搜索范围，一定程度上提高了服务匹配效率。

在保证服务匹配具有较高效率的基础上，算法 SSMDL 在匹配过程中考虑了服务接口间的 3 种依赖关系，包括接口间的完全依赖、部分依赖及传递依赖。通过接口依赖关系的引入，使不同层间服务匹配的结果具有较高的召回率和准确率，很好地解决了 SerFlow 向 BPEL 转换过程中不同层间的服务匹配问题。

第 14 章　物理层的设计

以 Artifact 为中心的 BPMS 的物理层是业务流程逻辑模型的物理实现，采用的方法是根据逻辑模型的描述，选择、组合现有的云数据库服务和 Web 服务。

14.1　云数据库服务的分类与选择

不同的应用需求对应着具有不同数据模型、系统结构、实现方式的云数据库。本节的主要内容是从数据库架构方式对云数据库进行分类，并进一步通过对现有的云数据库评测数据分析架构方式与数据库服务扩展性之间的关系，以便于对数据库服务进行选择，同时从成本的角度对现有云数据库的选择提出建议。

14.1.1　云数据库的分类

对比经典的数据库架构，可以将云数据库分为以下几类：基于划分的架构、基于副本的架构、基于分布式系统的架构[71,72]。

(1)经典架构。经典的数据库架构如图 14.1 所示，用户请求通过负载均衡器发出到达网络和应用服务器，网络服务器负责处理用户的需求，应用服务器负责详细应用逻辑的执行，例如，Java 或者 C# 嵌入了 SQL(structured query language)。

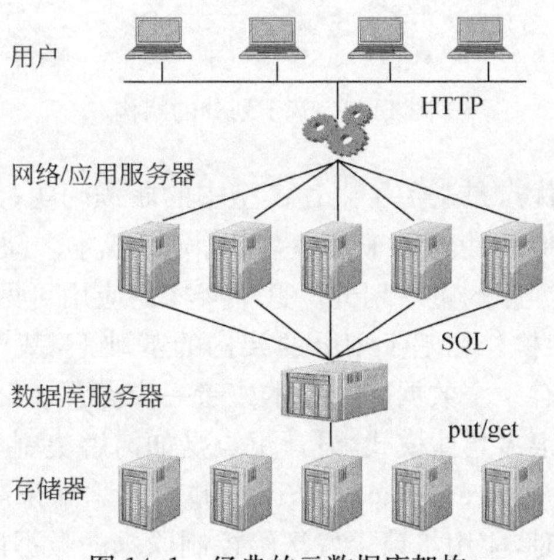

图 14.1　经典的云数据库架构

嵌入的 SQL 将用户请求传递给数据库服务器。为了保证数据的持久性,数据库服务将数据和日志存储于存储设备中。数据库服务与存储系统之间的交互通过 get 和 put 命令传递物理数据块完成。这种经典架构方式实现了存储系统相对于数据库服务的独立。

这种架构的优点在于每一层都有专用的成熟产品,存储层和网络/应用服务器层均具有可扩展性和弹性。缺点是由于服务器价格昂贵,当超过其负载时,只能更新硬件,整个架构处理峰值负载的能力受到了限制。这种架构的典型应用有 Amazon 的知名云服务 RDS(ratational database service)。

(2)基于划分的架构。基于划分的架构如图 14.2 所示,基于划分的架构中与经典架构的区别是去掉了一个数据库服务器控制整个数据库的模式,而是数据库被逻辑划分,每个划分都有一个独立的数据库服务器控制。具体的数据库划分方法有垂直划分、水平划分、循环划分、散列划分和区间划分。

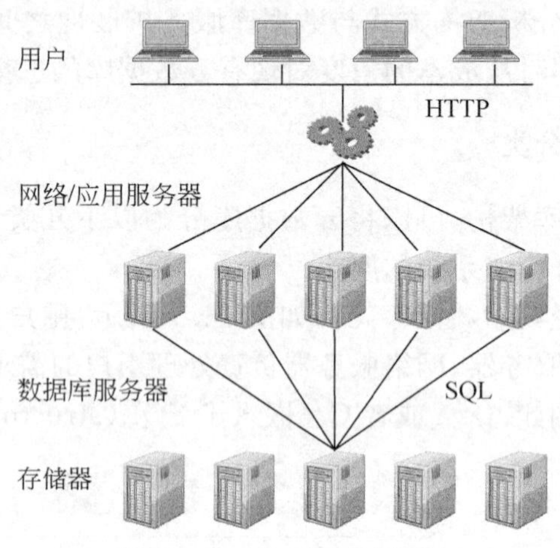

图 14.2 基于划分的架构

这种架构方式的优点是避免了上述模型中的瓶颈问题,灵活性高,而且数据库服务器可以由价格较低的计算机来代替,以此降低成本。缺点是增加或减少数据库服务器必须进行数据库的重新划分。这种架构的应用可见于 Force.com。

(3)基于副本的架构。在基于划分的架构的基础上,基于副本的架构中,每一个数据库服务器都拥有一个数据库的副本或者一个数据库划分的副本,如图 14.3 所示。这种架构包括很多具体模式,设计重点是如何解决副本的一致性问题,最适用的基于原本的 ROWA(read-once, write all)协议。如果副本是可知的,那么当用户的请求更新操作时,应用将请求发送给控制原本的数据库服务,更新操作结束后,再由原本的数据库服务将分发命令以更新各个副本;当用户发出只读请求时,应用可以直接将请求随意发给原本或副本。如果副本不可知,那么请求将自动发给原本或者副本。

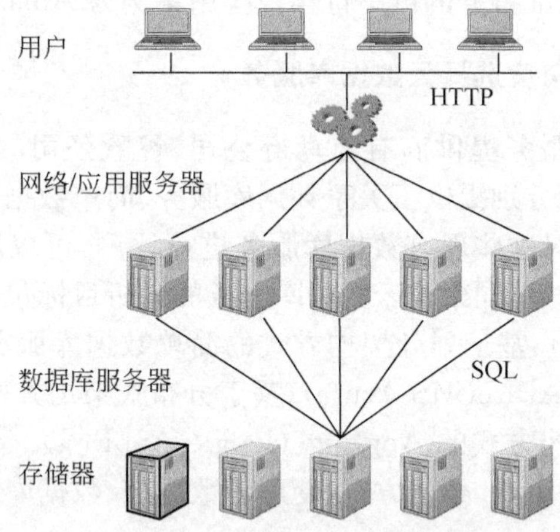

图 14.3　基于副本云数据库架构

这种架构的优点是具有较好的扩展性和系统可靠性。数据库服务器可以由价格较低的计算机来代替，从而降低成本，提高灵活性，具有横向扩展能力。缺点是当遇到大规模的更新操作时，原本数据库服务器成为瓶颈。这种架构方式的应用案例为 Amazon MySQL 和微软公司的 MS Azure。

(4)基于分布式系统的架构。基于分布式系统的架构是将数据库系统作为一个分布式系统，如图 14.4 所示。该架构中，存储系统完全独立于数据库服务。为了同步读写操作，该架构中可以加入不同级别的一致性协议。为了降低成本，数据库层加到了网络/应用服务器层，那么数据库的访问将不再以数据库服务的过程独立出现，而是整体应用服务的一部分。

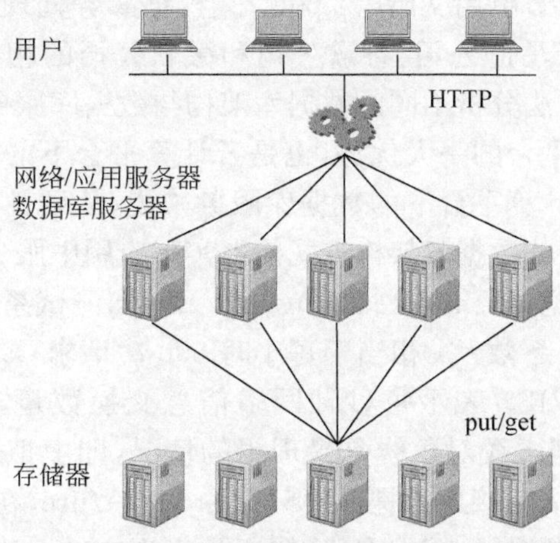

图 14.4　基于分布式系统的云数据库架构

这种架构方式的优点是低成本，灵活性高，且具有可扩展性。缺点是给事务处理带来了挑战，难以保证事务的可串行化。应用案例为 Amazon S3。

14.1.2 从可扩展性角度选择云数据库服务

现有的云数据库服务提供商有亚马逊公司、谷歌公司、微软公司和雅虎公司等。其中，亚马逊公司分别提供了关系数据库服务、简单数据库服务等多个不同架构方式的服务。通过对这些现有数据库服务进行评测，可以反映出不同架构的数据库服务的共有特点。不同架构云数据库服务的分析目标包括基于经典数据库架构的 RDS(AWS RDS)、基于划分架构方式的简单数据库服务(AWS SimpleDB)、基于副本架构方式的 Azure(MS Azure)、基于分布式架构方式的 S3(AWS S3)、基于划分和副本混合架构方式的 AppEng(Google AppEng)。各种数据库服务的已知情况，包括云服务提供商、架构方式、使用的数据库、数据库语言和硬件配置情况见表 14.1。

表 14.1 几种云数据库服务

参数	AWS RDS	AWS SimpleDB	MS Azure	AWS S3	Google AppEng
云服务提供商	亚马逊	亚马逊	微软	亚马逊	谷歌
架构方式	经典	基于划分	基于副本	基于分布	划分＋副本
使用的数据库	MySQL	SimpleDB	SQL Azure	无	DataStore
数据库语言	SQL	SimpleDB Quries	SQL	low-level API	GQL
硬件配置	一般	较好	较好	一般	非常好

由于这些数据库服务均为收费服务，而对其测试需要大量数据的频繁存取，考虑到实验成本问题，本节引用文献[72]和[73]根据事务处理性能委员会针对电子商务的测试基准，对亚马逊公司、谷歌公司和微软公司的相关服务的部分测试结果，结合前面的分类方法分析不同的数据库架构与数据库服务扩展性之间的关系。

扩展性是云计算平台的一大优势，也是云计算平台下的软件相对传统服务器软件的优势。对于云计算平台下的数据库服务来说，从硬件的角度来说是支持近无限扩展的，但是不同的数据库架构方式使得实际应用中服务的扩展性表现不同。文献[71]通过模拟浏览器(emulated browser, EB)向测试系统发送请求，EB 系数从 1 到 9000，其中 EB 系数＝1 相当于每小时 500 次请求，EB 系数＝9000 约为每秒钟 1250 次请求。WIPS 表示每秒钟网络信息交换数量。扩展性测试数据如图 14.5所示，可以看到虚线对角线是最理想的情况，即虚拟浏览器发送的请求都得到了回应。与理想情况接近的是 AWS S3 和 MS Azure，在发送请求数量逐渐增多的过程中没有遇到瓶颈。AWS RDS 的瓶颈出现在 350 次左右，之后随着请求量的增加曲线趋于平稳，说明其他的请求都处于等待状态。从 AWS SimpleDB 和 Google AppEng 的曲线来看，它们的瓶颈是分别是请求数为 120 和 50 左右，其区别在于 AWS SimpleDB 在到达峰值后，采取了抛弃一部分请求以保证另一部分请求正常进行的方法，以此曲线稍有上升，但最终还是缓慢下降，Google AppEng 则在到达峰值后完全放弃。

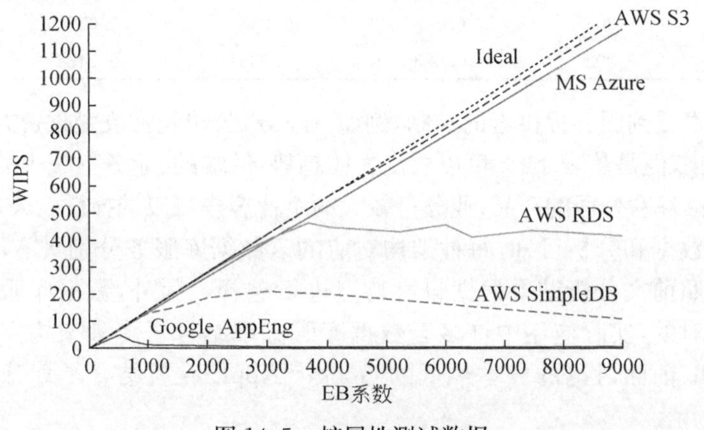

图 14.5　扩展性测试数据

因此，从这个结果来看，可以在一定程度上认为基于分布式系统的架构的数据库和基于副本的架构的数据库是能够应对系统大吞吐量的，侧面反映了它们的高扩展性。经典架构数据库则在扩展能力上较弱，最差的是基于划分的架构的数据库。

14.1.3　从成本角度选择云数据库服务

成本是所有企业都不能忽视的指标。以 Artifact 为中心的业务流程中最频繁的操作就是数据的存取和更新，因此实现低成本的业务流程要求低成本的数据库服务。随着模拟浏览器发出请求数的增大，相应单位网络信息交换数所需的成本见表 14.2。可见，当工作负载较小时，Google AppEng 成本最低；在工作负载量处于中等水平时，MS Azure 成本最低，但是它们都不支持较大的工作负载。谷歌公司在请求少时成本低主要是因为存储于该服务的数据库只需按月缴纳较少的费用，而且谷歌公司限定每天有 6 CPU 小时是免费的，因此业务量较小时应用该服务近似于没有固定成本。MS Azure 在中等业务量成本较低是由于成本被分摊。Azure SQL 服务 10GB 的空间以下每月收取的费用为 100 美元，而不考虑数据库请求的次数。相比之下，AWS RDS 是按小时收费的，因此对于 EB 系数大的情况，其分担的成本小。

表 14.2　每 WIPS 的成本　　(单位:美元/月)

	EB 系数				
云数据库服务	1	10	100	500	1000
AWS RDS	1.211	0.126	0.032	0.008	0.006
AWS SimpleDB	0.384	0.073	0.042	0.039	0.037
MS Azure	0.775	0.084	0.023	0.006	0.006
AWS S3	1.304	0.206	0.042	0.019	0.011
Google AppEng	0.002	0.028	0.033	0.042	0.176

虽然成本受到服务提供者的控制,例如,亚马逊公司经常改变收费方式导致用户成本不断变化,但是从表 14.2 可以看出大体趋势:低端的、业务量较少的个人或小型组织可以选择谷歌公司的产品;业务量较大的企业客户可以选择微软公司的产品。

从以上数据和分析可知,每种架构对应的云数据库服务分别具有不同的特点,用户可以按照前文分析结果根据自身特点进行选择。另外,数据库服务架构的划分并不是绝对的,实际应用中许多云数据库服务都结合了多种架构方式来满足用户需要,例如,前面讨论的成本最低的 Google AppEng 就结合了划分和副本两种架构方式。

14.2　Web 服务的发现和组合技术

本节研究云计算平台下 Web 服务的选择,由于云计算平台下 Web 服务的数量巨大,首先对存储于服务元数据库中的 Web 服务信息建立倒排序索引,以提高服务信息的查询速度。然后基于该索引,提出原子服务的选择方案。当数据库中无原子服务能满足要求时,提出原子服务的组合方法。

14.2.1　服务元数据

根据 SerFlow 服务的定义,逻辑服务 Service 为 5 元组(n, V_r, V_w, P, E),对 SerFlow 服务的描述具体到输入的 Artifact、每个 Artifact 的状态以及服务操作对状态的影响。对服务元数据库的建立就是以这些基本信息为基础。为了服务匹配的方便,一个服务元数据关系表设计为 Service(ID, service name, input Artifact, effect Artifact, effect Artifact attributes),如表 14.3 所示。

表 14.3　服务元数据库中的元组示例

ID	service name	input Artifact	effect Artifact	effect Artifact attributes
201201	申请	NULL	申请表	申请人,申请事项,申请时间
201202	修改	申请表	申请表	申请人,申请事项,申请时间
201203	审批	申请表,审批标准	申请表	申请表．审批结果,审批时间,审批人

表 14.3 描述的第一个元组为名为“申请”的服务，其输入 Artifact 为空，输出 Artifact 为“申请表”，操作的对象为该 Artifact 的 3 条属性“申请人”“申请事项”和“申请时间”，说明 Artifact“申请表”是由这个服务创建的；第二个元组描述的是对“申请表”进行修改的服务；第三个元组描述的是一个名称为“审批”的服务，其输入为“申请表”“审批标准”两个 Artifact，操作的对象是“申请表”中的“审批结果”“审批时间”和“审批人”3 个属性。同时也体现出该服务对输入“审批标准”是只读的，对“申请表”是读写的。

14.2.2　服务元数据的倒排序索引

定义 14.1　索引的结构为 2 元组$\langle A_j, SA_j\rangle$，其中 A_j 为任意一个 Artifact 名称，SA_j 为该 Artifact 对应的服务信息集合，$SA_j=\{\langle S_i, a\rangle\}$，$0<i\leqslant n$，$n$ 以 A_j 为操作对象的服务的个数，$\langle S_i, a\rangle$是服务 S_i 的名称与该服务操作的 Artifact 总数构成的 2 元组。

定义 14.2　令 A_j 对应的服务集合为 $SA_j=\{\langle S_i, a\rangle\}$，$0<i\leqslant n$，$A_u$ 对应的服务集合为 $SA_u=\{\langle S_v, b\rangle\}$，$0<v\leqslant n$，如果存在$\langle S_w, b\rangle\in SA_j$ 且$\langle S_w, b\rangle\in SA_u$，$w\in[1, m]$，那么集合$\{\langle S_w, b\rangle\}$称为 Artifact A_j、A_u 的交服务。

以 Artifact 为操作对象的 Web 服务中最重要的属性是操作的对象 Artifact 和输入 Artifact。首先判断一个服务是否能满足流程中的逻辑服务要求，最基本的是要满足这两组 Artifact。然后进一步判定在服务操作对应的 Artifact 属性和输入时 Artifact 的状态是否匹配。

如果按照顺序查找的方法，数据库中的每个服务都要逐一与逻辑服务信息进行匹配。然而，云计算平台中的 Web 服务数量是巨大的，即使数据库中上千条记录，也会花费很多匹配时间。

因此，本节提出按照存储在数据库中的注册服务的操作对象 Artifact 建立索引，为每个不同的操作 Artifact 建立一条索引。索引的结构如定义 14.1 所述。

服务元数据库中存储的信息片段见表 14.4，3 个服务 S_1、S_2、S_3 的操作对象 Artifact 分别为$\{A_1\}$、$\{A_1, A_2\}$、$\{A_1, A_2, A_3\}$，那么为其建立的索引如表 14.5 所示。

表 14.4　服务元数据

ID	service name	input Artifact	effect Artifact	effect Artifact attributes
id_1	S_1	A_1	A_1	$A_1.a_{11}$, $A_1.a_{12}$
id_2	S_2	A_1	A_1, A_2	$A_1.a_{13}$, $A_2.a_{21}$, $A_2.a_{22}$
id_3	S_3	A_1, A_2	A_1, A_2, A_3	$A_1.a_{14}$, $A_2.a_{23}$, $A_2.a_{24}$, $A_3.a_{31}$

表 14.5　索引表

Artifact	Artifact_service
A_1	$\langle S_1, 1\rangle$, $\langle S_2, 2\rangle$, $\langle S_3, 3\rangle$
A_2	$\langle S_2, 2\rangle$, $\langle S_3, 3\rangle$
A_3	$\langle S_3, 3\rangle$

14.2.3　基于倒排序索引的原子服务选择方法

每个服务集合与 Artifact 集合都是多对多的关系。如果待匹配的服务操作 Artifact 为多个，那么需要对不同 Artifact 对应的服务集合来定义 14.2 所述的交操作。当可选的结果为多个时，$\langle S_i, a\rangle$ 中服务操作的 Artifact 总数将作为简单的取优参考值，操作个数与请求个数相同的服务最优，选择操作个数大于请求个数的服务中数目最小的服务，若没有大于等于请求 Artifact 个数的服务，则需进行本节后面介绍的服务组合。

1. 基于倒排序索引的服务选择算法

算法 14.1　服务选择算法(ChooSA)。
输入：$S_{\log}$(逻辑服务)；
输出：S_{phy}(物理服务)。

```
ChooSA(S_log)
Begin
从逻辑服务 S_log 中获得 Artifact 信息；
art=(A_i),artin=(A_l),artout=(A_k); //S_log 对应的操作、输入、输出 Artifact
n=| art |;  //需求服务对应的操作 Artifact 个数为 n
if (n==1) //当需求服务的操作数为 1 时
  ser=∅ , w=0;
  get services from service metadata index table where Artifacts= art ;
  ser={⟨s_j, a_j⟩};
  w=|ser|;  //找到的操作 Artifact 包括逻辑要求的 Artifact 的服务的个数
  if(w=1 && a_j≥1)  //找到一个服务，且其操作数不小于需求
     get the artin* and artout* of s_j;
      if(artin==artin* && artout≤artout*)
         return s_j;
      else return "No Result";}
   if(a_j<1)
      return"No Result";
   if(w>1 && a_j≥1)  //找到多个服务
      if existing s_j which (artin_j==artin_j* && artout_j≤artout_j*)
        return s_v=min(a_j);
     else return "No Result";
if (n>1)//当需求服务的操作数大于 1 时
  ser_i=∅ ; w=0;
  get services from service metadata index table where Artifacts= art;
```

```
ser_i={⟨s_j, a_j⟩};
ser_m={⟨s_w,b_w⟩}=∩ser_i;    //按照定义 14.2 取交集
w=|ser_m|;
if(w=0)
  return "No Result";
if(w=1 && b_w≥1)  //找到一个服务,且其操作数不小于需求
  get the artin* and artout* of s_j;
   if(artin==artin* && artout≤artout*)
     returns_j;
   else return "No Result"; }
 if(b_w<1)  return "No Result";
 if(w>1 && b_w≥1)  //找到多个服务,取最优
   if existing s_j which (artin_j==artin_j* && artout_j≤artout_j*)
     returns_v=min(b_w);
   else return "No Result"; }
End
```

2. 算法分析

算法 14.1 根据已知的服务需求条件获取操作 Artifact,并通过服务元数据的索引表进行检索,在检索后的中间结果集合中进行精确选择。整个算法包括一个对索引表的循环,索引表的长度是有限的,且精确筛选中每一种情况都有返回值,因此算法是可以终止的。

算法唯一的循环次数为索引表的长度。循环中的每一步只包括一个简单字符串比对的操作。比对的结果作为中间变量进行下一步选择,精确选择过程中没有循环,通过简单的对比操作,按情况返回结果,因此该算法的时间复杂度为 $O(n)$。

3. 实例分析

根据表 14.5 的索引,当要求匹配一个操作 Artifact 为 A_1 的服务时,只需找到 Artifact$=A_1$ 的那条元组,从 Artifact_service 对应的集合$\{\langle S_1,1\rangle,\langle S_2,2\rangle,\langle S_3,3\rangle\}$中选优。显然 S_1 的操作数目为 1,与要求最合适,S_1 应作为匹配结果。

当要求匹配一个操作 Artifact 为 A_1、A_2 的服务时,首先返回 Artifact$=A_1$ 和 Artifact$=A_2$ 两条元组,取它们的交服务得到$\{\langle S_2,2\rangle,\langle S_3,3\rangle\}$。由于要求的服务操作个数为 2,在这个中间结果集合里$\langle S_2,2\rangle$更优,因此返回结果 S_2。

当要求匹配一个操作 Artifact 为 A_2、A_3 的服务时,首先返回 Artifact$=A_2$ 和 Artifact$=A_3$ 两条元组,取它们的交服务得到$\{\langle S_3,3\rangle\}$。S_3 的服务操作个数为 3,

大于要求的操作数,可以满足要求作为返回结果。

14.2.4　原子服务组合方法

根据逻辑模型的定义可知,由于逻辑模型中的 Artifact 不能中途消失,服务只能产生新的 Artifact,不能销毁 Artifact。因此,每个服务的输入 Artifact 集合和操作的 Artifact 集合都是输出 Artifact 集合的子集。原子服务的选择中服务的匹配级别为 Artifact 匹配,当服务元数据库中匹配不到输入、输出、操作 Artifact 都合适的原子服务时,需要进行对原子服务进行组合,来满足需求。

对服务进行组合的原则如下:

(1)组合后的复合服务输入的 Artifact 与需求服务相同。

(2)复合服务输出的 Artifact 集合包括需求服务输出的 Artifact 的集合。

(3)复合服务操作的 Artifact 集合包括需求服务操作的 Artifact 的集合。

(4)复合服务中上一个原子服务的输出等于下一个原子服务的输入。

1. 原子服务组合算法

算法 14.2　服务组合算法(CombSA)。

输入:S_{log}(逻辑服务);

输出:S_{phy}(物理服务)。

CombSA(S_{log})

Begin

(1)从逻辑服务 S_{log} 中获得 Artifact 信息;

(2) artopo=(A_i), artin=(A_1), artout=(A_k); //分别记录 S_{log} 对应的操作、输入、输出 Artifact

(3) n=|art|; //需求服务对应的操作 Artifact 个数为 n

(4) S=“Select services where outputArtifact= artout in table servicesmetadata”;

(5) $s_i \in S$;

(6) for (i=1, $i \leqslant |S|$, i++)

(7)　get input.s_i and oper.s_i;

(8)　$artrem_i$=artopo−oper.s_i; // 继续匹配所必需的操作 Artifact

(9)　for (j=1, $j \leqslant$ len.servicestable, j++)

(10)　l=0, $ss_j=(ss_l)_j$; //用于存放可与 s_i 组合的服务序列

(11)　if(output.s_j== input.s_i && operateart.$s_j \cap artrem_i \neq \varnothing$) //如果最多仅允许两个服务组合完成一个任务,那么要求 $artrem_i \subset$ operateart.s_j;如果最多仅允许超过两个服务组合完成一个任务,那么要求 operateart.$s_j \subseteq artrem_i$

(12)　　ss_l=service s_j, l++;

```
        else continue;
    endfor;
    if (|ssj|=1)   return "ssj + si";
    if (|ssj|=0)   return"no dual-services combination.";
    if(|ssj|>1)   compare all operate Artifact number of ssj + si ;
        return theminimum in ssj +si ; //当有多个组合可以满足时,选择其中操作个数最接近的
compare all operate Artifact number of combination and return the minimum one;
endfor//先按输出选择组合中后一个服务,然后为其寻找之前的服务
End
```

2. 算法分析

当算法 14.1 返回的结果是没有合适的原子服务时,进行算法 14.2。它用于寻找是否有多个服务通过组合能够满足所需服务的条件,并返回一个最优的组合。算法要对服务元数据表进行查询,对索引表进行查询,表的长度都是有限的,且每一种情况都有返回值,因此算法是可以终止的。

算法首先对服务元数据表进行查询,首次筛选后得到一个临时结果集,再根据这个临时结果集对索引表进行检索,再对返回的结果进行比对。令服务元数据表的长度为 n,首次筛选结果个数为 $l(l\leqslant n)$,索引表长度为 m,那么时间复杂度为 $O(n\times l+m)$,可化简为 $O(n^2)$。

3. 实例分析

服务元数据中的片段信息见表 14.6,分别是服务对应的输入 Artifact、操作 Artifact 和输出 Artifact,相应的索引信息见表 14.7。其中,服务 S_1 是简单的针对 A_1 进行操作。S_2 的输入为 A_1,但是操作对象为 A_2,说明该服务以 A_1 为只读 Artifact,然后生成新的 Artifact A_2。S_3 是对两个 Artifact 进行读写的服务。S_4 是以 A_3 为只读 Artifact,以 A_4 为读写 Artifact 的一个服务。

表 14.6　服务元数据

service name	input Artifact	operate Artifact	output Artifact
S_1	A_1	A_1	A_1
S_2	A_1	A_2	A_1, A_2
S_3	A_2, A_3	A_1, A_2, A_3	A_1, A_2, A_3
S_4	A_3	A_3	A_2, A_3

表 14.7　索引信息

input Artifact	Artifact_service
A_1	$\langle S_1,1\rangle,\langle S_3,3\rangle$
A_2	$\langle S_2,1\rangle,\langle S_3,3\rangle$
A_3	$\langle S_3,3\rangle$

假设逻辑模型中一个待匹配的逻辑服务在 Artifact 级别上的描述信息为输入为 A_1，操作对象为 A_1、A_2，输出为 A_1、A_2。通过前面的原子服务匹配 $\{\langle S_1,1\rangle,\langle S_3,3\rangle\}\cap\{\langle S_2,1\rangle,\langle S_3,2\rangle\}=\{\langle S_3,2\rangle\}$，但是 S_3 并不符合输入要求，因此在元数据库中无法找到合适的服务。通过本节算法进行原子服务组合的过程如下：

(1)找到输出 Artifact 集合为需求服务超集的原子服务，得到 S_2、S_3。

(2)分别找到以 S_2、S_3 的输入为输出的原子服务，返回 S_1 和 S_4。

(3)考察 S_1+S_2、S_3+S_4 这两组服务的操作 Artifact 集合是否满足要求，结果都满足，因此无需再继续组合。

(4)考察这两组服务的输入，即 S_1 和 S_4 的输入，发现 S_4 的输入与要求不符，返回最终结果 S_1+S_2 组合。如果此时还剩下多个服务，那么按照组合次数最少、操作数与要求最接近的顺序筛选。

第 15 章　管理层的设计

在系统的三层体系结构中，管理层包括对业务流程中 Artifact 的管理和业务相关的 Web 服务的管理。本章主要分两部分：对 Artifact 的管理部分，提出一种密文索引机制用于提高密文查询的速度，分析索引引起 Artifact 泄露的原因，提出泄露的消减办法，并给出通过密文索引对 Artifact 的查询及优化方法；对 Web 服务的管理部分，提出对以 Artifact 为中心的 BPMS 中 Web 服务执行的超时判断方法，对未超时的 Web 服务提出操作正确性的判断方法，并且对出错的 Web 服务提出调整方案。

15.1　Artifact 的存储与云数据库服务

本节介绍 Artifact 利用云数据库进行存储的方式，并分析这种方式的安全性。

15.1.1　利用云数据库服务存储 Artifact

Artifact 作为业务流程过程中 Web 服务的操作对象时，是以 XML 格式描述的，但作为存储对象时则是以关系表的形式存在的。下面这段 XML 格式描述的 Artifact 记录了顾客用餐情况。

```
<Artifact>
    <Artifactname>顾客记录</Artifactname>
    <attribute>
        <name>ID</name>
        <type>string</type>
        <value>028282</value>
    </attribute>
    <attribute>
        <name>人数</name>
        <type>int</type>
        <value>4</value>
    </attribute >
    …
</Artifact>
```

该片段可以通过关系表描述，见表 15.1。同一 Artifact 类型中的 Artifact 实例存储于一张关系表，便于数据的查询和分析。

表 15.1 用关系表存储 Artifact

ID	人数	桌号	点菜服务员	热菜	凉菜	用餐时间	结账时间
028282	4	大厅 6 号	张小红	4	2	18:10	19:20

15.1.2 利用云数据库服务存储 Artifact 的安全性分析

云数据库为非完全可信的，将 Artifact 存储于云数据库，其安全性受两方面影响：

(1)入侵者可利用云数据库服务提供者的服务器漏洞窃取 Artifact，通过企业业务流程数据分析得到企业关键信息，或者直接篡改 Artifact 使已完成的流程数据不可信、未完成的流程不能继续正常进行。

(2)数据库系统的管理员有权限访问所有 Artifact 数据，同样导致数据被窃取和篡改。

第一类风险由云数据库服务提供者承担，云数据库服务提供者负责保证抵御来自互联网上的恶意攻击；第二类风险由企业用户自己承担，云数据库服务提供者中的数据库管理员具有较高的权限，如果管理员对数据库恶意访问，获取企业的流程信息将对企业造成严重的后果。

因此，当利用云数据库服务管理业务流程数据时，必须对其中的敏感数据进行加密，使得这些 Artifact 数据即使被泄露也难以造成泄密的后果。其中，加密由业务流程管理系统的用户执行，云数据库服务提供者无法解密，阻断从数据库管理员处泄露信息的可能性，已达到保证 BPMS 用户隐私信息安全的目的。

然而，加密、解密运算与密钥管理将显著降低数据库的访问速度，影响整体业务流程的运行效率。云数据库服务的可用性与 Artifact 的保密性之间不可避免地存在冲突。为了解决两者之间的矛盾，使得云数据库服务可以成为 BPMS 中存储 Artifact 的有效工具，要实现云数据库服务中密文数据的高效查询。解决这一问题的有效手段之一是为密文建立索引，15.2 节将继续研究有效的密文索引技术。

15.2 云数据库中基于 INTERFERE 定理的密文索引技术

现有基于云数据库的查询技术均忽略了查询本身的概率问题，使得密文查询的中间结果过多，影响查询效率。本节从查询概率角度出发提出一种基于 INTERFERE 定理的密文索引技术，目的是降低查询结果中的影响元组。在业务流程的执行过程中需要对存储于云数据库中的 Artifact 数据进行反复的存取操作，因此这一技术对以 Artifact 为中心的 BPMS 的整体效率起着重要的作用。

15.2.1　基本定义

令 A 表示 Artifact 实例的一个属性。D 表示 A 的值域，$D=\{a_1, a_2, \cdots, a_n\}$。$n$ 表示 D 中值的个数。a_i 表示 D 中任意值，$1\leqslant i\leqslant n$。f_i 表示属性值等于 a_i 的 Artifact 个数（a_i 出现的次数）。

M 表示划分 Bucket 的个数，$q(a_i)$ 表示结果包含值 a_i 的任意一个查询 q 的查询结果。

定义 15.1　对属性 A 的值域以某一规则划分为 M 个子区间，每一个划分子区间形象地称为一个 Bucket[73]。

例 15.1　如表 15.2(a)所示明文表 R 中属性 depa 的值域为 $D=\{01,02, 03, 04\}$；$f_1=f_2=f_4=2, f_3=1$。对属性 depa 进行 $M=2$ 的桶划分，令 $B_1=\{01,02\}$，$\text{Bid}_1=3$；$B_2=\{03,04\}$，$\text{Bid}_2=4$，得到表 15.2(b)中密文表 R^s 索引列 depa^s。

表 15.2　加密前后的关系

(a)加密前后的关系明文表 R

ID	depa	salary
0101	01	1200
0102	01	1300
0201	02	2500
0202	02	1250
0301	03	1700
0401	04	1700
0402	04	1820

(b)加密前后的关系密文表 R^s

etuple	depa^s
01000110	3
00111000	3
10010101	3
11000111	3
01110100	4
01011101	4
10110010	4

定义 15.2　对 Artifact 属性 A，重复做 n 次查询，令 $f(q(a_i))$ 表示 n 次实验中 $q(a_i)$ 发生的次数，如果随着 n 的增大，频率基本稳定在某一数值附近，表示为 $p(q(a_i))$，那么 $p(q(a_i))$ 称为查询结果集合包含 Artifact 属性值 a_i 的概率，称为 Artifact 查询概率。

假设例 15.1 中仅存在一种单条件等值查询，用 SQL 语句 q 表示为：SELECT * FROM table R WHERE depa$=a_i$。统计其中 a_i 取不同值的概率依次为 0.23、0.38、0.16 和 0.33，则各属性值的查询概率依次为 $p(q(01))=0.23$，$p(q(02))=0.38$，$p(q(03))=0.16$，$p(q(04))=0.33$。

定义 15.3　假设某 Artifact 的一个属性值的集合被划分为 M 个 Bucket，分别

记为 B_1，B_2，…，B_M，令 q 为任意一个查询，$q(B_i)$表示包含 Bucket B_i中任意值的 q 的查询结果，则 $p(q(B_i))$表示查询结果为 $q(B_i)$的 q 的 Bucket 查询概率。

例 15.1 中，01，02∈B_1，03，04∈B_2，因此 $p(q(B_1))=p(q(01))+p(q(02))=0.61$，$p(q(B_2))=p(q(03))+p(q(04))=0.49$。

定义 15.4 密文查询结果为通过 q^* 查询到的密文结果再解密得到的结果集合记为 $q^*(a_i)$，其中 q^* 为查询结果为 $q(a_i)$的查询 q 通过查询重写算法转换而来的。

令表 R 上的一个查询 q 为 SELECT ＊ FROM table R WHERE depa＝02，查询结果 $q(02)$是 ID 为 0201 和 0201 的 2 条元组。通过加密表 R＊进行查询时，查询转换为 q^*：SELECT ＊ FROM table R^* WHERE depa*＝3，密文查询结果 $q^*(02)$是 ID 为 0101、0102、0201 和 0201 的 4 条元组。

定义 15.5 INTERFERE Artifact 是集合 $q^*(a_i)$中的元素中非正确结果所在 Artifact，记为 INTFA($q^*(a_i)$)。

$q^*(02)$中，INTERFERE Artifact INTFA($q^*(02)$)是 ID 为 0101、0102 的元组，INTERFERE Artifact 个数|INTFA($q^*(02)$)|＝2。

定义 15.6 错检率 ER($q^*(a_i)$)指的是在查询 q^* 所返回的结果中，INTERFERE Artifact 数与密文查询结果元组总数的比值|INTFA($q^*(a_i)$)|/|$q^*(a_i)$|。

定义 15.7 错简误差是指对于所有可能出现的查询 q 及对应的 q^*，其错检率 ER 的期望，记为 σ，$\sigma=\sum_{i=1}^{N}(\mathrm{ER}(q^s(v_i))\times p(q(v_i)))$。

定义 15.8 索引元数据是描述数据库中索引的数据。

15.2.2 INTERFERE 定理

在基于 Bucket 的密文索引方法中，由于每个 Bucket 中的所有 Artifact 都对应同一个索引号，因此密文查询返回的是预查结果所在的 Bucket 中的所有加密后的 Artifact。Bucket 中的其他结果都是 INTERFERE Artifact 被一同传给用户，进一步解密后再进行筛除。因此，Bucket 的划分方法影响着 INTERFERE Artifact 的个数，进一步影响密文索引的查询效率。

定理 15.1 公式 $\mathrm{WIntFA}=\sum_{j=1}^{M}\left[\sum_{i=1}^{n}p(q(a_i))F_j-\sum_{i=1}^{n}p(q(a_i))f_i^j\right]$ 能够用来衡量存储 Artifact 的关系 R 上的 Bucket 划分的优越性，且该值越小划分越优。

证明：在相同的查询下，不同的索引方法产生不同的 INTERFERE Artifact 数目。INTERFERE Artifact 的个数影响云数据库服务的性能，该性能反映了索引的优越性。INTERFERE Artifact 的个数越少，索引越优。

下面用期望公式来推导一下索引造成的 INTERFERE Artifact 数目。

假设数据库服务器上的密文关系包括 n 条元组{Artifact_1，Artifact_2，…，Artifact_n}。

设 k 为一个较大的整数，在 k 次随机查询中最终查询结果为 Artifact_i 的查询为 k_i 次，且最终结果为 Artifact_i 时，有其他 l_i 条元组作为临时结果返回，此时干扰元组数目期望为 $l_i\times(k_i/k)$。

关系中共有 n 条元组，则干扰元组总数目的期望为

$$E=l_1\times(k_1/k)+l_2\times(k_2/k)+\cdots+l_n\times(k_n/k) \tag{15.1}$$

从索引的角度推导，对于任意一个含有 n 个不同属性值的 Bucket，Bucket 查询概率为 $p(q(B))=p(q(a_1))+p(q(a_2))+\cdots+p(q(a_n))$。

若其中第 i 个 Artifact 在该 Bucket 内的查询概率为 $p(q(a_i))/p(q(B))(1\leqslant i\leqslant n)$，那么查询这一 Artifact 产生的 INTERFERE Artifact 数为 $|\text{INTFA}(q*(a_i))|=f_1+f_2+\cdots+f_{i-1}+f_{i+1}+\cdots+f_n$。

对于 $\text{Bucket}_j(1\leqslant j\leqslant k)$，根据 Bucket 内部各 Artifact 对应的查询概率和 INTERFERE Artifact 数，可得到该 Bucket INTERFERE Artifact 如下：

$$\begin{aligned}\text{WIntFA}&=\sum_{j=1}^{M}[p(q(B_j))]\times|\text{INTFA}(\text{Bucket}_j)|\\&=\sum_{j=1}^{M}\left[p(q(B_j))\times\sum_{i=1}^{n}\left(\frac{p(q(a_i))}{p(q(B_j))}|\text{INTFA}(q^*(a_i))|\right)\right]\\&=\sum_{j=1}^{M}\left[p(q(B_j))\times\sum_{i=1}^{n}\left(\frac{p(q(a_i))}{p(q(B_j))}\left(\sum_{i=1}^{n}f_i^j-f_i^j\right)\right)\right]\\&=\sum_{j=1}^{M}\left[\sum_{i=1}^{n}p(q(a_i))\sum_{i=1}^{n}f_i^j-\sum_{i=1}^{n}p(q(a_i))f_i^j\right]\\&=\sum_{j=1}^{M}\left[\sum_{i=1}^{n}p(q(a_i))F_j-\sum_{i=1}^{n}p(q(a_i))f_i^j\right]\end{aligned} \tag{15.2}$$

根据定义 15.2、定义 15.3 易得，式(15.1)⇔式(15.2)。因此，式(15.2)可以用来衡量索引的优越性，且该值越小索引越优。INTERFERE Artifact 越多，查询带来的后处理代价越大，说明 Bucket 划分效果越差；INTERFERE Artifact 数目越小 Bucket 划分越优。因此，可以用式(15.2)来衡量划分和索引的优越性。

15.2.3　基于 INTERFERE 定理的密文索引方法

利用云数据库服务存储流程中的 Artifact 信息，为了保证业务流程的高效性，需要对密文建立优越的索引。利用 Bucket 划分建立索引时，对密文进行查询的结果集是实际要查询的结果集的超集。INTERFERE Artifact 需要在客户端进行进一步的筛选得到精确结果。因此，优越的索引方法是将 INTERFERE Artifact 的

数目降到最低。

根据业务流程操作针对性强的特点，流程过程中对 Artifact 的查询往往是等号查询，而对流程的查看存在着对 Artifact 的范围查询，这说明密文的查询结果至少是一个 Bucket。因此，索引要减少每个 Bucket 的 INTERFERE Artifact 的数目。然而，Bucket 的数目并不能无限制地增大，一旦 Bucket 的数目过大，安全性将大大降低，如何平衡两者之间的关系，本章后面有具体介绍。在本节的索引方法中 Bucket 的数目将迎合用户的需求，以常数出现。

Bucket 的数目固定，同时保证 Bucket 中的 INTERFERE Artifact 的数目最少，是最优密文索引技术要同时达到却相互矛盾的两个要求。从概率的角度出发，查询概率大的 Artifact 所在的 Bucket 应包含较少的 Artifact。因此，索引的建立应把每个 Artifact 的查询概率作为权值，索引建立的过程中，确定每个 Artifact 的存放 Bucket 时都通过定理 15.1 计算衡量，得到最优的划分。

同时，建立索引的基础是建立索引元数据，云数据库中的索引元数据可以用于访问和管理密文数据库。客户端通过索引元数据对查询进行转换，云数据库服务在密文数据库中执行转换后的查询。索引元数据的管理遵循以下原则：

(1)数据(Artifact)拥有者有权管理索引元数据。

(2)一般用户无权访问索引元数据。

(3)云数据库服务者无权访问索引元数据。

假设密文数据库 R^s 中的属性 etuple 对应的元组为{ID, code, province, death toll}，如图 15.1 所示。

服务器

R^s

etuple	I_{ID}	I_{depa}	I_{salary}
01000110	1	3	5
…	…	…	…

客户端

Tab_index

Relation	Attribute	Index
R	ID	I_{ID}
R	depa	I_{depa}
R	salary	I_{salary}

Tab_bucket

Index	Bucket	min	max	BucketID	M
I_{salary}	1	1500	2500	5	3
I_{salary}	2	2501	3000	7	3
I_{salary}	3	3001	4000	6	3
I_{depa}	…	…	…	…	…
…	…	…	…	…	…

图 15.1　关系 R 的索引元数据

索引元数据可以选择两种存放形式，其一是结构化数据，如关系数据，但这要求系统的使用者必须安装数据库管理系统，而云计算平台上系统的使用优点就是不需要用户安装大型软件，这两点相互矛盾；其二是非结构化数据形式，如文本文件,这种方式与本章中使用云计算平台的初衷相吻合,可以降低用户成本。在图 15.1中,为了便于读者观察,将索引元数据存储于关系数据库中展示。

15.2.4　基于 INTERFERE 定理的密文索引算法及分析

算法 15.1　基于 INTERFERE 定理的密文索引算法(MII)。

输入:$D=(V, \mathrm{FQ}, F)$,$m=M$;

输出:$B_i=\{a_j\}$, INTFA, BID。

```
MII(D, m)
Begin
(1) for (k=1; k≤m; k++)   B_i={a_k};
(2) for (k=m+1; k≤n; k++)
(3)   if a_k<maxB_1 add a_k into B_1;
(4)     maxB_1∈CompB(1,maxB_1) ;
(5)   if a_k=minB_m  add a_k into B_m;
(6)     minB_m∈CompB(m,minB_m) ;
(7)   if (maxB_1<a_k<minB_m)
(8)     for(l=2; l≤m-1; l++)
(9)       if(minB_l<a_k≤maxB_l)  add a_k to B_l;
(10)          maxB_l∈CompB(l,maxB_l);
(11)          minB_l∈CompB(l-1,minB_l);
(12)        if(a_k<minB_{l+1} && a_k>maxB_l)  add a_k to CompB(l,a_i);
(13)     endfor;
(14)endfor;
(15)create a set of random number S={s_1, s_2,…,s_m};
(16)for (i=1, i≤M_2, i++)  Bid_i=s_i;
(17)returnB_i={a_j};
(18)BID={Bid_1,Bid_2,…,Bid_M};
(19)function of judging two neighboring buckets
(20)CompB(u,a_i)
(21)  suppose add a_i into Bucket u get as=|INTFA_u|;
(22)  suppose add a_i into Bucket u+1 get ad=|INTFA_{u+1}|;
(23)  compare them, min(as, ad);
(24)  returnB_v;
End
```

从以下几个方面对算法进行分析:

(1)算法的可终止性。该算法的主要功能是生成 Bucket,由两个 for 循环构成,第一个循环的次数由 Bucket 个数 M 决定,第二个循环是对后 $N-M$ 个

Artifact 属性值依次判断归属 Bucket，判断函数有返回值，循环次数是已知的有限整数，两循环均非死循环，因此算法可以终止。

(2)算法的正确性。判断一个 Artifact 属性值所在的 Bucket 有 3 种情况。

①当权值小于第 1 个 Bucket 的最大值时，Artifact 属性值属于第 1 个 Bucket。此时，需要判断该 Bucket 中最大查询概率的值是否需要更新转移到右侧邻居 Bucket。

②当权值大于第 M 个 Bucket 的最小值时，Artifact 属性值属于第 M 个 Bucket。此时，需要判断该 Bucket 中查询概率最小的值是否需要更新转移到左侧邻近 Bucket。

③当权值在第 1 个 Bucket 的最大值和第 M 个 Bucket 的最小值之间时，Artifact 属性值属于中间的 $M-2$ 个 Bucket，需反复前两步直到确定具体 Bucket。此时，需要判断该 Bucket 中查询概率最小的值是否需要向左侧 Bucket 转移，最大值是否需要向右侧 Bucket 转移。

MII 算法基于上述三种情况进行，依据定理 15.1 进行计算，可以正确返回给定 Artifact 属性的 Bucket 划分情况。

(3)算法的时间复杂度。MII 算法的时间复杂度主要由判断 Bucket 函数 CompB(u, v_i)的执行次数决定，Bucket 的总数为 M，Artifact 属性值集合中包含的元素个数为 n。因此，最好情况是每个值都一次判定，那么执行次数为 $n-M$，最坏的情况是每个属性值判断位置时都要做两次比较，即访问次数为 $2(n-M)$，因此，时间复杂度为 $O(n)$。

(4)算法的空间复杂度。MII 算法的基本操作是判断 a_i 的归属 Bucket。无论输入的属性值顺序如何，每次循环中都执行判断函数 CompB(u, a_i)，该函数要比较两种情况下 INTERFERE Artifact 数目期望值的大小，为存放这两个值，必须借用两个临时存储空间，因此算法的空间复杂度为 $O(2)$。

15.2.5 实例分析

例 15.2 假设 Artifact app 的属性 money 的 10 个值如表 15.3 所示，各值对应的查询概率和出现次数各不相同。令划分 Bucket 数的上限数目 $M=4$。

表 15.3 属性值及其相应的查询概率和出现次数

参数	m_1	m_2	m_3	m_4	m_5	m_6	m_7	m_8	m_9	m_{10}
m_i	70	24	65	29	39	45	58	35	10	88
$p(q(m_i))$	0.101	0.15	0.2	0.02	0.011	0.05	0.039	0.25	0.1	0.079
f_i	8	18	5	10	9	4	6	2	12	5

采用等深(equi-depth)桶划分构造密文索引得到的索引Bucket分布：$B_1=\{m_1,m_3,m_7,m_{10}\}$，$B_2=\{m_4,m_9\}$，$B_3=\{m_5,m_6\}$，$B_4=\{m_2,m_8\}$。通过式(15.2)计算得到该索引的INTERFERE Artifact数期望值为13.842。

采用概率索引算法得到的索引分布为$B_1=\{m_4,m_5,m_6,m_7\}$，$B_2=\{m_1,m_9,m_{10}\}$，$B_3=\{m_2\}$，$B_4=\{m_3,m_8\}$。该密文索引的INTERFERE Artifact数期望值为8.961。

15.3　云数据库密文索引引起Artifact泄露的衡量与消减

为密文数据库建立密文索引后可能会造成Artifact的泄露，从而影响数据库整体的安全性和企业敏感信息的保密性。因此，在对数据库加密方法进行研究的同时，进一步探讨数据库效率和安全性的平衡问题对于数据库信息安全的发展具有深远意义。本书首先提出利用视图安全的判定条件k-匿名来判定Artifact信息泄露程度的策略，并给出密文索引而造成Artifact泄露问题的解决方案。

15.3.1　Artifact泄露的衡量标准

密文数据库中利用索引进行查询时，侵犯者往往能通过索引从多条数据结果中猜出部分信息，造成信息泄露，因此为密文建立索引将给加密数据库带来潜在信息泄露问题。本节引用k-匿名的方法对密文索引的信息泄露问题进行衡量。

用来保护私有信息的k-匿名保护模型解决信息泄露问题的解决方案是找出数据持有者能够识别的可以与外部信息相连接的全部关键属性(准标识符)，禁止通过这些属性将释放信息与外部信息连接在一起，以此保证视图安全。如果此种情况无法避免，那么k-匿名保护模型就会检验此时视图组的连接是否会泄露具体的元组信息，也就是说基于某个关键属性的视图表的连接所得的元组必须为k个($k\geqslant 2$)。一种极端的情况是不满足2-匿名，此时，攻击者能够明确地知道秘密查询中的部分或者全部元组信息，这种情况是不允许的。所以，只有在满足k-匿名的条件下，加密表中的视图(密文索引列)才是安全的，不会出现信息泄露。

在密文索引的建立过程中，当划分桶数目被限定时，每个划分桶中包含多个属性值，侵犯者对密文查询时得到结果是目标属性所在桶对应的多条元组，不能唯一确定任何信息，满足2-匿名条件。

定义15.9　对属性A进行桶划分建立密文索引，令第j个桶中包含n个不同的属性值，则该密文索引列的k-匿名程度为$k=\min\left(\sum_{i=1}^{n} f_i\right)_j, j\in[1,M]$。

定理15.2　索引列的k-匿名程度可以衡量索引列的信息泄露程度。

证明：索引列的各划分桶均包含属性值个数不同(含重复值)，令其中包含属性

值个数最少的桶为 B_k，索引列的 k-匿名程度 k 为 B_k 中属性值个数。若用户为攻击者，最坏的情况是其查询时作为干扰项的错简元组最少，攻击者可以较容易地猜出相关隐私信息，即返回的密文查询结果为 B_k 中所有属性值所在的元组。因此，索引列的泄露程度可以用 B_k 中的属性值个数来衡量，即该索引的 k-匿名程度，问题得证。

如表 15.4 和表 15.5 所示，对关系 R 中的属性 depa 建立索引时，根据定义 15.2 可求出索引列 depa 的 k-匿名程度为 3。为属性 salary 建立密文索引时，工资为 2500 的元组的密文索引列 salary 的值为 6，不同于其他任何 salary 值，因此该索引列不满足 k-匿名条件，攻击者可通过密文索引列以条件 $salary^s=6$ 唯一确定属性 ID 为 0201 的员工，从而造成信息泄露。

表 15.4　关系 R

ID	depa	salary
0101	01	1200
0102	01	1300
0201	02	2500
0202	02	1250
0301	03	1700
0401	04	1700
0402	04	1820

表 15.5　密文关系 R^s

etuple	$depa^s$	$salary^s$
01000110	3	5
00111000	3	5
10010101	3	6
11000111	3	5
01110100	4	7
01011101	4	7
10110010	4	7

15.3.2　Artifact 泄露的静态消减方法

为消减密文索引所造成的 Artifact 信息泄露问题，本章提供三种解决方案：第一种是根据密文索引值的分布情况构造散列函数的办法；第二种是用对多个敏感属性进行一次桶划分并建立统一的索引的策略代替原有的多次划分、分别建立索引的方法；第三种是对索引值进行区间划分，建立二次索引的方法。

(1)散列函数法。为密文索引列构造散列函数，消除索引列由不满足 k-匿名条件造成的信息泄露问题。以密文关系表 15.5 中的密文关系表 R^s 为例，利用除留余数法构造一个以 6 为模的散列函数 $f_6(\text{key})$，并对密文索引列 age^s 进行散列操作，则 $f_6(2)=2\text{mod}6=2$；$f_6(8)=8\text{mod}6=2$；$f_6(3)=3\text{mod}6=3$。进行散列操作后的工资为 100 的元组的密文索引列(salary$^s=4$，age$^s=2$)满足 k-匿名条件且匿名程度 $k=4$，从而消除了因建立密文索引而产生的信息泄露，如表 15.6 所示。

表 15.6 散列操作后的密文关系

etuple	salary^s	age^s
100010	4	2
111001	4	2
101010	4	2
111100	4	2
101001	2	3
010101	2	3

攻击者无法通过密文关系表 R^s 中的密文索引列(age$^s=2$，salary$^s=4$)唯一确定任何员工的信息，从而消除了由构建密文索引造成的信息泄露问题。根据密文索引值不同的分布情况，可以通过构造适当的散列函数来消除信息泄露问题。

(2)多属性统一划分法。在实际的应用中，一个明文关系 $R(A_1,A_2,\cdots,A_m)$ 通常包含多个敏感属性，因此在与其对应的密文关系 $R^s(\text{etuple},A_1^s,A_2^s,\cdots,A_m^s)$ 中，也会含有多个密文索引列。若对每个敏感属性独立地进行桶划分并建立密文索引，将敏感属性 A_1 划分为 k_1 个子区间(即含有 k_1 个桶索引号)，将敏感属性 A_2 划分为 k_2 个子区间，依次类推将敏感属性 A_m 划分为 k_m 个子区间，那么以 $A_1^s,A_2^s,\cdots,A_m^s$ 为关键元组的可能值的个数为 $k_1\times k_2\times\cdots\times k_m$，设密文表中含有 N 个元组，则由密文索引属性列 $A_1^s,A_2^s,\cdots,A_m^s$ 构成的关键元组的平均 k-匿名程度 $P=N/(k_1\times k_2\times\cdots\times k_m)$。由此可见，随着对不同属性桶划分建立索引的次数和划分子区间数目的增加，密文表的 k-匿名程度逐渐降低，信息泄露程度变大。

针对该问题，可以采用对多个敏感属性进行一次桶划分、并建立统一的索引的策略代替原有的多次划分、分别建立索引的方法，从而减少桶划分的次数 m。但对多个属性的值域进行统一的划分，势必会增加划分子区间的数目 k_i(桶索引号的数目，$1\leqslant i\leqslant m$)，这样会影响密文表中密文索引列的 k-匿名程度；若简单地减少一次桶划分中的划分子区间数目 k_i，则又会降低索引查询的命中率。本章提出一种最佳桶划分策略，在限定了桶划分子区间数目 k_i 的情况下，利用该桶划分算法可以获得最优的查询命中率，从而平衡密文索引列的安全性和查询效率的问题。

(3)区间映射法。假设属性 A 的索引列值域为 $\mathrm{DOM}(U)=\{u_1,u_2,\cdots,u_M\}$，假设 $u_1<u_2<\cdots<u_M$，将其划分为 a 个区间，对于该区间上的每个值都映射为同一个正整数 b(即 $\mathrm{map}[u_i,u_j]=b,\ b\in N$)，这种将原始索引的桶标识号再次进行划分映射的方法称为区间映射。

区间映射可以消除索引列由不满足 k-匿名条件造成的信息泄露问题。以表 15.7 中的密文关系 R_1^s 为例，假设密文索引列 salary^s 的值域为个位正整数，简单地将其分为 3 个子区间[1,3]、[4,6]和[7,9]。定义映射函数 map[1,3]=5，map[4,6]=1，map[7,9]=3，则映射后索引列 salary^s 满足 k-匿名条件且 k-匿名程度为 $k=\min\left(\sum_{i=1}^{n} f_i\right)_j$，$j\in[1,M]=3$，从而消除因建立密文索引产生的信息泄露，如表 15.8所示。

表 15.7　密文关系 R_1^s

etuple	salary^s
01000110	5
00111000	5
10010101	6
11000111	5
01110100	7
01011101	7
10110010	7

表 15.8　区间映射后的关系 R_2^s

etuple	salary^s
01000110	1
00111000	1
10010101	1
11000111	1
01110100	3
01011101	3
10110010	3

攻击者无法通过密文关系表 R_2^s 中的密文索引列 salary^s=1 唯一确定任何信

息，从而消除了密文索引造成的信息泄露。根据密文索引值不同的分布情况，可以通过构造不同的区间映射来消除信息泄露问题，进一步提高索引的安全性。

15.3.3 Artifact 泄露的动态多层 Bucket 消减方法

静态泄露消减方法主要是在已有的索引基础上进行，根据原索引的划分情况效果不一。动态多层 Bucket 消减方法是将对 Artifact 泄露问题的消减思路融合到密文索引方法中，在建立索引的同时兼顾泄露问题。主要思路是对 Artifact 的属性值动态地进行多层 Bucket 划分。

算法 15.2　动态多层 Bucket 消减算法(MBCI)。

输入：$H=(V, P, F), M_1, M_2$；

输出：$B_i=\{v_j\}, E$, ID。

```
MBCI(H, M1, M2)
Begin
(1)Initialization S=f1+f2+…+fn;
(2)Initialization A={a1,a2,…,an} are in ascending order;
(3)Initialization F={f1,f2,…,fn};
(4)Initialization i=j=1;   /* 创建第一个桶划分 */
(5) for k=1 to M1-1
(6)   len=S/(M1-k-1);
(7)   return j, make | f1+f2+…+fj-len| minimum;
(8)   S=S-(fi+fi+1+…+fj) ;
(9)   ak=aj, i=j;
(10)Begin the second partition step for each first step bucket t=1;
(11)while t≤M1 do
(12)   for (k=1; k≤M2; k++) Bi={vk};
(13)   for (k=m+1; k≤n; k++ )
(14)      if ak≤maxB1 add ak to B1;
(15)        maxB1∈CompB(1,maxB1) ;
(16)      if ak>minBm add ak to Bm;
(17)        minBm∈ CompB(m,minBm) ;
(18)      if(maxB1<vk≤minBm)
(19)      for(l=2; l≤m-1; l++)
(20)        if(minBl<vk≤maxBl)  add ak to Bl;
(21)        maxBl∈CompB(l, maxBl);
(22)        minBl∈CompB(l-1,minBl);
(23)        endfor;
(24)    endfor;
```

create a set of random numbers $S=\{s_1, s_2, \cdots, s_M\}$;

for($i=1$, $i\leqslant M_2$, i++) $id_i{}^a=(t, s_i)$;

return $B_i=\{a_j\}$;

$BID=\{id_1^1, id_2^1, \cdots, id_{M2}^{M1}\}$;

Function of judging two neighboring buckets

CompB(u, v_i)/* 判定 a_i 的最优桶划分 */

E_u, E_{u+1};/* 如果 a_k 插入 B_u,根据式(5.1)计算 E */

compare the mini one form (E_u, E_{u+1}) and return;

End

该算法实现了 Artifact 泄露的动态多层 Bucket 消减法中的基本情况,即两层 Bucket。算法主要由三个 for 循环构成,循环次数分别为 M_1、M_2、$N-M_2$,其中 N、M_1、M_2 均为已知的有限整数,因此不是死循环,算法可以终止。

前两个循环时间复杂度分别为 $O(M_1)$、$O(M_2)$。第三个循环最好情况下判断桶函数 CompB(u, v_i)的执行次数为 $M_1\times(n-M_2)$。最坏的情况下 CompB(u, v_i)的总执行次数为 $2M_1\times(n-M_2)$,可见时间复杂度都是 $O(n)$。其中 n 为属性值集合中包含的元素个数,是常数,因此该算法的整体时间复杂度为 $O(n)$。

15.4 云数据库中 Artifact 的查询技术

云数据库服务存储的是加密后的 Artifact 信息和相应索引,相关的属性划分、映射函数等信息则存储于客户端。用户发出查询请求时,查询 q 被重写为密文查询 q^* 在云数据库服务上执行。

15.4.1 基本定义

令 op 表示等于、小于、小于等于、大于、大于等于操作。A 表示任意 Artifact 的属性。v 表示 Artifact 属性的任意值。B_*^j. right 表示一次划分的 Bucket B_*^j 的右边界值(最大值)。B_*^j. left 表示一次划分的 Bucket B_*^j 的左边界值(最小值)。B_j^*. pright 表示二次划分的 BucketB_j^* 中 Artifact 查询概率的右边界值(最大值)。B_j^*. pleft 表示二次划分的 BucketB_j^* 中 Artifact 查询概率的左边界值(最小值)。

定义 15.10 $\xi_{(*,a]}(x)$ 为求一次划分 Bucket 右边界值 B_*^j. right 不大于 x 的所有 Bucket ID 集合的函数,$\xi_{(*,a]}(x)=\{BID_*^v \mid B_*^v.\text{right}\leqslant x\}$。

定义 15.11 $\xi_{[a,*)}(x)$ 为求一次划分 Bucket 左边界值 B_*^j. left 大于 x 的所有 Bucket ID 集合的函数,$\xi_{[a,*)}(x)=\{BID_*^v \mid B_*^v.\text{left}\geqslant x\}$。

定义 15.12 $\xi_{(*,p(q(v_i))]}(x)$ 为求二次划分 Bucket 中 Artifact 查询概率的最大值 B_j^*. pright 不大于 x 的所有 Bucket ID 集合的函数,$\xi_{(*,p(q(v_i))]}(x)=\{BID_j^* \mid$

B_j^*. pright$\leqslant x$}。

定义 15.13　$\xi_{[p(q(a_i)),*)}(x)$ 为求二次划分 Bucket 中 Artifact 查询概率的最小值 B_j^*. pleft 不小于 x 的所有 Bucket ID 集合的函数，$\xi_{[p(q(a_i)),*)}(x)=\{\text{BID}_j^* \mid B_j^*.\text{pleft}\geqslant x\}$。

定义 15.14　$\delta_{\text{cond}}(C)$为将某一运算(如选择和连结)中的特定的条件转换为服务器端密文数据库中相应的查询条件的函数。

定义 15.15　查询重写函数 $\delta_{\text{query}}(q)\Rightarrow q^*$，其中 q 为原始查询，q^* 为密文查询。

15.4.2　查询条件的重写

查询条件 cond 按语法规则可以分为 A op v、A op A、$\text{cond}_1 \vee \text{cond}_2$、$\text{cond}_1 \wedge \text{cond}_2$。各类查询条件的重写公式见式(15.3)～式(15.5)：

$$A\ \text{op}\ v\begin{cases}\delta_{\text{cond}}(x=e)\Rightarrow A^*=\xi_e(x) \\ \delta_{\text{cond}}(x<e)\Rightarrow A^*\leqslant\xi_e(x), & \text{映射函数为顺序映射} \\ \delta_{\text{cond}}(x<e)\Rightarrow A^*\in\xi_{(*,e]}(x), & \text{映射函数为随机映射} \\ \delta_{\text{cond}}(x>e)\Rightarrow A^*\geqslant\xi_e(x), & \text{映射函数为顺序映射} \\ \delta_{\text{cond}}(x>e)\Rightarrow A^*\in\xi_{[e,*)}(x), & \text{映射函数为随机映射}\end{cases} \tag{15.3}$$

$$A\ \text{op}\ A\begin{cases}\delta_{\text{cond}}(A_i<A_j)\Rightarrow\vee(A_i^*=\text{Bid}_{A_i}(p_k)\wedge A_j^*\geqslant\xi_{A_i}(p.\text{left})), & A_j\ \text{为顺序} \\ \delta_{\text{cond}}(A_i<A_j)\Rightarrow\vee(A_j^*=\text{Bid}_{A_j}(p_l)\wedge A_i^*\geqslant\xi_{A_j}(p.\text{right})), & A_i\ \text{为顺序} \\ \delta_{\text{cond}}(A_i<A_j)\Rightarrow\vee(\xi_{A_i}(p_k.\text{left})\leqslant\xi_{A_j}(p_l.\text{right})), & A_i、A_j\ \text{均顺序} \\ \delta_{\text{cond}}(A_i<A_j)\Rightarrow\vee(A_i^*=\text{Bid}_{A_i}(p_k)\wedge A_j^*=\text{Bid}_{A_j}(p_l)), & A_i、A_j\ \text{均无序}\end{cases} \tag{15.4}$$

其中，$p_k\in\text{partition}(A_i)$；$p_l\in\text{partition}(A_j)$；$p_l.\text{high}\geqslant p_k.\text{low}$。

$$\text{cond}_1\vee/\wedge\,\text{cond}_2\begin{cases}\delta_{\text{cond}}(\text{cond}_1\vee\text{cond}_2)\Rightarrow\delta_{\text{cond}}(\text{cond}_1)\vee\delta_{\text{cond}}(\text{cond}_2) \\ \delta_{\text{cond}}(\text{cond}_1\wedge\text{cond}_2)\Rightarrow\delta_{\text{cond}}(\text{cond}_1)\wedge\delta_{\text{cond}}(\text{cond}_2)\end{cases} \tag{15.5}$$

例 15.3　假设云数据库中存放的两个 Artifact 明文表分别为 app(aid, aname, time, content, cid)，check(cid, aid, result)。其中，对属性 aid 的划分为 $\text{id}_{\text{app.aid}}([0,100])=3$，$\text{id}_{\text{app.aid}}((100,200])=7$，$\text{id}_{\text{app.aid}}((200,300])=5$，$\text{id}_{\text{app.aid}}((300,400])=1$，$\text{id}_{\text{check.aid}}([0,200])=2$，$\text{id}_{\text{check.aid}}((200,400])=6$。

根据这两组划分，按上述公式将以下查询条件进行重写：

$\delta_{\text{cond}}(\text{aid}=256)\Rightarrow\text{aid}^*=5$。

$\delta_{\text{cond}}(\text{aid}<180)\Rightarrow\text{aid}^*\in\{3,7\}$。

$\delta_{\text{cond}}(\text{aid}>240)\Rightarrow\text{aid}^*\in\{5,1\}$。

$\delta_{\text{cond}}(\text{app.did}=\text{check.did})\Rightarrow(\text{app}^*.\text{did}^*=3\wedge\text{check}^*.\text{did}^*=2)\vee(\text{app}^*.\text{did}^*=$

$7\wedge check^*.did^*=2)\vee(app^*.did^*=5\wedge check^*.did^*=6)\vee(app^*.did^*=1\wedge check^*.did^*=6)$。

$\delta_{cond}(app.did<check.did)\Rightarrow(app^*.did^*=3\wedge check^*.did^*=2)\vee(app^*.did^*=3\wedge check^*.did^*=6)\vee(app^*.did^*=7\wedge check^*.did^*=2)\vee(app^*.did^*=7\wedge check^*.did^*=6)\vee(app^*.did^*=5\wedge check^*.did^*=6)\vee(app^*.did^*=1\wedge check^*.did^*=6)$。

15.4.3 Artifact 的查询重写算法及分析

密文查询重写的核心是查询条件的重写，本节介绍的查询重写算法就是将 15.4.2 节介绍的查询条件的重写公式应用于多层 Bucket 索引。其中一层 Bucket 根据属性值大小确定，二层 Bucket 根据属性值对应的查询概率确定。为使算法思路更清晰，本章仅以 A op v 情况为例进行算法描述。

算法 15.3 Artifact 查询重写算法(AQRW)。

输入：q(本章以 SQL 语句为例)；

输出：q^s。

AQRW(q)

Begin

if(cond 形如 $a=x$)

  $\xi_{(*,a)}(x)=\{BID^v_* \mid B^v_*.right\leqslant x\}\Rightarrow\xi_{a_1}(x)$;

  $\xi_{[a,*)}(x)=\{BID^v_* \mid B^v_*.left\geqslant x\}\Rightarrow\xi_{a_2}(x)$;

  $\xi_{a_.}(x)=\xi_{a_1}(x)\cap\xi_{a_2}(x)$;

  $\delta_{cond}(a=x)\Rightarrow a^*=\xi_a(x)$;

  $k=|\xi_a(x)|$; //得到包含最终结果的首层 Bucket 个数

  $b=p(q(a=x))$;

  for($i=1, i\leqslant k, i++$)

  $\xi_{(*,a]}(x)=\{BID^v_* \mid B^v_*.right\leqslant x\}$;

  $\xi_{[a,*)}(x)=\{BID^v_* \mid B^v_*.left\geqslant x\}$;

  $\delta_{cond}(a=x)\Rightarrow a^*=\xi_{p(q(a_i))}(y)$;

  $a^*=a^*\cup\xi_{p(q(a_i))}(y)$;

endfor //确定第二层 Bucket

return ‘SELECT * FROM R^* WHERE a^*’;

endif;

if(cond 形如 $a<x(a>x)$)

$\xi_{(*,a]}(x)=\{BID^v_* \mid B^v_*.right\leqslant x\}\Rightarrow\xi_{a_1}(x)$;

$\xi_{[a,*)}(x)=\{BID^v_* \mid B^v_*.left\geqslant x\}\Rightarrow\xi_{a_2}(x)$;

$\xi_a(x)=\xi_{a_1}(x)\cap\xi_{a_2}(x)$, $\delta_{cond}(a<x)\Rightarrow a^*\in\xi_{(*,a]}(x)$;

(20) return 'SELECT * FROM R^* WHERE $a^* \in \xi_{(*,a]}(x)$';

(21) endif;

End

AQRW 算法的目的是将查询重写,其中的主要内容是转换查询条件。因此,算法依据对查询条件的判断分为几个独立的部分。循环独立地存在于 if 语句中,循环的次数由 k 决定,k 不大于 Bucket 数目 M,是个有限的已知数。因此,循环可以结束,算法可以终止,且时间复杂度为 $O(n)$。

15.4.4　实例分析

已知条件如表 15.9 所示,令两层 Bucket 数目分别为 $M_1=2, M_2=2$,各个 Bucket 对应的标识号为 $\text{Bid}_1^1=3$、$\text{Bid}_2^1=8$、$\text{Bid}_1^2=6$、$\text{Bid}_2^2=4$,对其建立多层桶索引的结果如表 15.10 所示。

表 15.9　属性值及其相应的查询概率和出现次数

参数	a_1	a_2	a_3	a_4	a_5	a_6	a_7	a_8	a_9	a_{10}
a_i	13	25	58	46	42	28	68	35	72	83
$p(q(a_i))$	0.15	0.22	0.40	0.15	0.01	0.06	0.04	0.13	0.11	0.08
f_i	13	9	6	6	10	17	5	5	7	8

表 15.10　多层 Bucket 划分结果

模型	a_1	a_2	a_3	a_4	a_5	a_6	a_7	a_8	a_9	a_{10}
两层 Bucket	[1,1]	[1,1]	[1,2]	[1,1]	[2,1]	[2,1]	[2,1]	[2,2]	[2,2]	[2,1]
Bid	3	3	8	3	6	6	6	4	4	6

假设一个等值查询,如查询语句 SELECT * FROM R WHERE $a_i=35$。那么,重写后的查询条件为 Bid=4。满足索引号为 4 的 Bucket 中所有值(a_8 和 a_9)对应的 Artifact 都作为临时结果被返回。

假设一个范围查询,如查询语句 SELECT * FROM R WHERE $a_i<35$。那么,对应的重写后的查询条件为 Bid={3, 6}。索引号为 3 和 6 的桶中所有属性值对应的 Artifact 都作为临时结果被返回。

15.5　云数据库中的查询优化

本节研究云数据库中 Artifact 的查询优化问题,要解决的问题是确定各种关系操作的执行方法和顺序以减少查询时间,提高查询效率。

15.5.1 云数据库服务中的关系代数操作

(1)选择操作。令 Q 表示关系 R 上的任意查询,C 表示任意条件,那么选择操作的重写公式可用式(15.6)来表示:

$$\sigma_C(R)=\sigma_C(D(\sigma^*_{\delta_{\text{cond}}(C)}(R))) \tag{15.6}$$

其中,$\delta_{\text{cond}}(C)$是对查询条件的重写;$\sigma^*_{\delta_{\text{cond}}(C)}(R)$表示按重写后的条件对密文执行选择操作;$D(\sigma^*_{\delta_{\text{cond}}(C)}(R))$表示对密文形式的临时结果进行解密。

以前面例子中的关系 check 为例,令其的两个属性 cid 和 aid 的划分规则和对应的桶号分别为 $\text{id}_{\text{check.aid}}([0,100])=3$,$\text{id}_{\text{check.aid}}((100,200])=7$,$\text{id}_{\text{check.aid}}((200,300])=5$,$\text{id}_{\text{check.aid}}((300,400])=1$,$\text{id}_{\text{check.cid}}([0,200])=2$,$\text{id}_{\text{check.cid}}([200,400])=5$,$\text{id}_{\text{check.cid}}([400,600])=7$,$\text{id}_{\text{check.cid}}([600,800])=4$,$\text{id}_{\text{check.cid}}([800,1000])=1$。

那么选择操作 $\sigma_{\text{cid}=250\wedge\text{aid}>225}(\text{check})$的条件被重写为 $C^*=\delta_{\text{cond}}(C)=(\text{cid}^*=5\wedge \text{aid}^*\in[5,1])$。

(2)连接操作。对密文关系执行重写条件后的连接操作,再将结果解密,以原条件进行最终操作。连接操作的重写公式如式(15.7)所示:

$$R\underset{C}{\longleftrightarrow}T=\sigma_C(D(R^*\underset{\delta_{\text{cond}}(C)}{\longleftrightarrow}T^*)) \tag{15.7}$$

以例 15.3 中的对 app 和 check 的划分和分配为例。假设查询条件为 app.aid=check.aid,那么,$\delta_{\text{cond}}(\text{app.aid}=\text{check.aid})=(\text{app}^*.\text{aid}^*=3\wedge\text{check}^*.\text{aid}^*=2)\vee(\text{app}^*.\text{aid}^*=7\wedge\text{check}^*.\text{aid}^*=2)\vee(\text{app}^*.\text{aid}^*=5\wedge\text{check}^*.\text{aid}^*=6)\vee(\text{app}^*.\text{aid}^*=1\wedge\text{check}^*.\text{aid}^*=6)$。

(3)分组聚集操作。分组聚集操作的重写可表示为 $\gamma_L(R)$,其中 $L=\text{LA}\cup\text{LG}$,LA 是一组聚集操作;LG 是用于分组的属性。重写分组聚集操作,首先通过 $\delta_{\text{cond}}(C)$完成对密文 LG 的操作,对解密后临时结果执行条件 LA 得到最终结果。

例如,操作 $\gamma_{\text{aid},\text{COUNT}(B)\to A}(\text{app})$,描述的是 LG={aid}, LA={COUNT(B)→A}。即通过关系 app 中的属性 aid 来分组,然后在每个组中执行函数 COUNT(B),并将该属性重命名为 A。该操作的整个执行过程如图 15.2 所示。

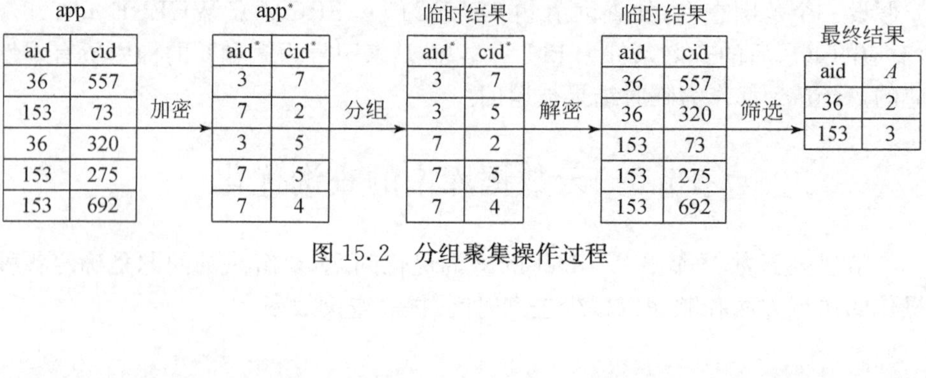

app

aid	cid
36	557
153	73
36	320
153	275
153	692

加密 →

app*

aid*	cid*
3	7
7	2
3	5
7	5
7	4

分组 →

临时结果

aid*	cid*
3	7
3	5
7	2
7	5
7	4

解密 →

临时结果

aid	cid
36	557
36	320
153	73
153	275
153	692

筛选 →

最终结果

aid	A
36	2
153	3

图 15.2 分组聚集操作过程

15.5.2 云数据库中的查询优化策略

以 Artifact 为中心的 BPMS 中对 Artifact 的查询可以划分为两部分：云数据库服务部分(表示为 Q^{Web})，在云端执行；本地系统或用户端部分(表示为 Q^{user})，在云数据库服务查询的临时结果基础上再查询。因此，查询操作的代价包括云端执行查询操作的输入/输出(input/output，I/O)和 CPU 代价、网络传输代价、客户端的 I/O 和 CPU 代价三部分。

查询优化的目的是将查询的执行代价最小化。因此，优化原则是最大限度地在云数据库服务上执行操作，减少用户端处理量。为表达更清晰，本节将使用语法树描述操作过程，应用于密文关系的语法树中最重要的一层是解密操作，解密操作的位置划分了密文操作和明文操作，从 15.4 节中对关系代数操作的研究可知，任意操作都以解密后的选择操作结束。因此，利用语法树的优化方法是反复将选择操作上移。

例如，给定一个查询 SELECT chairman FROM Airway, Price, Plane WHERE price < 900 AND begin ='shanghai' AND end ='beijing' AND Price. planeid=Plane. planeid AND Plane. airway= Airway. airway，下面用查询树来描述该查询的优化方法及步骤。

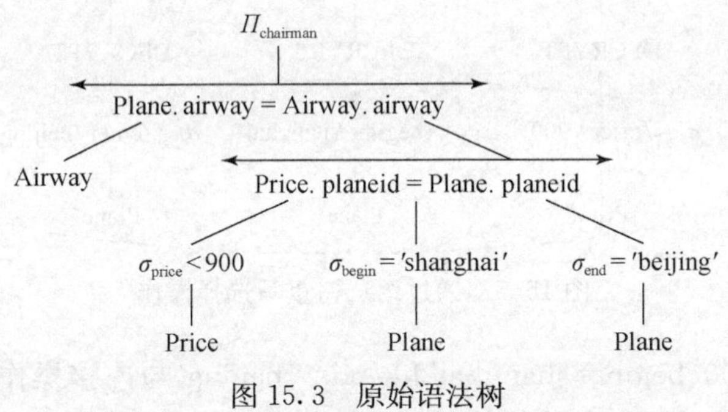

图 15.3 原始语法树

图 15.3 是由该 SQL 语句转换而来的原始语法树，在以 Artifact 为中心的 BPMS 中，使用云数据库服务后，需先将密文数据解密再进行查询操作，如图 15.4 所示，虚线内是云数据库中存放的密文数据库。其中，查询对象 Price、Plane 和 Airway 被转换为云数据库中的密文表 Price*、Plane* 和 Airway*。

语法树的操作顺序是自底向上，从图 15.4 中可见第一步是选择操作。根据 15.5.1 节中选择操作的重写方法研究，应将选择操作的条件重写，转换为云数据库中密文上的选择操作，再对结果解密进行二次筛选，如图 15.5 所示。

按照前面所述的优化原则，最大可能地将选择操作上移。因此，本例中三个选

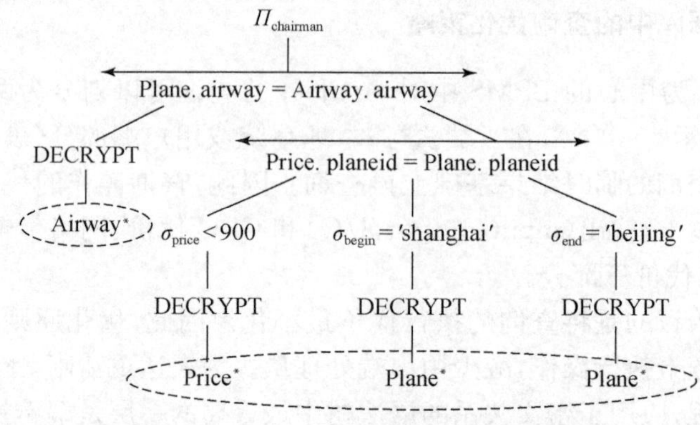

图 15.4 应用于云数据库服务的语法树

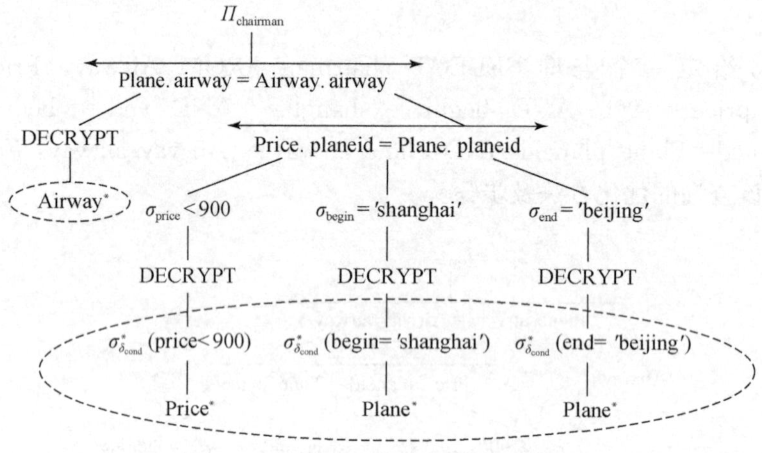

图 15.5 通过语法树重写选择操作

择操作 price＜900、begin＝'shanghai'和 end＝'beijing'与连接操作 Price. planeid＝Plane. planeid 交换位置，合并条件得到的操作数如图 15.6 所示。

根据对连接操作的重写研究，图 15.6 中的连接操作转换为云数据库中密文上的连接操作和对解密后的临时结果的选择操作，如图 15.7 所示。重复以上步骤，对各种操作进行重写，同时不断地交换选择操作和其他操作的位置，直到选择操作不能再上移，最终得到的语法树如图 15.8 所示。虚线框中的操作均可交给云数据库服务来执行，而用户只需执行最后一个选择操作。

可见，该方法充分利用了云数据库服务，减少了传输代价和后处理代价，使业务流程中对 Artifact 的查询得以优化。

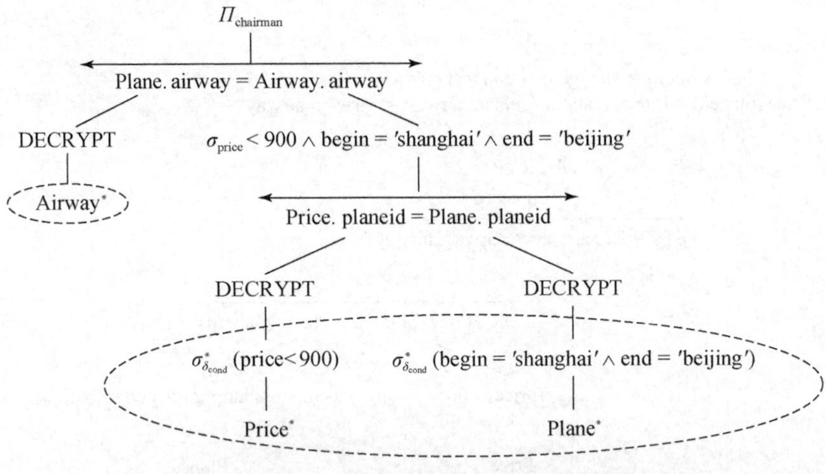

图 15.6　在语法树上改变选择操作位置

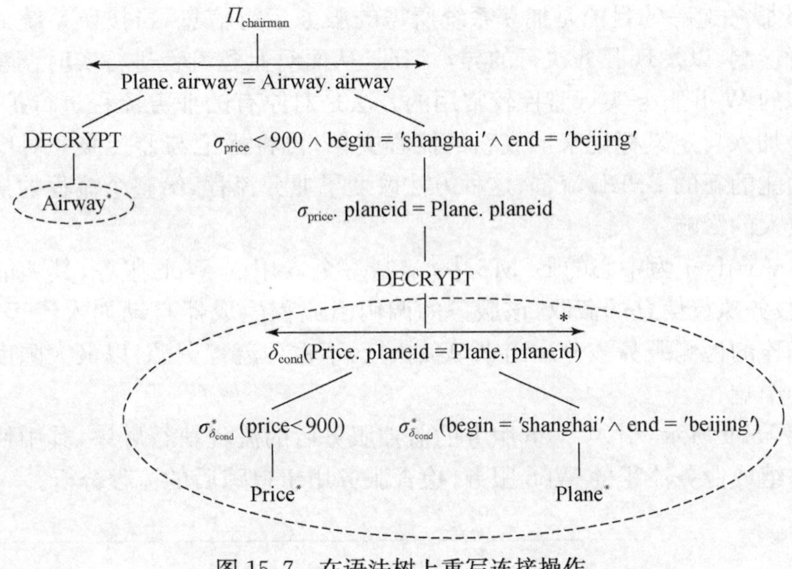

图 15.7　在语法树上重写连接操作

15.6　Web 服务的追踪方法

受服务提供方和网络因素的影响，Web 服务的正确性和持久性都不能保障，因此要对其进行追踪和检查以保证以 Artifact 为中心的 BPMS 正常运行。通过对流程中 Artifact 实例的分析可以达到对 Web 服务执行情况进行追踪的目的。

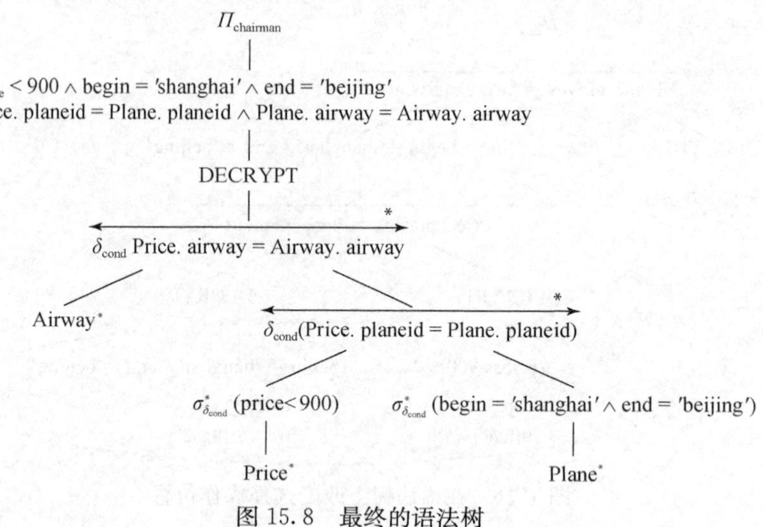

图 15.8 最终的语法树

Web 服务追踪的目的是捕获系统所需的服务运行信息，再按照系统或流程的要求进行检测，以发现服务执行的异常情况，从而对业务流程进行实时调整。对业务流程中的 Web 服务实行监控较常用的方法是对原有的业务流程进行扩展，直接在 BPEL 加入自定义标记来形成新的流程文档，再将标记与监控服务对应形成具有监控功能的新的 BPEL 流程，这种方法改变了业务流程，给整个流程的执行效率带来了较大的影响。

在以 Artifact 为中心的 BPMS 中，定制一个专用的 Web 服务，其功能是对任意 Web 服务执行信息的截取，该服务的调用由流程生成器自动加入流程中，而与其紧密相连的检测服务被分离出来单独执行，不占用流程资源，以最大限度地降低对流程的影响。

如图 15.9 所示，引入 Web 服务的监控服务后的流程执行顺序，其中快照服务用来追踪组成业务流程的 Web 服务，检查服务用于追踪后的流程分析。

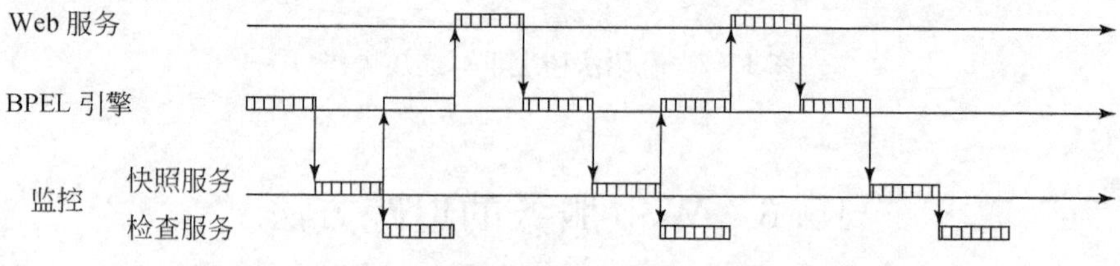

图 15.9 引入 Web 服务的监控服务后的流程执行顺序

15.7　Web 服务超时判断

由于 Web 服务的执行受连接数目、网络情况等多种原因的影响，其实际执行时间常常超过预期。然而对于企业来说，对 BPMS 的最基本要求就是流程执行的时间。在以 Artifact 为中心的 BPMS 中，企业用户只需按照其需求对每一任务设定一个最长可容忍的时间，系统自动按要求匹配合适的 Web 服务。对于出现异常的 Web 服务时则需要进一步对流程进行调控。那么如何判断 Web 服务是否超时，本节提出了静态和动态两种判断方法。

15.7.1　基本定义

定义 15.16　对于任意 Web 服务 S_i，任意执行该服务一次的时间记为 t_i，为这一次该服务的实际执行时间。

定义 15.17　对于任意 Web 服务 S_j，执行该服务 n 次，测定单次执行所需时间为 t_i，则 $\bar{t_i}=\frac{1}{n}\sum_{i=1}^{n}t_i$ 称为服务 S_j 的平均执行时间。

定义 15.18　服务要求时间为用户要求的流程中服务执行的最长时间。服务匹配中，要求 Web 服务的平均执行时间应不大于服务要求时间。

定义 15.19　令服务 S_i 的最早开始时间为 $e(i)$，最晚开始时间为 $l(i)$，则 $e(i)=l(i)$ 的服务称为关键服务。

定义 15.20　弹性时间为非关键服务的最晚开始时间与最早开始时间之差，记为 $f(i)$，$f(i)=l(i)-e(i)$。

15.7.2　静态弹性时间超时判断法

用 AOE(activity on edge)网来描述一个流程，每个弧表示 Web 服务，弧的权值表示服务执行时间，顶点表示流程的状态，说明流程在该状态之前的服务已经完成，之后的服务可以开始。由于业务流程中有些服务可以并行，因此完成整个流程的时间并不是所有 Web 服务执行时间之和。用 AOE 网来表示的流程，其流程完成所有状态即关键路径的长度。

在流程的实际运行过程中，允许 Web 服务的实际执行时间小于服务要求时间，当实际执行时间超过要求时则需要对其进行判断，该服务是否是在关键路径上、是否可以拖延开始时间、可以拖延的具体时间。

在静态检测过程中，用于表示 Web 服务的弧，其权值是该服务的平均执行时间，AOE 网的关键路径和每个服务的最早、最晚开始时间都是可以提前计算好的，流程执行时只需将 Web 服务的执行时间与该结果进行比对，即可判断 Web 服务是否超时。

算法 15.4 的功能是利用当前流程中的 Web 服务的平均执行时间，计算业务流程对应的 AOE 网的关键服务，关键服务弹性时间为零，利用已知的平均执行时间来判断服务是否超时；非关键服务计算其弹性时间来判断服务是否超时。

算法 15.4 静态弹性时间算法(SFT)。

输入：SerFlow 文档；

输出：服务的弹性时间 $f(i)$。

```
SFT(SerFlow.xml)
Begin
(1) 分析 SerFlow 文档，将传输管道表示为弧⟨j,k⟩；
(2)根据 e 条弧⟨j,k⟩，建立 AOE 网的存储结构；
(3)初始化服务 S_i 的最早开始时间 e(i)，最晚开始时间 l(i)；
(4)初始化状态 V_j 的最早开始时间 ve(j)，最晚开始时间 vl(j)；
(5)初始化服务的平均执行时间；
(6) 若服务 S_i 对应的弧为⟨j,k⟩，t̄_i 表示该服务的平均执行时间；
(7)e(i)=ve(j)；
(8) l(i)= vl(k)-t̄_i；
(9) for (j=1,j≤n-1,j++)
(10)  从源点 v_0 开始，令最早开始时间 ve(0)=0；
(11)  ve(i)=Max_i(ve(i)+t̄_i)是所有以第 j 个顶点为头的弧；
(12)endfor; //求出每个状态的最早开始时间
(13)if 以上得到的拓扑有序序列中定点个数小于网中顶点数 n Break;//说明存在环，不能求关键路径
(14)else  for(i=n-2,i≥0,i--)
(15)    从汇点 vn 开始，令 vl(n-1)=ve(n-1)
(16)    vl(i)=Min_j(vl(j)-t̄_i)是所有以第 i 个顶点为尾的弧；
(17)  endfor; //求出每个状态的最晚开始时间
(18)根据各顶点的 ve 和 vl 值，求每条弧的最早开始时间 e(S)和最晚开始时间 l(S)；
(19) if e(S)=l(S) return f(S)=0;  //该弧对应的服务为关键服务
(20) else return f(d)=l(d)-e(d);  //非关键服务的弹性时间
End
```

该算法存在两个独立的循环，其循环次数均为 AOE 网的顶点数，同流程中服务的个数相对应，因此该算法的时间复杂度为 $O(n)$，n 是常数。

例如，由某业务流程转换而来的 AOE 图如图 15.10 所示，其顶点和弧分别表示流程状态和不同的 Web 服务，弧的权值是服务的平均执行时间。

用静态弹性时间算法可以得到各个服务的弹性时间：$f(S_1)=f(S_4)=2$，$f(S_3)=f(S_6)=f(S_9)=3$，其他均为零。可以将这组值作为固定系数来判断实际执行过程中的 Web 服务是否存在超时情况，即服务 S_1 和 S_2 在实际执行中可以在平均执行时间的基础上延长 4h 完成，但需要注意的是，二者若同时超时，则超过的总时间不能超过 4h；服务 S_3、S_6 和 S_9 可以累加延长 3h；其他服务必须在平均执行时间内结束，否则认为 Web 服务超时。

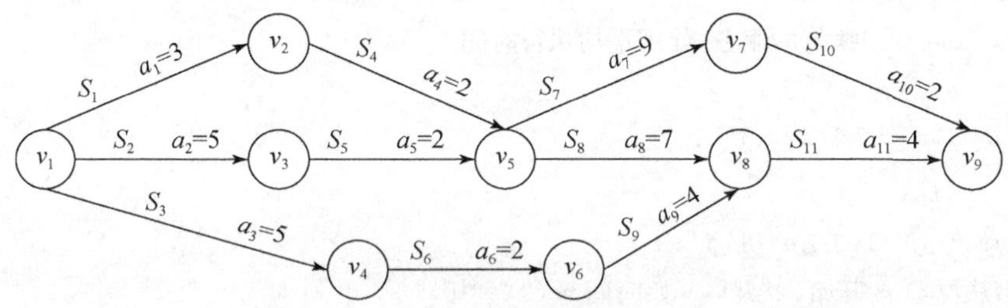

图 15.10　某业务流程转换的 AOE 图

15.7.3　动态弹性时间超时判断法

对于正在执行的业务流程，其中的各个 Web 服务的实际执行时间不一定等于平均执行时间，在下面的动态监测过程中，实时地引入已经执行完毕的 Web 服务的执行信息。在弹性时间的计算过程中，尚未执行的 Web 服务的权值是该服务的平均执行时间，已经执行结束的 Web 服务的权值是服务实际执行时间。由此构成的一组权值计算得到服务的弹性时间是动态变化的，更加准确，这一时间用于判断正在执行的 Web 服务是否超时，比静态监测更优。

算法 15.5 的功能是根据流程中已完成的 Web 服务的实际执行时间和未完成 Web 服务的平均执行时间，计算流程当前正在执行的 Web 服务的弹性时间，来对其是否超时进行判断。

算法 15.5　动态超时判断算法(DFT)。

输入：SerFlow 文档，当前正在执行的 Web 服务 S_c；

输出：判断结果。

```
DFT(SerFlow.xml, Sc)
Begin
(1)分析 SerFlow 文档，将传输管道表示为弧⟨j,k⟩；
(2)根据 e 条弧⟨j,k⟩，建立 AOE 网的存储结构；
(3)初始化服务 Si 的最早开始时间 e(i)，最晚开始时间 l(i)；
(4)初始化流程状态 vj 的最早开始时间 ve(j)，最晚开始时间 vl(j)；
(5)初始化已执行服务的实际执行时间 te；
```

```
(6)初始化待执行服务的平均执行时间t̄ᵢ;
(7)令 t_c 表示当前服务的已执行时间;
(8)服务 Sᵢ 对应弧〈j,k〉
(9) if 0<i<c//已执行完的服务,使用实际执行时间
(10)   e(i)=ve(j);
(11)   l(i)=vl(k)-t_e;
(12)   x=t_e;
(13) Else //未执行的服务,使用平均执行时间
(14)   e(i)= ve(j);
(15)   l(i)= vl(k)-t̄ᵢ ;
(16)x=t̄ᵢ;
(17)for (j=1,j≤n-1,j++)
(18)从源点 v₀ 开始,令最早开始时间 ve(0)=0;
(19) ve(i)=Maxᵢ (ve(i)+x)是所有以第 j 个顶点为头的弧;
(20)endfor;//求每个流程状态的最早开始时间;
(21)if 以上得到的拓扑有序序列中定点个数小于网中定点数 n   Break;
(22)else
(23)   for(i=n-2,i≥0,i--)
(24)     从汇点 vₙ 开始,令 vl(n-1)=ve(n-1);
(25)     vl(i)=Minⱼ (vl(j)-x)是所有以第 i 个顶点为尾的弧;
(26)   endfor//求出每个流程状态的最晚开始时间
(27)   f(c)=l(c)-e(c);  //当前服务的弹性时间
(28)if t_c< f(c)  return "Web service c 未超时!";
(29) else return "Web service c 已超时!";
End
```

该算法中的循环均独立存在,循环次数均为 AOE 网的顶点数,同流程中服务的个数相对应。因此,该算法的时间复杂度为 $O(n)$,n 是常数。

假设上例中的流程正在执行,且已完成了 6 个 Web 服务,如图 15.11 所示,其实际执行时间为实线标注的权值。已知服务 S_9 当前正在执行,已耗时 4h,通过动态判断算法来判断服务 S_9 是否超时,得到的结果是 $f(S_9)=5$,尚未超时。

然而,如果用静态算法分析,得到服务 S_9 的弹性时间为 3,已耗时 4h 的服务 S_9 将被判断为超时而进行下一步必要的处理,两种结果不一样将导致完全不同的处理方式。所以,在实际执行过程中,利用动态算法可以提供更加准确的判断结果。但是,由于该算法需要实时地从正在执行的流程中获取输入值,因此较静态方法的代价更大。

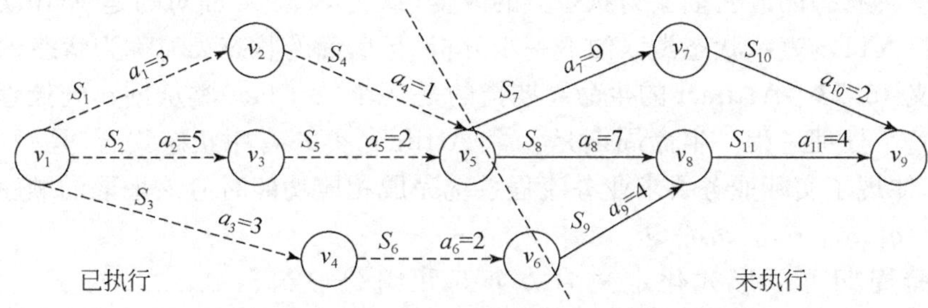

图 15.11　按服务实际执行时间转换而成的 AOE 图

15.8　Web 服务操作正确性判断

对于并未超时的 Web 服务，它们对相应的 Artifact 的操作正确性仍需要进一步判断，以确保整个流程的正确性。本节首先提出 Artifact 生命进程的概念，利用生命周期描述 Artifact 及整个流程的运行情况，随之提出一种利用有限状态自动机来判断生命进程正确性的方法，判断 Web 服务的执行情况及检测流程的运行情况。

15.8.1　基本定义

定义 15.21　Artifact 类的状态是集合 $D_1\times D_2\times\cdots\times D_n$ 中的一个元素，其中该 Artifact 类 C 有限的属性集合为 $A=\{A_1,A_2,\cdots,A_n\}$，$\mathrm{Dom}(A_i)$ 表示属性 A_i 的值域，简写为 D_A。那么类 C 的状态集合可表示为 $D_1\times D_2\times\cdots\times D_n$，记为 D_C。对类 C 不附加任何约束条件时，其状态的个数为 $\prod|D_A|$（这里的约束条件指的是属性定义方面的约束，如规定某些属性必须同时赋值）。

定义 15.22　Artifact 类的状态类是形如 $\bigwedge_{i=1}^{m}\mathrm{IsDefine}(A_i)$ 的合取式所描述的一类状态的集合，其中 $\mathrm{IsDefine}(A_i)$ 表示从属性集合 A 到 $\{0,1\}$ 的映射，$A_i\in A$，$i\in\{1,m\}$，用于判定该属性是否已定义，有值则返回 1，无值或没定义该属性则返回 0。

例如，一个 Artifact 类中两个属性“name”和“sex”，其中 $D_{\mathrm{name}}=\{\mathrm{Bill},\mathrm{Marry}\}$；$D_{\mathrm{sex}}=\{\mathrm{male},\mathrm{female}\}$，令该 Artifact 类的两属性都有值时的状态名称为“满表”，此时 $\mathrm{IsDefine(name)}\wedge\mathrm{IsDefine(sex)}$ 描述了这样一类状态包括 $\{\langle\mathrm{Bill},\ \mathrm{female}\rangle,\langle\mathrm{Bill},\ \mathrm{male}\rangle,\langle\mathrm{Marry},\ \mathrm{female}\rangle,\langle\mathrm{Marry},\ \mathrm{female}\rangle\}$。

因此，每个 Artifact 类有多个状态类，每个状态类对应多个具体的状态。

服务 Service 对流程实例的处理是将 Artifact 对象由一个状态改变为另一具体状态。由于 Service 的处理不分辨输入输出的 Artifacts 对象中的具体属性值，因此将这种状态的改变抽象为状态类的改变，认为 Service 面对的是 Artifact 状态类，令 STATES 表示状态类以便下一步分析，且后面的状态类简称为状态。

定义 15.23 Artifact 的生命周期指的是一个 Artifact 类从创建到处理完成、归档的整个处理过程。生命周期是一个 Artifact 类的有序状态集合，是一个静态的概念，体现了实际业务要求业务流程系统完成相应功能时应该采取的顺序步骤，记作 $\mathrm{lc}=q_1, q_2, \cdots, q_n, q_i \in Q$。

生命周期可以形式化定义为一个 5 元组 $\langle \mathrm{POINT}, \Sigma, \delta, s_0, F \rangle$。其中，POINT 是生命周期点的集合；$\Sigma$ 是变迁条件集合；δ 为转移函数，是从 $\mathrm{POINT} \times \Sigma$ 到 POINT 的一个映射；s_0 是 POINT 的子集，是初始点；F 是 POINT 的子集，是结束点。

定义 15.24 生命进程是一个动态的概念，强调执行过程，它动态地被创建，并被调度执行后消亡。一个生命进程体现了一个 Artifact 实例的生命周期在某个 Web Service 集合上的执行过程。

定义 15.25 生命周期点 $\mathrm{POINT}=\{O \times \mathrm{STATE}\}$，由 Artifact 实例和状态类构成，一个生命周期点序列表示为 point_i，$\mathrm{point}_i \subseteq \mathrm{POINT}$。

令生命周期点序列的长度表示为 $|\mathrm{point}_i|=\mathrm{len}$，生命进程 P 是序列 p_i，那么 $p_i \in \mathrm{point}_i$，且 $|p_i| \leqslant \mathrm{len}$。

对生命进程的描述包括以下三方面内容：

(1)生命周期。生命周期是生命进程所对应的要完成的步骤。

(2)数据集合。数据集合包括生命进程执行过程中所需要的数据。由于一个生命周期对应多个生命进程，因此每个生命进程有其独有的数据集合。

(3)生命进程控制块。生命进程控制块可以体现生命进程的动态特征。

15.8.2 流程约束的描述

定义 15.26 流程约束是指 Artifact 状态之间的变迁所必须具备的条件，是从一个 Artifact 类名称的集合到一个服务序列集合的映射，表示为 $\mathrm{Constraint}(C)=(\mathrm{Service}_i)$，其中 $\mathrm{service}_i$ 是一个 5 元组 $\langle n, V_r, V_w, P_i, P_o \rangle$。

约束可形式化描述为一个 4 元组 $\mathrm{Constraint}=\langle A_i, S_p, S_a, \mathrm{Conditions} \rangle$。其中，$A_i$ 是约束针对的 Artifact 类的名称；S_p、S_a 分别是一组 Artifact 类的状态集合，表示 Artifact 类在变迁中的前后两种状态，$S_p, S_a \subseteq \mathrm{STATE}$；Conditions 是一个 Web 服务的集合。

流程约束信息是用于判断流程是否按要求正确执行的基础条件，它是通过分析 ArtiFlow 文档和表示逻辑设计中的服务及 Web 服务间一对一关系的映射表得到的。当 Artifact 类“order”的状态从 s_1 转换为 s_2 时，必须经过服务“Service001”的操作，如图 15.12 所示。

```
<rules>
  <rule>
    <Artifact class>order</Artifact class>
  <previous state>{<name,0>,<time,0>,<issue,0>,<result,0>}</previous state>
  <after state>{<name,1>,<time,1>,<issue,1>,<result,0>}</after state>
  <condition>
    <service>application</service>
  </condition>
  </rule>
  <rule>
    <Artifact class>order</Artifact class>
  <previous state>{<name,1>,<time,1>,<issue,1>,<result,0>}</previous state>
  <after state>{<name,1>,<time,1>,<issue,1>,<result,1>}</after state>
  <condition>
    <service> examination</service>
  </condition>
  </rule>
</rules>
```

图 15.12　约束文档描述实例

15.8.3　生命进程正确性判断

经典的有限状态自动机的输入是字符，而本章中改用的有限状态自动机是以 Service 作为输入的。

定义 15.27　有限状态自动机是一个 5 元组 $M:\langle Q,\Sigma,\ \delta,s,\ F\rangle$，其中，$Q$ 是一个有限的 Artifact 的状态集合；Σ 是有限的 Service 名的集合；δ 称为转移函数，是 $Q\times\Sigma$ 到 Q 的一个映射。$\forall\langle q,\alpha\rangle\in Q\times\Sigma,\delta(q,\alpha)=t$ 表示自动机在状态 q 下输入 Service_α 将改变为状态 t，并继续等待下一 Service 的输入；s 是初始状态，$s\in Q$；F 是接受状态 $F\in Q$。

基于以上定义的有限状态自动机，可以得到式(15.8)来描述生命进程的执行：

$$\forall\, q_i\in Q,\quad a_i\in\Sigma,\quad \delta(q_i\times a_i)=q_j \tag{15.8}$$

该式的语义为当生命进程对应的 Artifact 实例/对象出于状态 q_i 时，若该生命进程在 Service α_i 中执行，则其状态变更为 q_j。

在实际运行中，往往会因为各种各样的原因，流程没能按照既定的顺序顺利地执行，因此可以用自动机判断流程中的每个生命进程是否正确运行。

一般情况下，每一个自动机对应业务流程中的一个 Artifact 类，用于判断该类 Artifact 对应的所有生命进程。自动机的图形描述中，弧表示 Web 服务集合，圆圈表示 Artifact 的状态类。双圆圈表示有限状态自动机的结束状态，单圆圈表示其他状态，S_1 和 S_2 是两个不同的 Web 服务，H 是一个不影响该程序片段的 Web 服务集合，$m \geqslant 1$。自动机的运行过程如图 15.13 所示。

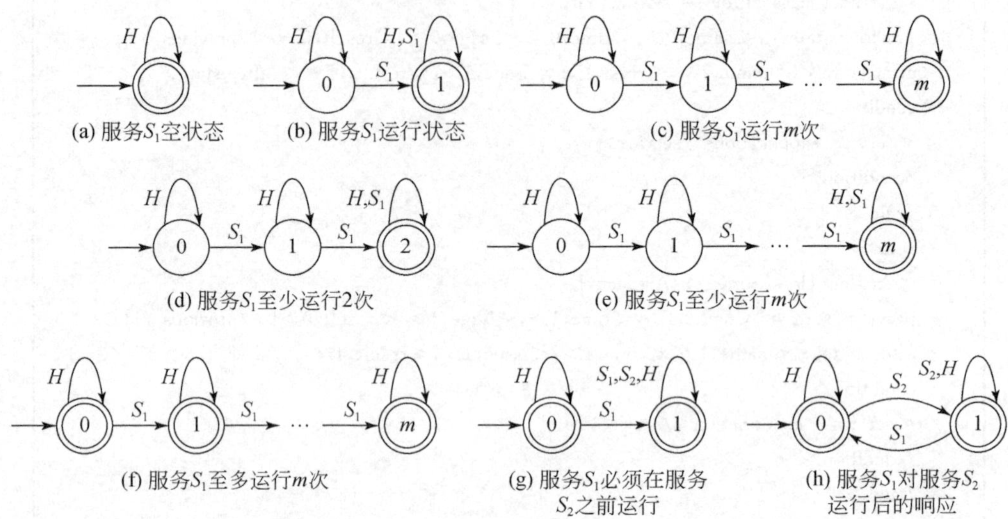

图 15.13　自动机描述

其中，图 15.13(a)为无该服务的空状态。图 15.13(b)说明只有 S_1 运行，自动机才可能进入结束状态。图 15.13(c)说明服务 S_1 必须运行 m 次，自动机才可能进入结束状态。图 15.13(d)和(e)说明服务 S_1 至少运行 $3/m$ 次，自动机才可能进入结束状态。图 15.13(f)说明服务 S_1 最多运行 m 次，自动机才可能进入结束状态。图 15.13(g)描述了 S_1 必须运行在 S_2 之前。图 15.13(h)描述了如果 S_2 已经运行结束，那么服务 S_1 的运行将导致自动机进入终止状态。

例 15.1 中逻辑模型中的流程约束可用自动机表示为 M:$\langle Q, \Sigma, \delta, s, F \rangle$，其中，$Q$:{$q_1$ 空表(初始状态 s)，q_2 基本信息填写完毕，q_3 审批完毕，q_4 入库存档的已审申请(终止状态 F)}；Σ:{S_1, S_2, S_3, S_4}，转移函数 δ 如图 15.14 所示。

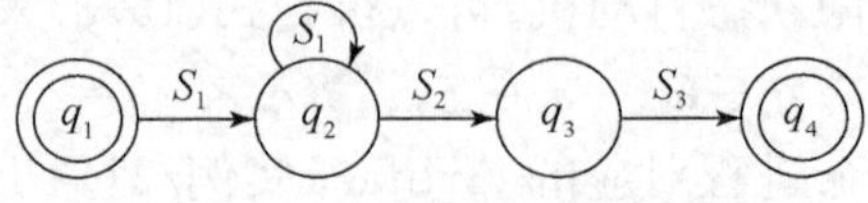

图 15.14　用自动机描述的转移函数

该自动机的定义说明了用户可以多次填写表格(S_1)直到填写完毕准备审核(S_2)，并逐个单次执行 S_3 和 S_4。该自动机通过判断流程执行过程中参与流程的服务序列的正确性来判断相应的生命进程的正确性。具体的判断方法在 15.8.4 节中讨论。

15.8.4　Web 服务正确性判断算法

以 Artifact 为中心的 BPMS 中定制了快照服务用于截取流程执行过程中的数据,用于实时地提供任意 Artifact 实例的信息。这些信息既可用于上层管理,又可用于对业务流程的监控。正在执行的业务流程中,对服务执行的正确性检测分两个层次,一是判断 Web 服务是否按照 ArtiFlow 的定义顺序依次执行;二是对正确调用的 Web 服务检查其对各个 Artifact 对象的操作正确性。

1. 基本符号和定义

Ser_log 表示一个逻辑服务。

Ser_phy 表示一个物理服务。

定义 15.28　规定服务序列是根据业务流程约束作用于同一 Artifact 的服务的序列,表示为 Ser_sequ_rule[Ser_log_1,Ser_log_2,…,Ser_log_n]。

定义 15.29　关联函数是从 SerFlow 中描述的一组逻辑服务的集合到服务员数据库中物理服务的集合的映射,记为 Ser_ phy_i=mapping(Ser_log_i),其中 $1\leqslant i\leqslant n$。

定义 **15.30**　执行服务序列是在一个流程实例中对某一个 Artifact 依次执行操作的一组物理服务序列,记为 Ser_sequ_exe[Ser_phy_1, Ser_phy_2,…, Ser_phy_m]。

定义 15.31　一个物理服务针对某一 Artifact 的操作是一个集合 Attr_oper={X,Y},其中 $X=\{x_1,x_2,\cdots,x_m\}$是在此被定义的属性集合;$Y=\{y_1,y_2,\cdots,y_n\}$是被更新的属性集合。

定义 15.32　Artifact a_0 经服务 S_a 产生的变化是集合 Attr_chag={U,V},其中$U=\{u_1, u_2,\cdots,u_i\}$是被赋值的属性集合;$V=\{v_1,v_2,\cdots,v_j\}$是值被改变的属性的集合。

2. 服务级正确性检查方法和算法

定理 15.3　对于一个业务流程实例中的任意 Artifact,对其状态的监控可遵循以下原则:①若 Ser_sequ_exe=Serphy_sequ_rule 成立,则该 Artifact 已经正确完成其生命周期;②若 Ser_sequ_exe[Serphy_sequ_rule 成立,则该 Artifact 生命周期尚未结束,且运行正确;③其他情况,则该 Artifact 运行出错。

证明:令 Artifact 的运行状态大致分为三类:正确结束、正确运行中、出错。Ser_sequ_rule 来源于 ArtiFlow 模型。从业务流程的描述信息中可以提取出服务的规定执行序列,这是一个确定的约束条件。

Ser_sequ_exe 来源于快照服务截取的实时数据,记录了 Artifact 生命进程的行动轨迹。

算法导论中对前缀的定义为，Σ^* 是有限长度的字符串的集合，若存在 $y\in\Sigma^*$，使得 $x=wy$ 成立，称字符串 w 是字符串 x 的前缀，记为 $w[x$；如果 $w[x$ 且 $w=x$ 成立，那么 $w=x$。

因此，在 ABPMS 中，如果 Ser_sequ_exe[Serphy_sequ_rule，即 Ser_sequ_exe 是 Serphy_sequ_rule 的前缀，说明 Artifact 正在运行尚未结束，且已完成部分符合规定的状态变迁；如果 Ser_sequ_exe ＝Serphy_sequ_rule 成立，即两序列相等，所有运行中的状态变化符合规定的状态变迁，说明 Artifact 正确地完成了生命周期；其他情况说明 Artifact 出错。下面给出服务级正确性检查算法的详细描述。

算法 15.6 服务级正确性检查算法(SBPD)。

输入：Artifact 名称 x，约束文档 C，映射表 M，快照文档 SS；

输出：判断结果变量 r。

```
SBPD(x, C, M, SS)
Begin
(1)初始化规定服务序列 Ser_sequ_rule;
(2)初始化执行服务序列 Ser_sequ_exe;
(3)从约束分档 C 中提取 Artifact x 的规定服务序列赋值给变量 sq;
(4)从 sq 中获取服务名称赋值给 Ser _log_i;
(5)从映射表中得到映射函数 M;
(6)Ser _ phy_i =mapping(Ser_log_i);
(7)Ser_sequ_rule=[ Ser_ phy_1, Ser_ phy_2, …, Ser_ phy_n];
(8)从快照文档 SS 中获取 Artifact x 的执行服务序列 sqe;
(9)Ser_sequ_exe=sqe;
(10)if Ser_sequ_exe==Serphy_sequ_rule r="the Artifact x has finished correctly";
(11)else if Ser_sequ_exe [Serphy_sequ_rule r="the Artifact x is correctly running";
(12)else r="the Artifact x is in error";
(13)Return r;
End
```

该算法的目标是判断一个 Artifact 对象的状态变迁的正确性。算法中包括四个独立的循环，分别位于步骤(2)～(4)和步骤(7)。其所需时间由输入文档的长度决定，分别为 C、M 和 SS，因此该算法的时间复杂度为 $O(m)$，m 是常数。

3. 操作级正确性检查方法和算法

定理 15.4 对于任意服务及该服务的执行对象 Artifact，若集合 Attr_oper 和集合 Attr_chag 存在关系 $|X|=|U|$ 且 $Y=V$，则服务操作正确执行；否则服务执行有误。

证明：集合 Attr_oper=$\{X,Y\}$从服务信息元数据库中获取。

集合 Attr_chag=$\{U,V\}$的数据来源于流程执行过程中服务前后 Artifact a_0 的两组快照数据的对比。

第一，在该服务中定义的 Artifact a_0 的属性名是不确定的，每个用户都对这种定义有自己的权限，然而新定义的属性个数是固定的且在 ArtiFlow 文档中已有规定。因此，当且仅当$|X|=|U|$时，该服务的定义操作正确。

第二，由于不同的流程实例产生不同的流程数据，因此对 Artifact 的属性值的每一步更改操作是不能提前规定好的。然而，可以规定好的是，那些 Artifact 属性需要更改属性值。因此，当且仅当 $Y=V$ 时，该服务的更新操作正确。

如果以上两点都满足，说明该服务对 Artifact a_0操作正确，否则是错误的。

算法 15.7　操作级正确性检查算法(OBPD)。

输入：Artifact 名称 z，约束文档 C，映射表 M，快照文档 SS；

输出：判断结果 r。

```
OBPD(z, C, M, SS)
Begin
(1)初始化 Attr_oper,Attr_chag;
(2)从映射表中得到映射函数;
(3)zz=mapping(z);
(4)从 C 中获取 X,其中 X={x1,x2,…,xm}是将在服务 z 中定义的属性集合;
(5)从 C 中获取 Y,其中 Y={y1,y2,…,yn}是将在服务 z 中更新的属性集合;
(6)Attr_oper={X,Y};
(7)从 SS 中获取 U,其中 U={u1,u2,…,ui}是 zz 中已被赋值的属性集合;
(8)从 SS 中获取 V,其中 V={v1,v2,…,vj}是 zz 中已被改变属性值的属性集合;
(9)Attr_chag={U,V};
(10)if |X|=|U| r1=1;  //服务 z 定义操作正确
(11)else r1=0;  //服务 z 定义操作错误
(12)if Y=V r2=1;  //服务 z 更新操作正确
(13)else  r2=0;  //服务 z 更新操作错误
(14)if (r1=1 and r2=1)  r="服务 z 执行正确";
(15)else  r="服务 z 执行错误";
(16) return r;
End
```

该算法的目的是判断一个 Web 服务针对某一 Artifact 操作的正确性。在步骤(4)、(5)、(7)和(8)中分别存在四个独立的循环，其循环次数分别由已知文档的长度决定，因此时间复杂度为 $O(m)$，其中 m 是常数。

值得注意的是，任意服务都对应着至少一个 Artifact，而该定理判断的是针对其中一个 Artifact 的操作正确性。要判断某一服务针对的所有 Artifacts 的操作是否正确，该方法同样可行。

15.9 Web 服务的调整方法

15.7 节和 15.8 节介绍了对 Web 服务的追踪及正确性判断方法。为了不影响用户的使用，必须及时对业务流程实例进行调整，最简单快捷的方法是将出错的 Web 服务进行替换。

15.9.1 基本定义和调整原则

在 ArtiFlow 模型中服务元素定义中不仅包括服务名称、服务操作的相关信息，还隐含了服务触发事件信息，该信息包括事件名称、消息名称和基本属性，标志着服务非自动重复执行。根据定义，一个事件类型 E_T 为 2 元组(E_n，M_s)，其中，E_n 为事件类型的名称；M_s 为事件所关联的消息类型(名称)。一个消息类型为 3 元组(M, M_A，η)，其中，M 为消息类型的名称；M_A 为消息属性的有穷集合；η 为 $M_A \to T_p$ 的完全映射；T_p 为全部基本数据类型的集合。

令流程中断时 Artifact 实例集合表示为 $A_{\text{halt}}=\{A_i\}$，它记录了流程的执行进度。出错位置的逻辑服务记作 S_{err}，出错的 Web 服务记作 S_{Webold}，匹配到的新的 Web 服务记作 S_{Webnew}。流程执行过程中的 Web 服务替换需遵循以下两条基本原则：

(1)流程信息的完整性。对于中途出错的业务流程，所有数据应完整地保存并由新的 Web 服务继续执行。

(2)Web 服务更新的时效性。将出错的 Web 服务替换为新匹配到的 Web 服务所需时间必须得到严格控制，否则影响用户业务流程的继续运行。

15.9.2 Web 服务调整算法和分析

算法 15.8 Web 服务调整算法(WSA)。

输入：BPEL. xml, A_{halt}, S_{Webold}. name(出错的 Web 服务)；

输出：BPEL. xml。

```
WSA(BPEL.xml, A_halt, S_Webold.name)
Begin
(1)遍历 BPEL.xml;
(2) find <service>…</service> where name=S_Webold.name;
(3) get the touch off event information E_T=⟨E_n,M_s⟩ from S_Webold;
(4)if E_T≠NULL  Get M_S=⟨M, M_A,η⟩ from the touch off event E_T=⟨E_n,M_s⟩;
```

```
//提取原服务的消息
(5) else create E_T =〈E_n ,M_s〉;
//如果服务是非流程状态触发的,为其定义一个临时触发流程状态,只保证单次触发成功,之后便取消该消息定义,使服务继续反复执行
(6) S_Webold. x = S_Webnew. x;  //替换错误服务
(7) m is randomly created;
(8) M_A and η_v come from A_halt ={A_i};
//消息提供了中断时刻的 Artifact 实例信息
(9)   create a message object M=〈m, M_A ,η_v〉;//创建一个消息实例
(10) update BPEL.xml;
(11) do E_T =NULL;
(12) while S_Webnew started
End
```

该算法的主要过程是遍历 BPEL 文档,从中找出问题的服务,分析该服务的属性,若该服务为触发型,则将替换服务设置为触发型;若该服务为非触发型,则替换服务必须先定义为单次触发,之后转为反复执行,其中消息的属性来自中断时刻的 Artifact 实例信息。BPEL 文档的长度是有限的(设为 k),其中每个服务元素的属性个数固定(设为 l),服务类型均可知,中断时刻的 Artifact 实例信息已知,因此算法可以终止,并且算法的时间复杂度为 $O(k+l)$,即 $O(n)$。

参考文献

[1] van der Aalst W M P. Business process management: A comprehensive survey[J]. ISRN Software Engineering, 2013,(2):1 - 37.

[2] van der Aalst W M P, van Hee K. Workflow Management Models, Methods and Systems [M]. Cambridge: MIT Press, 2002: 91 - 120.

[3] Morrison J P. Flow-Based Programming: A New Approach to Application Development [M]. 2nd ed. New York: Van Nostrand Reinhold Company, 2010: 65 - 87.

[4] Nigam A, Caswell N S. Business Artifacts: An approach to operational specification[J]. IBM Systems Journal, 2003, 42(3): 428 - 445.

[5] Gerede C E, Bhattacharya K, Su J W. Static analysis of business Artifact-centric operational models[C]//IEEE International Conference on Service-Oriented Computing and Application, Newport Beach,2007: 133 - 140.

[6] Bhattacharya K, Gerede C E, Hull R. Towards formal analysis of Artifact-centric business process models[C]//International Conference on Business Process Management, Brisbane, 2007: 288 - 304.

[7] Salustri F A. An Artifact-centered framework for modeling engineering design[C]// International Conference on Engineering Design, Prague, 1995: 74 - 80.

[8] Liu R, Bhattacharya K, Wu F Y. Modeling business contexture and behavior using business Artifacts[C]//International Conference on Advanced Information Systems Engineering, Trondheim, 2007: 324 - 336.

[9] Kumaran S. Using a model-driven transformational approach and service-oriented architecture for service delivery management[J]. IBM Systems Journal, 2007, 46(3): 513 - 529.

[10] Kim J W, Lim K J. An approach to service-oriented architecture using Web service and BPM in the telecom-OSS domain[J]. Internet Research, 2007, 17(1): 99 - 107.

[11] Baresi L, Guinea S. Towards dynamic monitoring of WS-BPEL process[C]//International Conference on Service-Oriented Computing, Amsterdam, 2005: 269 - 282.

[12] Liu G H, Liu X, Qin H, et al. Automated realization of business workflow specification [C]//The 7th International Conference on Service-Oriented Computing, Stockholm, 2009: 96 - 108.

[13] Rosa M L, Reijers H A, van der Aalst W M P, et al. Apromore : An advanced process model repository[J]. Expert Systems with Applications, 2011, 38(6): 7029 - 7040.

[14] Awad A, Puhlmann F. Structural detection of deadlocks in business process models[C]// The 11th International Conference on Business Information Systems, Innsbruck, 2008: 239 - 250.

[15] Gerede C E, Su J. Specification and verification of Artifact behaviors in business process models[C]// International Conference on Service-Oriented Computing, Vienna, 2007: 181 - 192.

[16] Wang Y, Liu G H, Huang Z, et al. The research on validity of Artifact in BPM[C]// International Conference on Business Management and Electronic Information, Guangzhou, 2011: 15 - 18.

[17] Wang Y, Liu G H, Zhang D W, et al. Satisfiability of Artifact lifecycle in business process model[C]//The 2nd International Conference on Information Science and Engineering, Shanghai, 2010: 576 - 579.

[18] Curbera F, Duftler M, Khalaf R, et al. Unraveling the Web services Web: An introduction to SOAP, WSDL, and UDDI[J]. IEEE Internet Computing, 2002, 6(2): 86 - 93.

[19] Bhattacharya K, Hull R, Su J W. A Data- Centric Design Methodology for Business Processes[M]// Brachman R J, Levesque H J. Handbook of Research on Business Process Management. New York : Information Science Publishing , 2009: 1 - 28.

[20] 袁崇义. Petri 网原理与应用[M]. 北京:电子工业出版社, 2005:58 - 65.

[21] 王颖, 刘国华, 赵丹枫, 等. Ar/T-Net:一种面向 Artifact 的业务过程概念模型[J]. 计算机科学与探索, 2010, 4(4): 359 - 366.

[22] 王颖, 刘国华, 赵丹枫, 等. 面向 Artifact 的业务过程模型及分析[J]. 计算机工程, 2010, 36(20): 37 - 39.

[23] Lenz K, Oberweis A. Modeling interorganizational workflows with XML nets[C]//The 34th Annual Hawaii International Conference on System Sciences, Honolulu, 2001, (7): 7052 - 7062.

[24] 张大伟, 王颖, 李慧芳, 等. ArtiFlow Designer :一种面向 Artifact 的业务流程设计工具[J]. 青岛理工大学学报, 2011, 32(4): 88 - 95.

[25] 王颖, 刘国华, 高尚, 等. ArtiFlow 中 Artifact 生命周期的可满足性问题[J]. 小型微型计算机系统, 2012, 33(6):1176 - 1182.

[26] 王颖, 刘国华, 刘海滨, 等. Artifact 的有效性问题研究[J]. 计算机集成制造系统, 2012, 18(8):1726 - 1734.

[27] 高尚, 金顺福, 刘国华, 等. 基于时间 Petri 网的 Artifact 有效性的验证[J]. 燕山大学学报, 2011,35(6) :556 - 560.

[28] Berthomieu B, Diaz M. Modeling and verification of time dependent systems using time Petri nets[J]. IEEE Transactions on Software Engineering, 1991, 17(3):259 - 273.

[29] 刘海滨, 刘国华, 方薇, 等. 以 Artifact 为中心的业务流程扩展二部图模型及其相似性度量方法[J]. 计算机集成制造系统, 2017, 23 (5) :1050 - 1059.

[30] Liu H B, Liu G H, Zhao D F, et al. A graph similarity matching algorithm for Artifact-centric business process models[J]. Advances in Information Sciences and Service Sciences, 2012, 4(12) :321 - 329.

[31] Riesen K, Bunke H. Approximate graph edit distance computation by means of bipartite graph matching[J]. Image and Vision Computing, 2009, 27(7): 950 - 959.

[32] Liu H B, Liu G H, Wang Y, et al. A novel behavioral similarity measure for Artifact-oriented business process[J]. Advances in Intelligent and Soft Computing, 2012, 136:

81 - 88.

[33] 刘海滨，刘国华，王颖，等．一种面向 Artifact 业务流程的行为相似性度量方法[J]. 小型微型计算机系统，2013,34(3) :475 - 479.

[34] de Medeiros A K A, van der Aalst W M P, Weijters A J M M. Quantifying process equivalence based on observed behavior[J]. Data and Knowledge Engineering, 2008, 64(1): 55 - 74.

[35] Zha H, Wang J, Wen L, et al. A workflow net similarity measure based on transition adjacency relations[J]. Computers in Industry, 2010, 61(5): 463 - 471.

[36] 刘海滨，刘国华，黄立明，等．以 Artifact 为中心的业务流程模型聚类及相似性匹配方法[J]. 计算机集成制造系统，2013，19(8):1810 - 1821.

[37] Liu H B, Liu G H, Zhao D F, et al. A clustering approach for Artifact-centric business process models[J]. Journal of Computational Information Systems, 2012, 8(16): 6601 - 6609.

[38] 刘海滨，刘国华，黄立明，等．基于 Artifact 感知的服务组合模式挖掘方法[J]. 计算机集成制造系统，2016，22(2): 312 - 323.

[39] 王颖，黄震，刘国华．基于 Artifact 操作日志的业务流程挖掘[J]. 计算机集成制造系统，2015，21(2):298 - 303.

[40] Liu H B, Liu G H, Wang Y, et al. ABPMMR: A repository for Artifact-oriented business process model management[C]//The 3rd International Conference on Information Science and Engineering, Yangzhou, 2011: 3108 - 3111.

[41] Rama B, Jayashree P, Salim J. A survey on clustering[J]. International Journal on Computer Science and Engineering, 2010, 2(9): 2976 - 2980.

[42] van der Aalst W M P, Weijters A J M M, Maruster L. Workflow mining: Discovering process models from event logs[J]. IEEE Transactions on Knowledge and Data Engineering, 2004, 16(9): 1128 - 1142.

[43] 刘海滨，刘国华，黄立明，等．基于 Artifact 快照序列的行为一致性检测方法[J]. 软件学报，2015，26(3): 491 - 508.

[44] van der Aalst W M P, Adriansyah A, van Dongen B. Replaying history on process models for conformance checking and performance analysis[J]. Wiley Interdisciplinary Reviews: Data Mining and Knowledge Discovery, 2012, 2(2):182 - 192.

[45] Rozinat A, van der Aalst W M P. Conformance checking of processes based on monitoring real behavior[J]. Information System, 2008, 33(1): 64 - 95.

[46] Luo H B, Fan Y S, Wu C. Analysis of event balance in the verification of workflow soundness[J]. Journal of Software, 2002, 13(8):1686 - 1691.

[47] Gunther C W, Reichert M, van der Aalst W M P. Supporting flexible processes with adaptive workflow and case handling[C]//Proceedings of the Seventeenth Workshop on Enabling Technologies: Infrastructures for Collaborative Enterprises, New York, 2008 : 229 - 234.

[48] Adriansyah A, van Dongen B F, van der Aalst W M P. Towards robust conformance checking[J]. Lecture Notes in Business Information Processing, 2010, (66): 122 - 133.

[49] Adriansyah A, van Dongen B F, van der Aalst W M P. Conformance checking using cost-based fitness analysis [C]// IEEE International Enterprise Computing Conference, Helsinki, 2011 : 55 - 64.

[50] Munoz-Gama J, Carmona J, van der Aalst W M P. Hierarchical Conformance Checking of Process Models Based on Event Logs[M]//Colom J M, Desel J. Applications and Theory of Petri Nets. Berlin: Springer-Verlag, 2013 : 291 - 310.

[51] de Leoni M, van der Aalst W M P, van Dongen B. Data-and resource-aware conformance checking of business processes [C] // Proceedings of Business Information Systems, Vilnius, 2012 : 48 - 59.

[52] Hull R, Narendra N C, Nigam A. Facilitating workflow interoperation using Artifact-centric hubs [C]//Proceeding International Conference on Service Oriented Computing, Stockholm, 2009 : 1 - 18.

[53] Liu Z Q, Li H Y, Wang L, et al. A data model anomalies detection method for business process model[J]. Chinses Journal of Computers, 2010, 33(8): 1349 - 1358.

[54] Zhao D F, Liu G H, Wang Y, et al. A-stein: A prototype for Artifact-centric business process management systems[C] //The International Conference on Business Management and Electronic Information, Guangzhou, 2011: 247 - 250.

[55] 赵丹枫，刘国华，张大伟，等. A-stein:以数据为中心的业务流程管理原型系统[J]. 计算机研究与发展，2011，48(增刊)：400 - 404.

[56] Zhao D F, Liu G H, Yu J, et al. The execution and detection of Artifact-centric business process[C]//International Conference on Computer Science and Automation Engineering, Shanghai, 2011: 491 - 495.

[57] Zhao D F, Liu G H, Liu H B. A monitor approach in data-centric BPM[J]. Advances in Information Sciences and Service Sciences, 2012, 4(4) : 138 - 146.

[58] 赵丹枫，高峰，金顺福，等. 基于错检期望值的密文索引技术[J]. 小型微型计算机系统，2010，31(1) : 113 - 118.

[59] Zhao D F, Zhao W, Wang Y, et al. Creating the cryptograph index by query frequencies in DAS models[C] //International Conference on Computational Intelligence and Security, Beijing, 2009: 483 - 487.

[60] 赵丹枫，金顺福，刘国华，等. DAS模型下基于查询概率的密文索引技术[J]. 燕山大学学报，2008，32(6)：477 - 482.

[61] Zhao W, Zhao D F, Liu G H. The index and information disclosure measure methods for the cryptograph [C]//Proceedings of the 13th WSEAS International Conference on Computers - Held as Part of the 13th WSEAS CSCC Multiconference, Rodos, 2009: 476 - 480.

[62] Zhao W, Zhao D F, Liu G H. A cryptograph index technology and method to measure in-

formation disclosure in the DAS model[J]. World Scientific and Engineering Academy and Society Transactions on Information Science and Applications, 2009, 6(9):1443 - 1452.

[63] 高峰，赵丹枫，刘国华．一种用于连续反最近邻查询的空间削减算法[J]. 计算机工程与科学，2007，29(10)：32 - 37.

[64] Zhao W, Gao F, Zhao D F, et al. A tuple-oriented bucket partition index with minimum weighted mean of interferential numbers for DAS models [C]//The 2nd International Conference on Computer and Automation Engineering, Singapore , 2010:688 - 693.

[65] 王柠，刘国华，赵丹枫，等．一种适用于外包数据库的综合密文索引技术[J]. 小型微型计算机系统，2010，31(9):1797 - 1803.

[66] 刘国华，宋金玲，黄立明，等．视图发布过程中信息泄露的测量与消除[J]. 计算机研究与发展，2007，44(7)：1227 - 1235.

[67] 李婷，刘国华，王颖，等．面向数据的流程实现中不同层的服务匹配[J]. 计算机工程，2011,37(11):64 - 66.

[68] 蔡换换，刘国华，王颖，等．基于映射的 ArtiFlow 向 BPEL 的转换方法[J]. 计算机工程，2011,37(12):44 - 46.

[69] 李慧芳，刘国华，张大伟，等．ArtiFlow 向 BPEL 转换过程中库与 Services 间的匹配问题[C]//第一届全国服务计算学术年会，哈尔滨，2010：349 - 357.

[70] Li H F, Zhang D W, Liu G H, et al. Automated transition method from ArtiFlow to Service Flow [C]//The 2nd International Conference on Information Science and Engineering, Hangzhou, 2010: 580 - 584.

[71] Kossmann D, Kraska T, Loesing S. An evaluation of alternative architectures for transaction processing in the cloud [C]//ACM SIGMOD International Conference on Management of Data Conference, Indianapolis, 2010: 579 - 590.

[72] Lo E, Binnig C, Kossmann D, et al. A framework for testing DBMS features[J]. The VLDB Journal, 2010,19(2): 203 - 230.

[73] Hacigumus H, Iyer B, Li C, et al. Executing SQL over encrypted data in the database-service-provider model[C]//Proceeding of the ACM SIGMOD Conference on Management of Data, Madison, 2002:216 - 227.